Office 办公无忧

Word/Excel 办公应用

华诚科技 编著

机械工业出版社
China Machine Press

本书是办公人员的入门初级读物，主要介绍了办公人员在日常工作中需要编写的办公材料，并且介绍了如何利用 Word 和 Excel 这两个软件来高效地制作这些办公材料，旨在让读者了解日常工作中经常接触的办公材料的同时掌握 Word 和 Excel 的基本用法。

本书分为 4 篇，共 17 章：第 1 篇包括第 0 章，主要介绍办公人员应具备的素养和能力，以及 Word 和 Excel 能够完成的日常工作；第 2 篇包括第 1~12 章，介绍了如何利用 Word 和 Excel 制作常见的办公材料，如利用 Word 制作公文、公司宣传资料、员工招聘材料、员工培训材料等文档，利用 Excel 制作员工考勤表、出差统计表、薪资表、产品销量表等表格；第 3 篇包括第 13~15 章，介绍了如何利用 Excel 制作企业人事管理系统、企业固定资产管理系统和商品进销存管理系统；第 4 篇包括第 16 章，介绍了网络办公的相关知识，包括在局域网、互联网中实现协同办公的相关知识。

本书内容全面、讲解清晰，力求使读者通过学习本书，了解日常办公材料的类型并掌握 Word 和 Excel 的用法。本书适合办公初级人员和对 Office 感兴趣的新手，具有一定办公经验的人员也可以将其作为了解日常办公材料的参考书。

图书在版编目（CIP）数据

Word/Excel 办公应用 / 华诚科技编著. —北京：机械工业出版社，2011.11
（Office 办公无忧）

ISBN 978-7-111-35900-5

I. W… 　II. 华… 　III. ①文字处理系统，Word 　②表处理软件，Excel 　IV. TP391.1

中国版本图书馆 CIP 数据核字（2011）第 191349 号

机械工业出版社（北京市西城区百万庄大街 22 号　邮政编码　100037）
责任编辑：陈佳媛
中国电影出版社印刷厂印刷
2012 年 2 月第 1 版第 1 次印刷
185mm×260mm · 23 印张
标准书号：ISBN 978-7-111-35900-5
　　　　　ISBN978-7-89433-130-4（光盘）
定价：49.80 元

凡购本书，如有缺页、倒页、脱页，由本社发行部调换
客服热线：（010）88378991；88361066
购书热线：（010）68326294；88379649；68995259
投稿热线：（010）88379604
读者信箱：hzjsj@hzbook.com

前　言

办公人员对 Microsoft Office 并不陌生，它是由微软公司推出的办公软件。本书以微软公司推出的最新版 Office 2010 为基础进行讲解。在该软件组合中，具有文字编辑功能的 Word 2010 和具有数据编写与分析功能的 Excel 2010 是使用频率最高的两个组件，利用它们可以完成日常工作中的公文撰写、表格制作、数据分析以及简易系统制作等工作。

本书着眼于如何制作日常工作中的办公材料，以此为中心对 Word 和 Excel 两大组件在办公中的应用进行了详细讲解，注重实际操作技能的培训，让读者不再为办公担忧。

本书分为 4 篇，共 17 章。第 1 篇包括第 0 章，介绍了办公人员应具备的素养和能力，以及 Word 和 Excel 在日常办公中能够完成的工作；第 2 篇包括第 1~12 章，介绍了 Word 和 Excel 在日常工作中能够解决的问题：第 1 章介绍了利用 Word 制作任免通知、表彰通报和商务邀请函的相关知识，第 2~5 章介绍了利用 Word 制作公司宣传资料、公司管理制度、员工招聘工作材料和员工培训材料的相关知识，第 6 章介绍了利用 Excel 制作员工考勤与值班表、出差统计表、薪资表等表格的相关知识，第 9~11 章介绍了利用 Excel 录入产品销量数据、制作产品销售额分析图与利用数据透视表和数据透视图分析日常费用支出等知识，第 12 章介绍了利用 Excel 分析公司成本与利润的相关知识；第 3 篇包括第 13~15 章，分别介绍了利用 Excel 制作企业人事管理系统、企业固定资产管理系统和商品进销存管理系统的相关知识；第 4 篇包括第 16 章，介绍了网络化办公的相关知识，包括在局域网、互联网中办公以及利用 QQ、电子邮箱等工具将办公材料发送给好友的相关知识。

本书内容全面，讲解透彻，让读者在学会制作办公材料的同时掌握 Word 和 Excel 的使用方法，每章含有"技术拓展"和"办公指导"两个模块，其中"办公指导"主要用于介绍与办公材料有关的基础知识，而"技术拓展"则是介绍与 Word 和 Excel 有关的技巧和使用心得。

希望本书能够对广大读者提高学习和工作的效率有所帮助。由于时间仓促，书中难免存在疏漏之处，望广大读者能够批评指正。

作　者
2011 年 6 月

目 录

第 4 篇 办公在线

第 1 篇

当办公理论遇上 Word/Excel

作为一名办公人员，要同时具备高品质的素养和专业能力，素养对一名办公人员来说是最基本的要求，而专业能力可以根据办公人员的日常工作不同而有着不同的要求。Microsoft Office 是办公人员经常使用的软件之一，办公人员可以利用 Word/Excel 组件制作精美文档，核算与分析数据，整理与打印文档。

希望您通过本篇的学习，快速提高办公能力，熟悉 Word 和 Excel 软件的基本操作，为以后的学习做准备。

❖ 第 0 章 作为一名办公人员要掌握什么

第0章
作为一名办公人员要掌握什么

作为一名办公人员,不仅要具备基本的素养和品质,还要掌握相应的专业技能。对于办公人员来说,Office软件中的Word/Excel组件是再熟悉不过的组件,其功能强大。办公人员仅仅掌握Office软件的使用方法是不够的,还需要将其灵活运用到日常工作中。

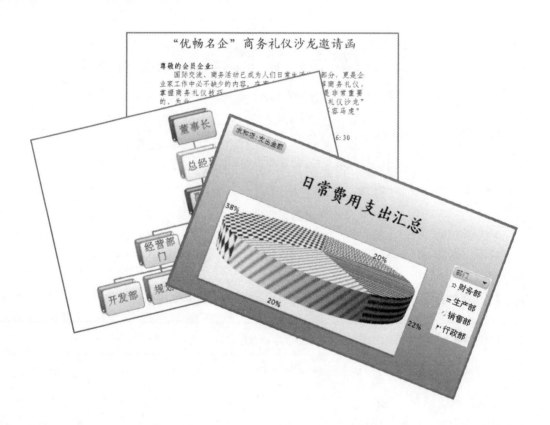

0.1 掌握办公人员能力要求标准

优秀的办公人员应同时具备基本的职业素养和熟练的办公技能。

0.1.1 掌握办公人员的基本素养

一名优秀的办公人员所必备的基本素养可以用六个词语来概括：礼貌、谦虚、敏感、忠诚、负责和得体。下面分别进行简单的介绍。

01 礼貌

礼貌地面对一个有教养的人是十分自然的事情，但是彬彬有礼地接待一个十分粗鲁的人则可以说是一种职业技能。办公人员要和各种各样的人交往，因此礼貌地对待每一个人就成了一种优秀品质，礼貌要求得体而不做作。

02 谦虚

对于办公人员来说，谦虚既能使自己感觉良好，又不会树大招风，同时还能有助于提高自己在上司心目中的价值和地位，因此几乎所有的上司都喜欢谦虚内敛的下属。

03 敏感

办公人员要做到对周围的人或事物具有敏感性，这样可以提高工作的准确性和对事物的判断力；反应迟钝则会影响工作效率。

04 忠诚

毫无疑问，一名合格的办公人员必须无条件地对上司和公司忠诚，这样才会在上司心目中建立良好的印象，从而获得晋升的机会。相信任何一位上司都不会重用对自己和公司不忠诚的下属。

05 负责

办公人员具备负责的品质可以分为两个方面：一方面是对自己职责范围内的事情负责；另一方面是主动承担职责范围外的事情并对其负责。做好职责范围内的事情，是自己的本分；做好主动承担的职责范围外的事情，则会使自己得到别人的肯定，前途一片光明。

06 得体

作为一名合格的办公人员，其言行举止和着装都应该做到得体，它是长期潜移默化与修炼的结果。一名言行举止和着装得体的办公人员会给其他人一种良好的感觉，让人觉得自己是一个有修养、有风度的人。

0.1.2　掌握办公人员必备的能力

对于办公人员而言，除了具备基本的职业素养之外，还需要具备一定的办事能力，这样才能做一个德才兼备的优秀办公人员。因此，办公人员必须具备的能力主要包括表达能力、公文编写能力、逆向思维能力和换位思考能力。

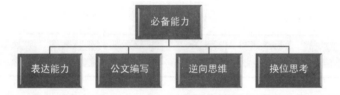

01 良好的表达能力

良好的表达能力主要表现在两个方面：第一是口头表达能力，办公人员无论是向上级汇报日常工作情况，还是向下级传达上级的旨意，都要求口齿清楚、表述准确、简洁明了；第二是语言表达能力，作为办公人员，无论是起草文件，还是撰写上级演讲稿、总结、工作汇总等，务必简洁明了，做到言简意赅。

02 善于公文编写

作为办公人员，不仅要熟悉通知、报告的写作方式，而且还要善于编写通知、报告、邀请函等常用的文书，同时还要学会制作与公司信息（公司简介、公司组织结构图等）、招聘信息有关的图文表格。

除了善于编写公文之外，办公人员还应掌握分析数据的能力，例如可以利用 Excel 的图表对销售额、生产成本进行分析，并预测将来一段时间内的销售额和生产成本。

03 学会逆向思维

面对工作过程中遇到的问题，办公人员应具备逆向思维的能力，去探索解决问题的途径，分析造成问题的原因是人为的，还是客观存在的；是技术问题，还是管理上出现了漏洞。通过逆向思维分析这些原因，就能更快地解决问题。在提出解决办法的时候，要让上级做"选择题"，而不做"问答题"。遇到问题就向上级汇报、请示解决办法，这就是常说的给上级出"问答题"；而带着自己拟定好的多个解决问题方案供上级选择，这就是常说的给上级出"选择题"。

04 换位思考问题

办公人员在考虑问题时，一定要学会换位思考，即站在公司或上级的立场去考虑解决问题的方案，在考虑问题的过程中一定要清楚解决问题的出发点——如何避免该类问题的再次发生。面对人的惰性和不同部门之间的意见分歧，只有站在公司的角度去考虑解决问题的方案，才是一个最佳的解决方案，这样的办公人员也会受到领导的重视，容易受到上级的信赖。

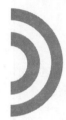

0.2 掌握能够利用 Word/Excel 完成的办公工作

Word、Excel 是 Office 软件中使用频率最高的两大组件，利用它们可以制作出专业的办公文档，对记录的办公数据进行自动计算和分析以及打印办公文档等。但是仅仅掌握了这些功能还不够，还需要将它们融入到日常工作中不同的领域，做到学以致用。

0.2.1 快速制作专业的办公材料

利用 Word 可以快速制作出格式规范且专业的办公文档，如通知、表彰通知和邀请函等常见的公文；而利用 Excel 则可以制作出各种各样专业的表格和图表，如员工签到簿、员工出差统计表和员工工资表等常见的表格。

01 利用 Word 快速制作格式规范的办公文档

在 Word 中制作格式规范的办公文档需要掌握一定的技巧，按照规范可对文档中文本内容的字体、段落和对齐方式属性进行针对性设置，并且设置时间只需短短的几分钟。如图 0-1 为设置前的商务邀请函，图 0-2 为设置后的商务邀请函。

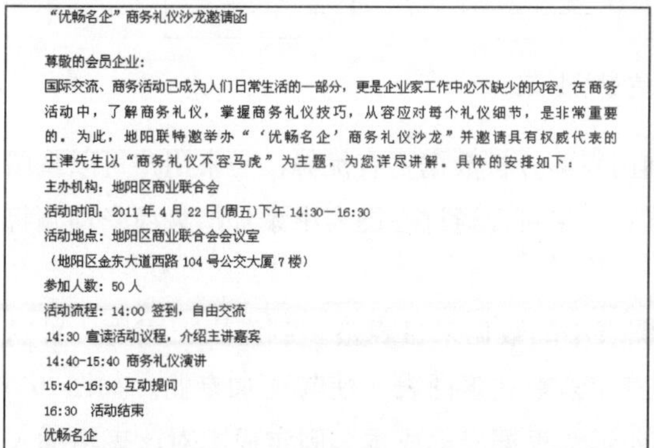

"优畅名企"商务礼仪沙龙邀请函

尊敬的会员企业：
国际交流、商务活动已成为人们日常生活的一部分，更是企业家工作中必不缺少的内容。在商务活动中，了解商务礼仪，掌握商务礼仪技巧，从容应对每个礼仪细节，是非常重要的。为此，地阳联特邀举办"'优畅名企'商务礼仪沙龙"并邀请具有权威代表的王津先生以"商务礼仪不容马虎"为主题，为您详尽讲解。具体的安排如下：
主办机构：地阳区商业联合会
活动时间：2011 年 4 月 22 日(周五)下午 14:30—16:30
活动地点：地阳区商业联合会会议室
（地阳区金东大道西路 104 号公交大厦 7 楼）
参加人数：50 人
活动流程：14:00 签到，自由交流
14:30 宣读活动议程，介绍主讲嘉宾
14:40-15:40 商务礼仪演讲
15:40-16:30 互动提问
16:30 活动结束
优畅名企
二○一一年四月十日

图 0-1　设置前的商务邀请函

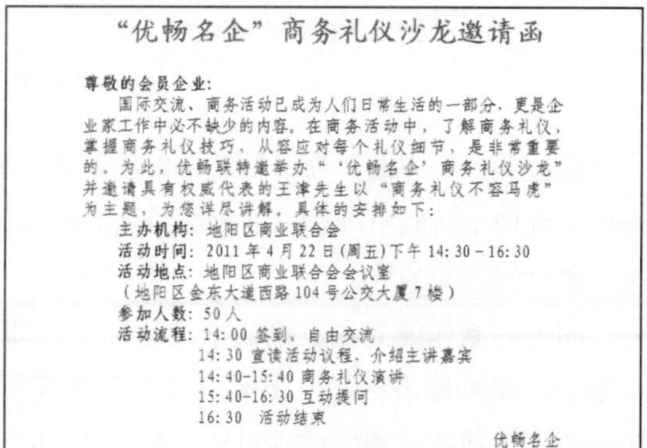

"优畅名企"商务礼仪沙龙邀请函

尊敬的会员企业：
国际交流、商务活动已成为人们日常生活的一部分，更是企业家工作中必不缺少的内容。在商务活动中，了解商务礼仪，掌握商务礼仪技巧，从容应对每个礼仪细节，是非常重要的。为此，优畅联特邀举办"'优畅名企'商务礼仪沙龙"并邀请具有权威代表的王津先生以"商务礼仪不容马虎"为主题，为您详尽讲解。具体的安排如下：
主办机构：地阳区商业联合会
活动时间：2011 年 4 月 22 日(周五)下午 14:30 - 16:30
活动地点：地阳区商业联合会会议室
（地阳区金东大道西路 104 号公交大厦 7 楼）
参加人数：50 人
活动流程：14:00 签到，自由交流
14:30 宣读活动议程、介绍主讲嘉宾
14:40-15:40 商务礼仪演讲
15:40-16:30 互动提问
16:30 活动结束
优畅名企
二○一一年四月十日

图 0-2　设置后的商务邀请函

制作如公司组织结构示意图、招聘流程图之类的文档时，既可以通过手动绘制并设置自选图形来制作，也可以直接套用 Word 2010 提供的 SmartArt 图形来制作，这样制作出来的文档同样具有格式规范的特点。如图 0-3 为利用自选图形制作的招聘流程图，图 0-4 为套用 SmartArt 图形所制作的公司组织结构图。

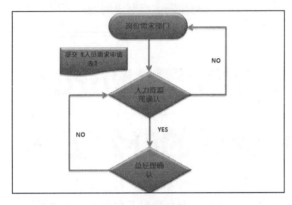

图 0-3　招聘流程图 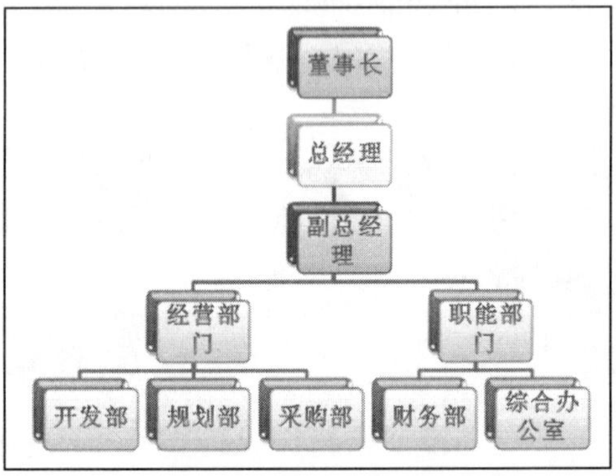　　　　　　　　　图 0-4　公司组织结构图

02 利用 Excel 制作专业的表格和图表

Excel 组件本身就是一个电子表格，用户可以在创建的空白工作簿中依次输入文本内容，输入完毕后可以通过合并单元格、设置字符属性以及自动填充功能来制作专业的办公类表格，而设置这些属性所花的时间同样是短短的几分钟。如图 0-5 所示为利用 Excel 制作的员工考勤统计表。

日期\姓名	1	2	3	6	7	8	9	10	13	14	15	16	17	20	21	22	23	24	27	28	29	30	本应出勤天数	实际出勤天数
朱媚												⊗						✿					22	20
叶献光																							22	22
黄少茵									✿												⊗		22	20
郑国彤																							22	22
余照													⊘										22	21
刘海										⊗			✿										22	20
赵金松						⊗				✿							⊘						22	19
李佳名																							22	22
吴未源				✿				✿						⊗		⊗							22	18
马涛																							22	22

注：✿代表事假，⊗代表病假，⊘代表公假。

图 0-5　员工考勤统计表

在数据分析方面，利用图表分析数据要比利用表格分析数据更有优势：一来用户可以从图表中直观地了解到不同类别下数据系列的显示值；二来可以通过在图表中添加趋势线来预测将来一段时间内的趋势。

图表的制作建立在表格数据的基础上，即图表中的数据来自表格。制作出图表后，可以在图表中添加图表标题、图例、数据标签等图表元素来完善图表，使其更加专业。如图 0-6 所示为变动成本与固定成本对比表格，图 0-7 所示为根据变动成本与固定成本对比表格插入的图表。

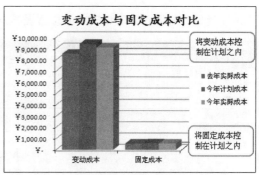

图 0-6　变动成本与固定成本对比表格　　　　　图 0-7　变动成本与固定成本对比图表

 ## 0.2.2　轻松核算与分析办公数据

Excel 具有自动计算数据的功能,而实现该功能则主要通过公式和函数来实现,而分析计算出的数据则可以利用排序和筛选功能以及图表来实现。

01　计算办公数据

Excel 具有强大的计算功能,既可以通过输入公式来进行简单的加减乘除四则运算,也可以利用函数库中的函数来进行复杂的统计、逻辑类运算。利用公式计算办公数据的方法很简单,只需在目标单元格中输入参加运算的单元格和对应的计算符号即可。如图 0-8 所示为利用公式计算洗衣机的销售总额,图 0-9 所示为利用 SUM 函数计算年销售额。

	B	C	D	E
1	产品名称	销售单价	销售数量	销售总额
2	电视机	￥2,850.00	350	￥ 997,500.00
3	电视机	￥3,100.00	360	￥ 1,116,000.00
4	空调	￥3,000.00	50	￥ 150,000.00
5	洗衣机	￥2,400.00	170	￥ 408,000.00
6	冰箱	￥2,000.00	210	￥ 420,000.00
7	冰箱	￥1,850.00	200	￥ 370,000.00
8	洗衣机	￥2,300.00	120	=C8*D8
9	空调	￥3,100.00	100	
10	洗衣机	￥2,500.00	150	
11	冰箱	￥1,900.00	240	
12	电视机	￥2,700.00	300	
13	空调	￥3,200.00	80	

	K	L	M	N
1	10月份	11月份	12月份	年销售额
2	￥15,840	￥12,540	￥10,480	￥185,710
3	￥11,470	￥9,580	￥8,480	￥152,000
4	￥65,180	￥54,760	￥54,840	￥506,340
5	￥6,470	￥8,520	￥9,080	￥82,240
6	￥40,580	￥23,680	￥30,470	￥276,720
7	￥37,850	￥40,210	￥41,550	=SUM(B7:M7)
8				
9				
10				
11				

图 0-8　利用公式计算办公数据　　　　　图 0-9　利用函数计算年销售额

02　分析办公数据

在 Excel 中分析数据最常用的就是数据透视表,利用数据透视表可以快速汇总和分析表格中的数据,并且还可以套用 Excel 2010 提供的透视表样式来美化透视表,若想查询透视表中某一部分的信息,则可以使用切片器实现,图 0-10 所示为使用切片器筛选销售部的各种日常费用。

数据透视图是以图表的形式表示数据透视表中的数据,此时数据透视表称为相关联的数据透视表,它具有普通图表的功能,并且用户还可以调整透视图中的显示字段来进行不同方式的汇总,若想要透视图更加美观,则可以套用 Excel 2010 提供的形状样式和填充方式来美化图表,

图 0-11 为制作好的日常费用支出汇总透视图。

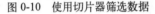

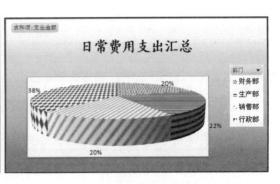

图 0-10　使用切片器筛选数据　　　　　图 0-11　查看数据透视图

0.2.3　快速整理与输出办公材料

Word/Excel 具有设置页面属性的功能，该功能能够调整页面的整体布局，待调整完毕后便可将其打印到纸张上。

01　设置办公材料的页面布局

在打印文档之前，用户都需要对页面的页边距、纸张大小、纸张方向等属性进行设置。在设置的过程中，由于 Excel 具有实时预览的功能，当指针指向某一选项时，文档界面就自动显示应用该选项后的效果，以便于用户更快速地调整页面布局。如图 0-12 所示为纸张方向为横向的文档，图 0-13 所示为纸张方向为纵向的文档。

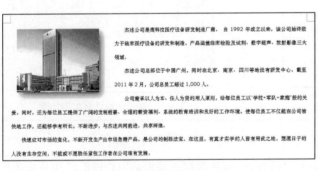

图 0-12　横向纸张的 Word 文档　　　　　图 0-13　纵向纸张的 Word 文档

02　打印办公材料

设置文档的页面布局后可在打印页面中预览其显示效果，单击"文件"按钮，在弹出的菜单中单击"打印"选项，可在右侧预览打印的效果，满意该效果后可在左侧设置打印份数，然后单击"打印"按钮即可，如图 0-14 所示。

图 0-14　打印办公文档

第 2 篇

用 Word/Excel 轻松解决办公问题

办公人员在日常的工作中经常会要求制作常见公文、公司宣传资料、员工考勤和薪资表等，制作这些文档或表格可以通过 Word/Excel 来轻松实现，利用 Word/Excel 制作出的文档或表格不仅精美，而且更加专业。

本篇主要介绍办公人员在日常工作中需要利用 Word/Excel 制作的文档和表格。希望您通过本篇的学习能够掌握常见公文、公司宣传资料、员工考勤表等文档和表格的制作方法，并且根据公司的实际情况制作出符合公司的专业文档和表格。

第 1 章
办公人员应掌握的常见公文制作

作为一名办公人员，在实际工作中不可避免地要编制一些常见的公文，如通知、通报、信函等。在编制这些公文之前，用户必须掌握这些公文的用途及格式，才能使用 Word 2010 轻松编制，避免手写公文的字体不工整、版面不整洁的问题。

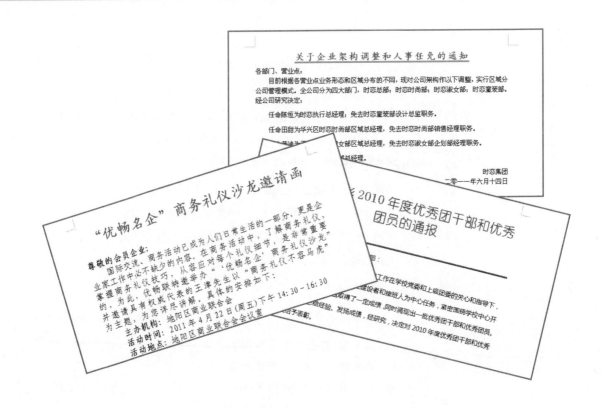

1.1 ⓒ 任免通知的编制

　　通知是一种适用于批转下级单位、转发上级单位和不相隶属单位或是传达要求下级单位办理或执行事项的公文。常见的通知有发布性通知、指示性通知、转发性通知、告知性通知、会议通知等。任免通知则是告知性通知的一种，用于公布单位的人事任免情况。

原始文件：实例文件\第1章\原始文件\无
最终文件：实例文件\第1章\最终文件\任免通知.docx

1.1.1　新建与保存文档

　　要用 Word 2010 编制任免通知，需要使用 Word 2010 创建并保存一个文档，用于编辑任免通知内容，新建和保存文档的方法很简单，具体操作如下。

STEP 01 **双击 Word 2010 组件快捷图标**。在安装 Office 2010 软件后，一般在桌面上会出现 Office 组件的快捷图标，双击 Microsoft Word 2010 快捷图标，如图 1-1 所示。
STEP 02 **新建的文档**。启动 Word 2010 组件，在启动该组件后，会自动创建一个名为"文档1"的文档，如图 1-2 所示。

图 1-1　双击 Word 2010 组件快捷图标

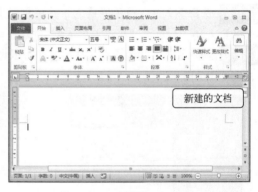

图 1-2　新建的文档

技术拓展　**创建 Word 2010 桌面快捷方式**

　　如果在安装 Office 2010 时没有创建 Office 组件的桌面快捷方式，可以单击"开始"按钮，从弹出的菜单中指向"所有程序>Microsoft Office"命令，然后右击 Microsoft Word 2010 命令，从弹出的快捷菜单中单击"发送到>桌面快捷方式"命令，如图 1-3 所示，即可创建该组件的桌面快捷方式。

图 1-3　创建桌面快捷方式

STEP 03 单击"保存"按钮。新建文档后，如要保留文档中编辑的内容，需要保存文档，在"快捷访问工具栏"中单击"保存"按钮，如图1-4所示。

STEP 04 设置文档名及保存位置。首次保存文档，将弹出"另存为"对话框，在"保存位置"下拉列表中选择保存路径，在"文件名"文本框中输入文档名，如输入"任免通知"，如图1-5所示，单击"保存"按钮，即可将当前文档保存至目标文件夹中。

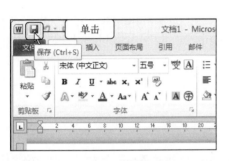

图1-4　单击"保存"按钮

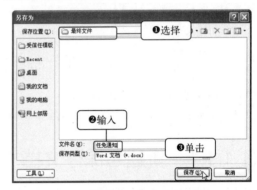

图1-5　设置文档名及保存位置

1.1.2　输入文本

新建好存放文本的 Word 文档后，用户就可以选择适当的输入法在文档编辑区中输入任免通知的内容了。具体操作如下。

STEP 01 选择输入法。单击屏幕右下角语言栏中的"输入法"按钮，从展开的下拉列表中选择需要的输入法，如单击"极点五笔6.4"选项，如图1-6所示。

STEP 02 输入文本。在选择输入法后，即可根据输入法规则输入文本，如使用五笔编码输入文本，如图1-7所示。

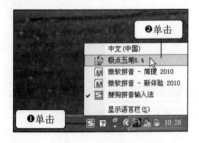

图1-6　选择输入法

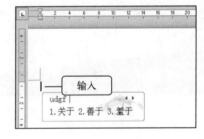

图1-7　输入文本

办公指导

常见的公文结构用语

　　常见的公文结构用语包括开头用语、结尾用语和过渡用语三类，下面分别进行介绍。

　　开头用语：用来表示行文的目的、依据、原因和伴随情况，如为、关于、由于、对于、根据、按（遵、依）照，据、查、奉、兹等。

　　结尾用语：包括为要、特此通知（报告、函告等）等。

　　过渡用语：包括为此、鉴于、总之、综上所述等。

STEP 03　**输入的文本**。使用五笔编码输出汉字后，按下空格键，即可在当前光标处输入汉字文本，且光标移至输入的字符后，如图 1-8 所示。

STEP 04　**输入其他文本**。用相同的方法输入任免通知的内容文本，如图 1-9 所示。

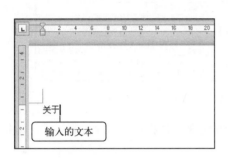

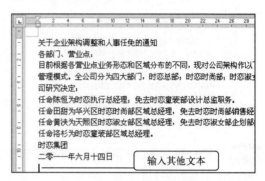

图 1-8　输入的文本　　　　　　　　　　　　　　图 1-9　输入其他文本

1.1.3　选择文本

当用户完成任免通知文档内容的录入后，要对文档中的文本进行编辑或修改，首先需要选择文本。选择文本有两种方法，分别是使用鼠标选择和使用键盘选择。

01　使用鼠标选择

使用鼠标选择文本是最常用，也是最简单的选择文本方法，用户可以通过按住鼠标左键，双击鼠标左键或是连续三击鼠标左键等来选择不同长度的文本，或是使用鼠标与键盘按键组合来选择文本。常见的鼠标选择文本方法如下。

STEP 01　**选择任意长度文本**。将光标插入点置于要选择文本的首字符前，按住鼠标左键，拖动至要选择文本的最后一个字符，即可选择光标插入点后首字符和尾字符之间的文本，如图 1-10 所示。

STEP 02　**选择词语**。将光标插入点置于要选择词语中间，双击鼠标左键，即可选择该光标处的词语，如图 1-11 所示。

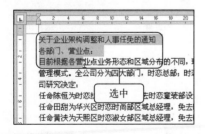

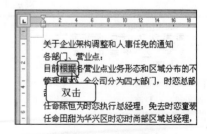

图 1-10　选择任意长度文本　　　　　　　　　　图 1-11　选择词语

STEP 03　**选择一行文本**。将鼠标指针置于要选择行的文本左侧，待鼠标指针呈指向右边的箭头时，单击鼠标左键，即可选择鼠标指针对应行的文本，如图 1-12 所示。

STEP 04 选择一句文本。将光标插入点置于要选择句子中任意位置，然后按住【Ctrl】键，同时单击鼠标左键，即可选择当前光标插入点所在句，如图 1-13 所示。

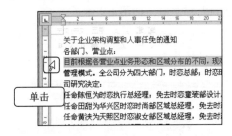

图 1-12　选择一行文本　　　　　　　　　　图 1-13　选择一句文本

STEP 05 选择一段文本。将鼠标指针移至要选择段落的左侧，待指针呈指向右箭头时，双击鼠标左键，即可选择该段落文本，如图 1-14 所示。

STEP 06 选择块文本。若想在文档中选择某个矩形区域的文本，可以将光标插入点置于要选择文本的首字符前，按住【Alt】键，同时按住鼠标左键拖至尾字符，即可选择该区域文本，如图 1-15 所示。

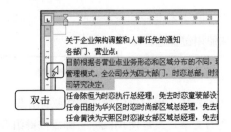

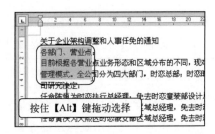

图 1-14　选择一段文本　　　　　　　　　　图 1-15　选择块文本

02 使用键盘选择

在 Word 中用户除了可以使用鼠标选择文本外，还可以使用键盘选择文本，即使用【Shift】键与方向键组合来选择，选择的文本范围将随着插入点的移动而逐渐扩大。具体选择方法如下表所示。

键盘组合键选定文本的方法表

操作组合键	选定范围	操作组合键	选定范围
【Shift+ →】键	右侧的一个字符	【Shift+End】键	移至行尾
【Shift+ ←】键	左侧的一个字符	【Shift+Home】键	移至行首
【Ctrl+Shift+ →】键	单词结尾	【Shift+↓】键	下一行
【Ctrl+Shift+ ←】键	单词开始	【Shift+↑】键	上一行
【Ctrl+Shift+↓】键	段尾	【Ctrl+Shift+Home】键	移至文档开头
【Ctrl+Shift+↑】键	段首	【Ctrl+Shift+End】键	移至文档结尾
【Shift+Page Down】键	下一屏	【Alt+Ctrl+Shift+Page Down】键	窗口结尾
【Shift+Page Up】键	上一屏	【Ctrl+A】键	整篇文档

1.1.4　使用对话框设置文本字符格式

掌握文本的选择方法后，用户即可在选择文本后对文本进行字符格式设置，即对字体、字号、字体颜色、字形、字符间距等进行设置，使任免通知中的文本外观更加整洁、大方。在此介绍使用"字体"对话框设置文本字符格式的方法，具体操作如下。

STEP 01 单击"字体"对话框启动器。选择需要设置文本字符格式的文本，切换至"开始"选项卡下，单击"字体"组中的对话框启动器按钮，如图 1-16 所示。

STEP 02 设置字体格式。弹出"字体"对话框，在"字体"选项卡下，在"中文字体"下拉列表中选择"华文楷体"选项，在"字形"列表框中单击"加粗"选项，在"字号"列表框中单击"三号"选项，在"字体颜色"下拉列表中选择"红色"，然后选择适当的下划线样式及颜色，如图 1-17 所示。

图 1-16　单击"字体"对话框启动器

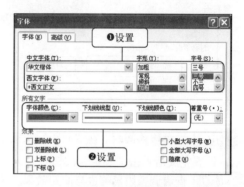

图 1-17　设置字体格式

STEP 03 设置字符间距。切换至"高级"选项卡，在"间距"下拉列表中选择"加宽"选项，并在其"磅值"文本框中输入"1 磅"，如图 1-18 所示。

STEP 04 显示设置字符格式效果。设置完成后，单击"确定"按钮，即可看到所选文本进行了相应的设置，得到如图 1-19 所示的文本效果。

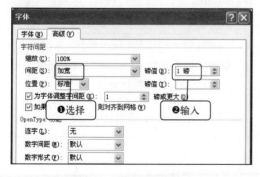

图 1-18　设置字符间距

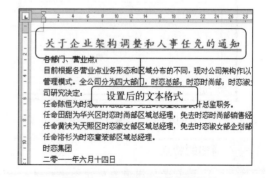

图 1-19　显示设置字符格式效果

1.1.5　使用对话框设置文本段落格式

仅仅调整任免通知的文本字符格式，并不能满足实际工作需要。此时，还可以使用 Word

中的"段落"设置功能，设置文本段落的缩进方式、缩进量，以及段落间距和对齐方式等，让任免通知的版面更符合读者的阅读习惯。

STEP 01 单击"段落"命令。选择要设置段落缩进量的段落并右击，从弹出的快捷菜单中单击"段落"命令，如图 1-20 所示。

STEP 02 设置缩进方式及缩进量。弹出"段落"对话框，切换至"缩进和间距"选项卡下，在"缩进"选项组中的"特殊格式"下拉列表中选择"首行缩进"选项，并在"磅值"文本框中输入"2 字符"，如图 1-21 所示。

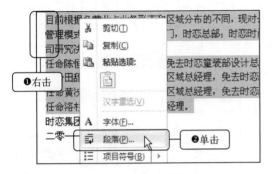

图 1-20　单击"段落"命令

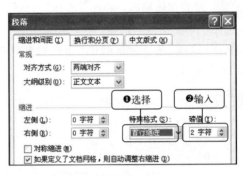

图 1-21　设置缩进方式及缩进量

STEP 03 设置段落间距。在"间距"选项组中的"段后"文本框中输入"0.5 行"，如图 1-22 所示，设置完成后单击"确定"按钮。

STEP 04 查看调整段落缩进与间距效果。此时所选段落应用了新设置的段落缩进量及段落间距，如图 1-23 所示。

图 1-22　设置段落间距

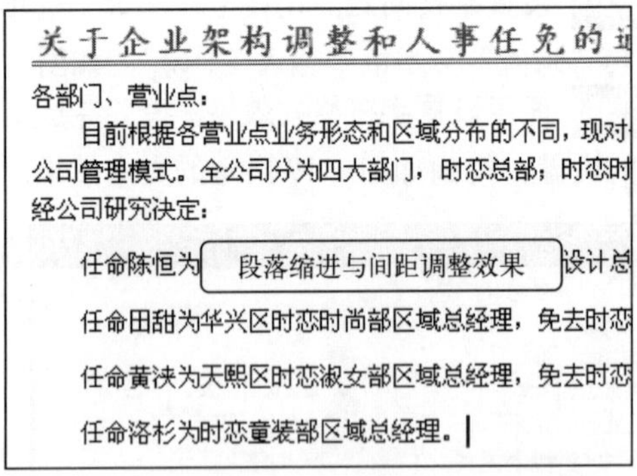

图 1-23　查看调整段落缩进与间距效果

通知的特点

通知是运用最为广泛的下行文，它具有以下三个特点。

一、使用范围广，使用频率高。

二、种类多，可按内容性质分为发布性通知、指示性通知、告知性通知、转发性通知，按形成情况分为联合通知、紧急通知、补充通知。

三、实效性强，这类公文一般都具有明确的时间限制。

STEP 05 单击"段落"对话框启动器。选择要调整对齐方式的段落，如选择任免通知最后两段文本，在"开始"选项卡下的"段落"组中单击对话框启动器，如图 1-24 所示。

STEP 06 设置对齐方式。弹出"段落"对话框，在"缩进和间距"选项卡下，单击"对齐方式"右侧的下三角按钮，在展开的下拉列表中单击"右对齐"选项，如图 1-25 所示。

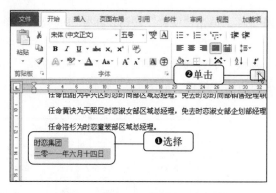

图 1-24　单击"段落"对话框启动器

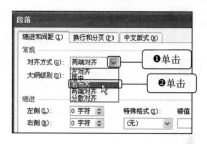

图 1-25　设置对齐方式

STEP 07 查看设置后段落效果。此时所选文本呈右对齐方式显示，用相同的方法设置标题文本居中对齐显示，得到如图 1-26 所示的任免通知文档。

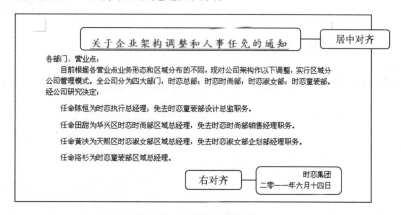

图 1-26　任免通知效果图

1.2 ◎ 表彰通报的编制

　　通报是一种用于表彰先进、批判错误、传达重要精神或者情况的公文。根据其使用范围，可分为表彰通报、批评通报和情况通报三类，其中表彰通报是指表彰先进个人或先进集体的通报，这类通报着重介绍个人或单位的先进事迹，提出希望、要求，并发出学习的号召。

原始文件：实例文件\第 1 章\原始文件\无

最终文件：实例文件\第 1 章\最终文件\表彰通报.docx

1.2.1　根据模板创建文档

如果用户还在为表彰通报的版式而烦恼，不妨在 Word 2010 组件中下载对应的模板，然后在模板中添加通报内容。

STEP 01 **单击"新建"命令。** 启动 Word 2010 组件，单击"文件"按钮，在弹出的菜单中单击"新建"命令，如图 1-27 所示。

STEP 02 **选择模板类型。** 接着在"Office.com 模板"下方选择模板类型，由于通告隶属于行政公文类稿件，因此这里选择"行政公文、启事与声明"模板，如图 1-28 所示。

图 1-27　单击"新建"命令

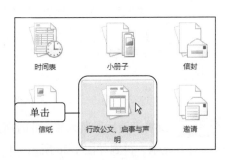

图 1-28　选择模板类型

STEP 03 **选择"通告"模板。** 进入新的界面，选择与通报有关的模板，例如选择"通告"模板，如图 1-29 所示。

STEP 04 **查看自建的模板文档。** 此时可看见 Word 自建的"通告"模板文档，如图 1-30 所示。

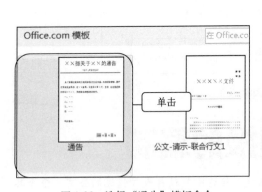

图 1-29　选择"通告"模板命令

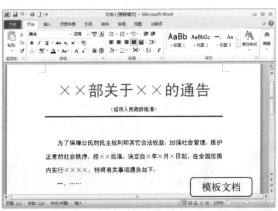

图 1-30　查看自建的模块文档

技术拓展　利用"快速访问"工具栏创建 Word 空白文档

创建 Word 空白文档可利用"快速访问"工具栏实现：单击该工具栏的"快翻"按钮，在展开的下拉列表中选择"新建"选项，如图 1-31 所示，然后在该工具栏中单击"新建"按钮即可，如图 1-32 所示，只不过使用该方法创建的文档是默认的"空白文档"模板。

<table>
<tr><td>图 1-31　选择"新建"选项</td><td>图 1-32　单击"新建"按钮</td></tr>
</table>

STEP 05 更换"通报"的内容。将模板中的文本内容删掉并重新输入表彰通报的内容，如图 1-33 所示。

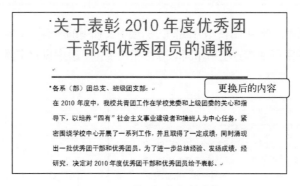

图 1-33　更换"通报"的内容

1.2.2　通过功能区设置字符格式

"通告"模板中的字体属性并非一成不变，用户完全可以根据计算机上安装的字体来进行更改。若想重新设置字符格式，可以通过 Word 2010 的功能区来实现。

STEP 01 设置标题的字体。选中"关于表彰 2010 年度优秀团干部和优秀团员的通报"文本，在"开始"选项卡下的"字体"组中单击"黑体"右侧的下三角按钮，在展开的下拉列表中选择字体，例如选择"幼圆"，如图 1-34 所示。

STEP 02 设置标题的字号。接着单击"小初"右侧的下三角按钮，从展开的下拉列表中选择字号，例如选择"小一"，如图 1-35 所示。

图 1-34　设置标题的字体

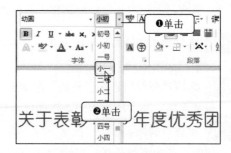

图 1-35　设置标题的字号

表彰通报的特点

　　表彰通报通常具有告知性和教育性两个特点，下面就简单介绍这两个特点。

　　告知性：表彰通报的内容通常是把现实生活中的一些正面典型告诉人们，让人们知晓和了解。

　　教育性：表彰通报的目的不仅仅是让人们知晓其内容，更重要的是让人们从中接受先进思想的教育，这一目的不是靠指示和命令方式来达到，而是靠某些典型代表人物的带动，真切的希望和感人的号召力量，让人们真正从思想上确立正确的认识，知道应该这样做，而不是那样做。

STEP 03 选中正文文本。使用 1.1.3 节介绍的方法选中文档中的所有正文内容，如图 1-36 所示。

STEP 04 设置正文的字符格式。使用相同的方法在"字体"组中设置字体为"微软雅黑"，字号为"小四"，如图 1-37 所示。

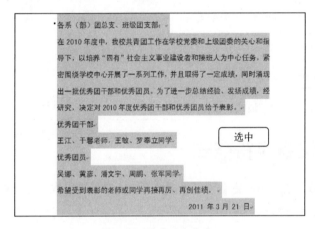

图 1-36　选中正文文本

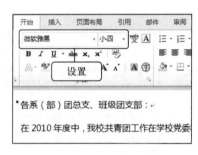

图 1-37　设置正文的字符格式

1.2.3　通过功能区设置段落格式

　　"通告"模板中的段落格式显得很呆板，全都是左对齐和默认的 1.0 行距，按照这种段落格式编写出来的表彰通报档次不高。此时用户可以尝试着利用功能区为文档中的某些文本添加项目符号，更改行间距以及设置段落格式，使得文档看上去更加美观。

STEP 01 选择要添加项目符号的文本。选中"优秀团干部"文本，按住【Ctrl】键并选中"优秀团员"文本，如图 1-38 所示。

STEP 02 选择项目符号。在"开始"选项卡下的"段落"组中单击"项目符号"右侧的下三角按钮，接着在展开的下拉列表中选择项目符号，例如选择"菱形"样式，如图 1-39 所示。

STEP 03 设置行间距。单击"段落"组中的"行和段落间距"按钮，接着在展开的下拉列表中选择行间距，例如设置为 2.5，如图 1-40 所示。

STEP 04 查看设置后的显示效果。返回文档中，此时可看见设置后的显示效果，如图 1-41 所示。

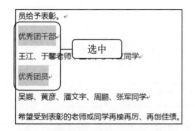

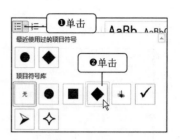

图 1-38　选择要添加项目符号的文本　　　　　　　　　图 1-39　选择项目符号

STEP 05 单击"段落"对话框启动器。使用步骤 1 中介绍的方法选中要设置段落格式的文本，单击"段落"组中的对话框启动器，如图 1-42 所示。

STEP 06 设置段落缩进属性。弹出"段落"对话框，设置特殊格式为"首行缩进"，磅值为"2字符"，如图 1-43 所示。

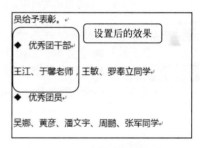

图 1-40　设置行间距　　　　　　　　　　　图 1-41　查看设置后的显示效果

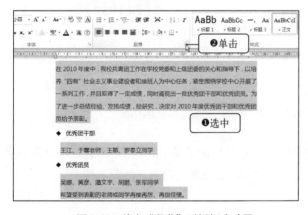

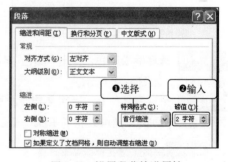

图 1-42　单击"段落"对话框启动器　　　　　图 1-43　设置段落缩进属性

STEP 07 设置段落的间距属性。在"间距"选项组中设置"行距"为"固定值"，"设置值"为"25磅"，然后单击"确定"按钮，如图 1-44 所示。

STEP 08 查看设置后的显示效果。返回文档界面，将"2011 年 3 月 21 日"文本设置为右对齐，此时可看见设置段落格式后的效果。如图 1-45 所示。

 ## 1.2.4　添加字符底纹

在表彰通报中，如果受到表彰的某些集体或个人特别优秀时，则可以在文档中使用字符底纹将其突出显示。

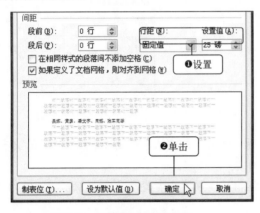

图 1-44　设置段落的间距属性

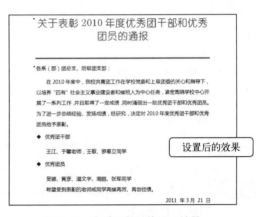

图 1-45　查看设置后的显示效果

STEP 01 选中要添加底纹的文本。这里为了突出显示被表扬的老师，可以为其添加底纹，选中"王江"、"于馨"两处文本，如图 1-46 所示。

STEP 02 单击"其他颜色"选项。单击"段落"组中的"底纹"右侧的下三角按钮，在展开的下拉列表中可以选择主题颜色或标准色，这里单击"其他颜色"选项，如图 1-47 所示。

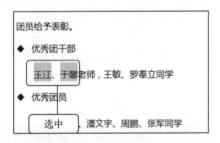

图 1-46　选中要添加底纹的文本

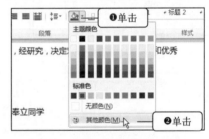

图 1-47　单击"其他颜色"选项

STEP 03 选择标准颜色。弹出"颜色"对话框，在"标准"选项卡下选择颜色，选中后单击"确定"按钮，如图 1-48 所示。

STEP 04 更换字体颜色。返回文档界面可看见添加底纹后的效果，由于红色的底纹与黑色的字体看上去不协调，则可以将"王江"、"于馨"字体的颜色设置为白色，如图 1-49 所示。

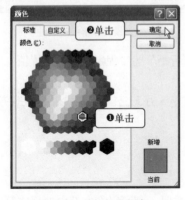

图 1-48　选择标准颜色

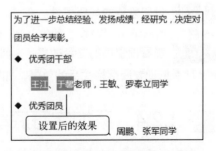

图 1-49　更换字体颜色

技术拓展　添加单一的灰色底纹

Word 2010 提供了添加单一灰色底纹的功能，选中任意的文本，然后单击"字体"组中的"字符底纹"按钮即可添加成功，如图 1-50 所示。

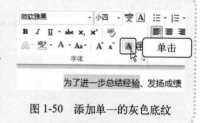

图 1-50　添加单一的灰色底纹

1.3 ◎ 商务邀请函的编制

邀请函是邀请亲朋好友、知名人士或专家等参加某项活动时所使用的一类书函，广泛用于国际交往以及各种日常交往。其中，商务邀请函是一个重要的分支，该类邀请函是商务活动主办方为了郑重邀请其合作伙伴（投资人、材料供应方、营销渠道商等）参加该活动而编制的书面函件。

原始文件：实例文件\第 1 章\原始文件\商务邀请函.docx
最终文件：实例文件\第 1 章\最终文件\商务邀请函.docx

1.3.1　设置文本的对齐方式

商务邀请函的主体内容必须符合邀请函的一般结构，标题、称谓、正文、落款都要有。其中标题要居中显示，而落款则要右对齐。下面就介绍设置邀请函中标题和落款的对齐方式。

STEP 01 选中标题文本。打开随书光盘\实例文件\第 1 章\原始文件\商务邀请函.docx，在文档中选中标题文本，单击"段落"组中的"文本居中"按钮，如图 1-51 所示。

STEP 02 查看居中对齐的标题。此时可在文档界面中看见选中的标题文本已经居中显示，如图 1-52 所示。

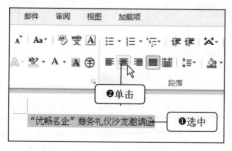

图 1-51　选中标题文本

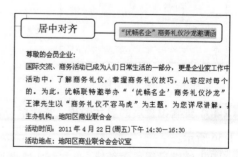

图 1-52　查看居中对齐的标题

STEP 03 设置落款为右对齐。选中文档底部的落款文本，在"段落"组中单击"文本右对齐"

按钮，可看见该日期文本的显示方式为右对齐，如图 1-53 所示。

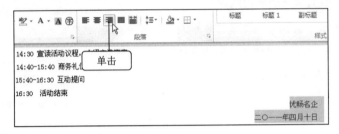

图 1-53   设置落款为右对齐

1.3.2   使用标尺调整段落缩进

标尺是 Word 2010 组件中的一个重要工具。默认情况下它不会显示在文档界面中，用户可以利用标尺来调整文档的边距、改变段落的缩进值。下面就来介绍使用标尺调整段落缩进的具体操作步骤。

STEP 01 设置显示标尺。默认情况下，Word 2010 的文档界面是不会显示标尺的，若想显示标尺则需要手动设置，单击"视图"标签切换至"视图"选项卡下，然后在"显示"组中勾选"标尺"复选框，如图 1-54 所示。

STEP 02 设置首行缩进。选中文档中需要设置首行缩进的段落，将首行缩进游标拖动至合适的位置，如图 1-55 所示。注意：这里标尺的单位是字符，拖动到 2 所在的位置也就意味着首行缩进 2 个字符。

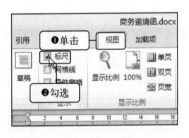

图 1-54   设置显示标尺

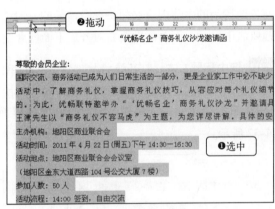

图 1-55   设置首行缩进

STEP 03 查看设置后的显示效果。释放鼠标左键后可在文档界面中看见设置后的显示效果，如图 1-56 所示。

STEP 04 继续设置段落缩进。当文档中需要设置更高缩进量的段落时，可使用相同的方法设置。选中要设置的段落，然后拖动首行缩进游标至合适的位置，这里拖动至 7 所在的位置，如图 1-57 所示。

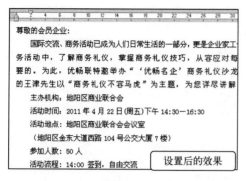

图 1-56 查看设置后的显示效果

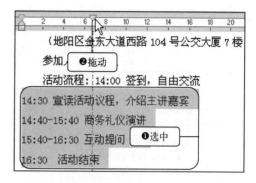

图 1-57 继续设置段落缩进

技术拓展 认识水平标尺和垂直标尺

在 Word 2010 中，标尺有两类：第一类是水平标尺；第二类是垂直标尺。

水平标尺位于文档顶部，并附带有三个游标，即首行缩进游标、左缩进游标和右缩进游标，如图 1-58 所示，其中左缩进游标用于设置段落左侧的缩进值，首行缩进游标用于设置段落的首行缩进值，而右缩进游标用于设置段落右侧的缩进值。

图 1-58 水平标尺

垂直标尺位于文档的左侧，不附带游标，主要用于调整文档的页边距。

虽然垂直标尺不附带游标，但是将指针移至标尺的灰白连接处时，指针便会呈 ↕ 状，此时拖动鼠标便可调整文档的上、下页边距，如图 1-59 所示。当鼠标指针呈 ↕ 状时，双击便可打开"页面设置"对话框。

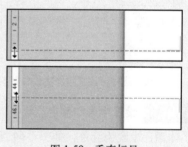

图 1-59 垂直标尺

STEP 05 查看设置缩进后的显示效果。释放鼠标左键后可在文档中看见设置缩进后的显示效果，如图 1-60 所示。

STEP 06 查看文档的整体效果。将该文档窗口最大化后可浏览调整段落缩进后的整体效果，如图 1-61 所示。瞧！是不是比设置前更加层次分明了？

1.3.3 使用浮动工具栏设置字符格式

浮动工具栏不会一直显示在文档中，只有在选中文本后才会在右上角出现，浮动工具栏可以用来设置文本的字体、字号、颜色等字体属性。要想制作精美的商务邀请函，一定要对字符进行优化设置。

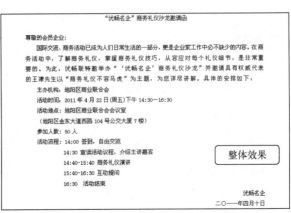

图 1-60　查看设置缩进后的显示效果　　　　　　图 1-61　查看文档的整体效果

STEP 01 选中要设置字符格式的文本。选中要设置字符格式的文本并将指针移至右上方，此时可看见显示的浮动工具栏，如图 1-62 所示。

STEP 02 设置字体。单击浮动工具栏中"宋体"右侧的下三角按钮，接着在弹出的下拉列表中选择合适的字体，例如选择"楷体_GB2312"，如图 1-63 所示。

图 1-62　选中要设置字符格式的文本　　　　　　图 1-63　设置字体

STEP 03 设置字号和颜色。单击"加粗"按钮，之后单击右侧的"字体颜色"按钮，将标题的字体颜色设置为红色，如图 1-64 所示。

STEP 04 设置称谓的字体属性。选中"尊敬的会员企业"文本，在浮动工具栏中设置字体为"仿宋_GB2312"，字号为"三号"，然后单击"加粗"按钮，如图 1-65 所示。

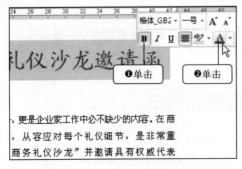

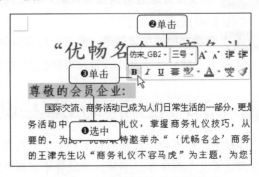

图 1-64　设置字号和字体颜色　　　　　　图 1-65　设置称谓的字体属性

STEP 05 设置其他文本的字体属性。选中其他文本，然后在浮动工具栏中设置字体为"仿宋_GB2312"，字号为"三号"，此时可在图 1-66 中看见设置后的显示效果。

STEP 06 加粗选中的文本。在文档中选中"主办机构"、"活动时间"、"活动地点"、"参加人数"和"活动流程"文本，然后在浮动工具栏中单击"加粗"按钮，如图 1-67 所示。

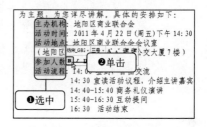

图 1-66　设置其他文本的字体属性　　　　　　　图 1-67　加粗选中的文本

STEP 07 查看文档的整体效果。此时可在文档中看到设置字符格式后的整体效果，即"商务邀请函"文档的最终效果，如图 1-68 所示。

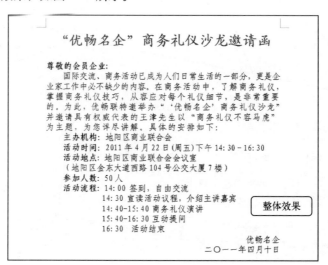

图 1-68　查看文档的整体效果

第 2 章
公司宣传资料制作

要做好公司的宣传工作，仅仅依靠文字是不行的，还需要添加精美的图片和图形。有了图片的公司简介与使用了自选图形制作的公司组织结构图往往会比仅仅包含文字的宣传材料要更加吸引人。在制作公司宣传资料文档时，一定要注意图片和图形的合理排版，如果排版不合理，效果就会大打折扣。

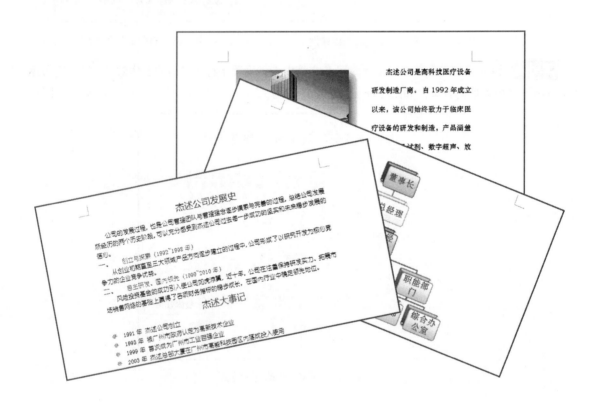

2.1 ◖ 公司简介的制作

　　公司简介是指对公司、企业的引荐，通过介绍公司的成立时间、经营范围以及未来目标等信息来让他人初步了解公司的基本状况。在制作公司简介的过程中，可以在其中插入与公司有关的图片，使得他人对公司的了解更进一步。

原始文件：实例文件\第 2 章\原始文件\公司简介.docx、公司图片.jpg
最终文件：实例文件\第 2 章\最终文件\公司简介.docx

2.1.1 插入图片

　　在文档中插入图片的方法有多种，其中最常见的就是将图片以文件的形式插入文档中。除此之外，Word 2010 还提供了屏幕截图的功能。本节先介绍如何将公司图片以文件形式插入文档的操作方法。

STEP 01 选择图片的插入位置。打开随书光盘\实例文件\第 2 章\原始文件\公司简介.docx，将光标固定在需插入图片的位置，在"插入"选项卡下单击"图片"按钮，如图 2-1 所示。
STEP 02 选择图片。弹出"插入图片"对话框，在"查找范围"下拉列表中选择图片所在的文件夹，双击需要的图片，如图 2-2 所示。

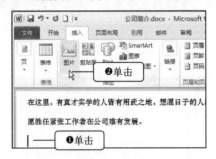

图 2-1　选择图片的插入位置

图 2-2　选择图片

公司简介的内容

　　公司简介主要介绍公司的创立时间、所在地、规模、经营范围等等，主要包含以下四方面的内容。

　　一、公司概况，注册时间、注册资本（如果公司较大）、公司性质、技术力量、规模和员工人数等。

　　二、公司的发展状况：着重介绍公司的发展速度，有何成绩，有何荣誉称号等。

　　三、公司的主要产品：可以介绍产品的性能、特色。

　　四、公司的销售业绩和销售网络：包括公司产品的销售量，公司在各地的销售点等信息。

办公指导

STEP 03 **查看插入的图片**。返回文档界面，此时可以看到在插入点插入的图片，同时出现了"图片工具-格式"选项卡，如图 2-3 所示。

图 2-3　查看插入的图片

技术拓展　**使用 Word 2010 提供的屏幕截图**

　　"屏幕截图"是 Word 2010 新增的功能，用户既可以将桌面上显示的窗口插入文档中（无法插入最小化的窗口），也可以截取桌面上的部分图片，截取后图片自动插入文档中。只需单击"插入"选项卡下的"插图"组中的"屏幕截图"按钮。

　　如果要插入窗口图片，则可在"可用视窗"组中选择要插入的窗口图片，如图 2-4 所示；如果要插入桌面上的部分图片，则可以在"屏幕截图"下拉列表中单击"屏幕剪辑"选项，在桌面上截取需要的区域即可，如图 2-5 所示。

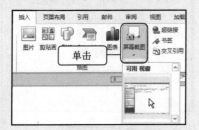

图 2-4　在"可用视窗"中选择要插入的图片　　　　图 2-5　单击"屏幕剪辑"截取所需区域

2.1.2　简单处理图片

　　Word 2010 处理图片的功能虽然比不上 Photoshop 等专业的图像处理软件，但是它能够调整图片的颜色饱和度、色调以及锐化/柔化图片，并且还能够为图片添加不同的样式。公司简介的图片不需要像广告设计中的图片那样精美和绚丽，只需图片清晰、饱和度适宜即可，下面就介绍使用 Word 2010 处理图片的操作方法。

STEP 01 **锐化图片**。选中插入的图片，切换至"图片工具-格式"选项卡，单击"更正"按钮，在展开的库中选择"锐化：50%"效果，如图 2-6 所示。

STEP 02 调整图片的色调。单击"颜色"按钮，保持默认的图片饱和度，接着在库中选择"色调：5300K"效果，如图 2-7 所示。

图 2-6　锐化图片

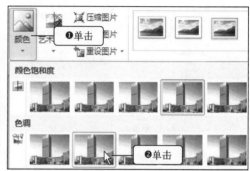

图 2-7　调整图片的色调

STEP 03 选择图片样式。单击"图片样式"组中的快翻按钮 ，然后在展开的库中选择所需的图片样式，例如选择"矩形投影"样式，如图 2-8 所示。

STEP 04 查看应用样式后的效果。执行上一步操作后可在文档中看见应用样式后的显示效果，如图 2-9 所示。如果对图片的效果还不满意，则可在"图片样式"组中单击"图片效果"按钮，给图片添加不同的效果，可以添加阴影、映像、发光等效果。

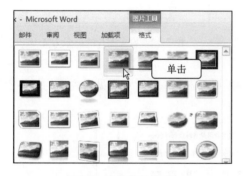

图 2-8　选择图片样式

图 2-9　查看应用样式后的效果

2.1.3　图片的环绕方式

Word 2010 提供了九种环绕方式，分别为顶端居左/居中/居右、中间居左/居中/居右、底端居左/居中/居右。建议用户将图片的环绕方式设置为顶端居左，使得简介更加的规范、标准。设置图片环绕方式的操作步骤如下。

STEP 01 选择图片顶端居左。选中插入的图片，在"图片工具-格式"选项卡下单击"位置"按钮，在展开的下拉列表中选择环绕方式，例如选择"顶端居左"，如图 2-10 所示。

STEP 02 调整图片的大小。选中的图片自动移至文档的左上角，将光标移至图片的右下角，当指针呈 状时，拖动鼠标调整图片的大小，如图 2-11 所示。若向左上方拖动鼠标，则图片会缩小；若向右下方拖动鼠标，则图片会放大。

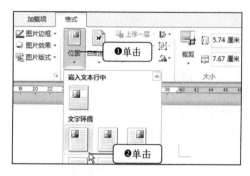

图 2-10　选择图片顶端居左

图 2-11　调整图片的大小

技术拓展　设置图片的显示方式

　　默认情况下，图片是以嵌入型的方式存在于 Word 中，用户若想更改图片的显示方式则可以在"排列"组中单击"自动换行"按钮，接着在弹出的下拉列表中选择合适的显示方式，可以是四周型环绕，也可以是衬于文字下方，如图 2-12 所示。

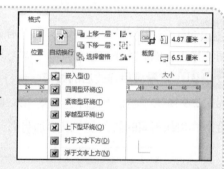

图 2-12　设置图片的显示方式

STEP 03 查看最终的文档效果。拖动至合适位置后释放鼠标左键，此时可看见设置后的最终文档效果，如图 2-13 所示。

图 2-13　查看最终的文档效果

2.2 公司组织结构图的制作

　　公司组织结构图是用于展示公司内部各个有机构成要素（董事会、总经理等）相互作用的联系方式或形式。制作公司组织结构图可以利用 Word 2010 中的

SmartArt 图形和自选图形来实现。

原始文件：实例文件\第 2 章\原始文件\无
最终文件：实例文件\第 2 章\最终文件\公司组织结构图.docx

2.2.1　插入层次结构示意图

SmartArt 图形中拥有不少的组合图形，而这些图形都能媲美设计师所设计的图形，利用这些图形来设计公司组织结构图是最佳的选择。下面就介绍如何插入 SmartArt 图形中的层次结构示意图来制作公司组织结构图的操作步骤。

STEP 01 **单击【SmartArt】按钮。**新建一个文档，切换至"插入"选项卡下，单击【SmartArt】按钮，如图 2-14 所示。

STEP 02 **选择层次结构示意图。**弹出"选择 SmartArt 图形"对话框，单击"层次结构"选项，在右侧选择"层次结构图"样式并双击，如图 2-15 所示。

图 2-14　单击【SmartArt】按钮

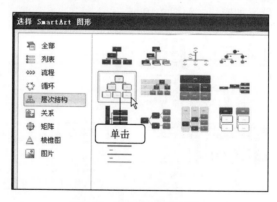

图 2-15　选择层次结构示意图

STEP 03 **查看插入的 SmartArt 图形。**返回文档界面，此时可看见插入的层次结构图，如图 2-16 所示。

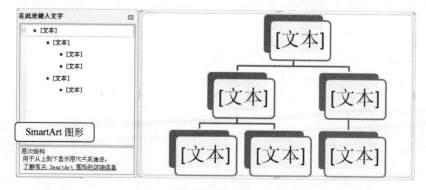

图 2-16　查看插入的 SmartArt 图形

技术拓展 文本窗格的打开方法

　　文本窗格是指 SmartArt 图形左侧的窗格，该窗格默认情况下处于打开状态。若用户不小心将其关闭了，则可以在"SmartArt 工具-设计"选项卡下的"创建图形"组中单击"文本窗格"按钮，即可打开该窗格，如图 2-17 所示。

图 2-17　单击"文本窗格"按钮

2.2.2　添加形状

　　不同的公司的组织结构图其分支与架构不太一样。这些分支单位的多少对于 SmartArt 图形来说都不是问题，这是因为 SmartArt 图形可以随意添加或删除形状。下面就介绍在 SmartArt 图形中添加形状的操作步骤。

STEP 01 在选中形状的上方添加形状。右击 SmartArt 图形中最顶部的形状，在弹出的快捷菜单中依次执行"添加形状>在上方添加形状"命令，如图 2-18 所示。

STEP 02 继续在上方添加形状。此时可在选中形状的上方看见添加的形状，使用相同的方法在上面继续添加形状，如图 2-19 所示。

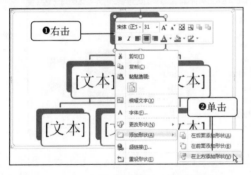

图 2-18　在选中形状的上方添加形状

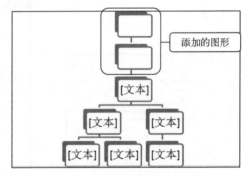

图 2-19　继续在上方添加形状

STEP 03 在选中形状的前面添加形状。右击最右下角的形状，在弹出的快捷菜单中依次执行"添加形状>在前面添加形状"命令，如图 2-20 所示。

STEP 04 查看添加的形状。此时可看见在选中形状前出现了一个空白形状，如图 2-21 所示。

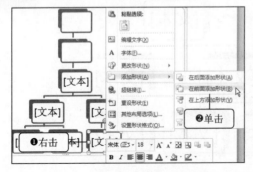

图 2-20　在选中形状的前面添加形状

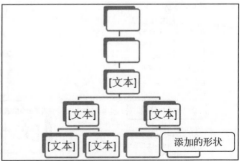

图 2-21　查看添加的形状

STEP 05 **在选中形状的后面添加形状**。选中最底层的左二形状并右击，在弹出的**快捷菜单中**依次执行"添加形状>在后面添加形状"命令，如图 2-22 所示。

STEP 06 **查看添加的形状**。此时可在左二形状的右侧看见添加的形状，如图 2-23 所示。

图 2-22　在选中形状的后面添加形状

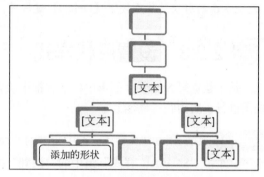

图 2-23　查看添加的形状

STEP 07 **输入文本**。将光标固定在文本窗格的最顶层，然后输入文本，例如输入"董事长"，如图 2-24 所示。

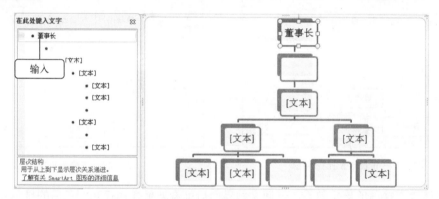

图 2-24　输入文本

STEP 08 **输入其他文本**。使用相同的方法在文本窗格中输入其他的文本，并将所有的字体属性设置为宋体、14 号，设置完毕后可在图形中看见显示效果，如图 2-25 所示。

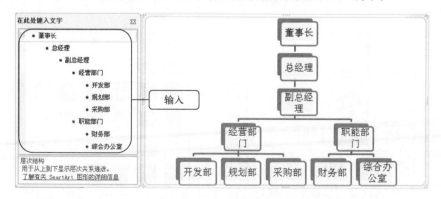

图 2-25　输入其他文本

技术拓展 ｜ 删除 SmartArt 中的形状

当用户在 SmartArt 图形中添加了过多的形状时，可以直接将其删除，具体的操作方法为：选中多余的形状，然后按下【Delete】键即可。

2.2.3　设置形状样式

是不是觉得 SmartArt 图形中的形状都平淡无奇呢？那么就跟着我来操作吧，让您的组织结构图进行一次彻底"整容"。

STEP 01 **更换 SmartArt 样式。**选中绘制的 SmartArt 图形，切换至"SmartArt 工具-设计"选项卡下，单击"SmartArt 样式"组中的"快翻"按钮，在展开的库中选择样式，例如选择"优雅"样式，如图 2-26 所示。

STEP 02 **更换图形颜色。**单击"更换颜色"按钮，在展开的颜色库中选择"彩色范围，强调文字颜色 2 至 3"颜色样式，如图 2-27 所示。

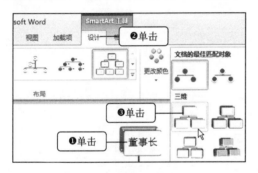

图 2-26　更换 SmartArt 样式

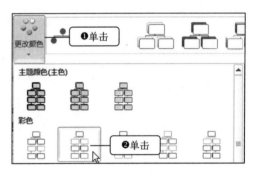

图 2-27　更换图形颜色

STEP 03 **查看更换后的显示效果。**返回文档界面后可看见更换样式和颜色后的显示效果，如图 2-28 所示。

STEP 04 **更换形状样式。**选中"董事长"形状，切换至"SmartArt 工具-格式"选项卡，单击"形状样式"组中的"快翻"按钮，在展开的库中选择"细微效果，蓝色，强调颜色 1"样式，如图 2-29 所示。

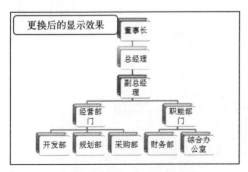

图 2-28　查看更换后的显示效果

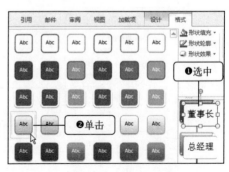

图 2-29　更换形状样式

STEP 05 **更换其他形状的颜色。**使用相同的方法为其他形状更换各自对应的颜色，如图 2-30 所示。

STEP 06 **添加艺术字效果。**选中"董事长"形状，切换至"SmartArt 工具-格式"选项卡下，单击"艺术字样式"组中的"快翻"按钮，在展开的库中选择"渐变填充，橙色，强调文字颜色 6，内部阴影"样式，如图 2-31 所示。

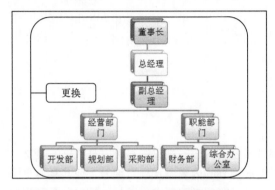

图 2-30　更换其他形状的颜色　　　　　　　　图 2-31　添加艺术字效果

STEP 07 **查看更换后的图形效果。**使用相同的方法为其他形状添加艺术字效果，完成后可看见图形的最终效果，如图 2-32 所示。

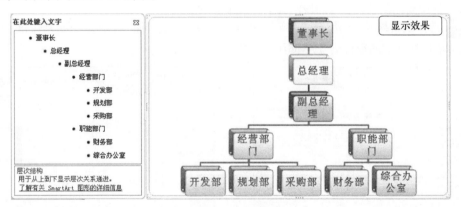

图 2-32　查看更换后的图形效果

技术拓展　**设置 SmartArt 图形中的文本效果**

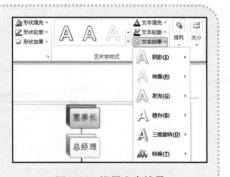

设置 SmartArt 图形中的文字时，除了添加艺术字效果之外，还可以更换其文本效果。单击"艺术字样式"组中的"文本效果"按钮，接着可在展开的库中选择恰当的文本效果。Word 提供的文本效果包括阴影、映像、发光、棱台、三维旋转和转换，如图 2-33 所示。

图 2-33　设置文本效果

2.3 公司发展史的整理

公司发展史记录了公司从创立一直到目前所发生的大事或者获取的荣誉，同时也记录了公司未来的发展规划。用户可以使用 Word 2010 提供的项目编号和项目符号来对这些大事记进行标记，让文档显得井井有条。

原始文件：实例文件\第 2 章\原始文件\公司发展史.docx
最终文件：实例文件\第 2 章\最终文件\公司发展史.docx

2.3.1 添加编号

Word 2010 中的项目编号主要用于一些条理性较强的内容，项目编号可以是数字、英文、罗马字母或汉字。以公司发展史为例，用户可对发展规划的内容添加项目编号，使其具有更强的条理性。为文档添加项目编号有两种方法：第一种是利用功能区进行添加；第二种是利用快捷菜单进行添加。下面对这两种方法分别进行详细的介绍。

STEP 01 选中要添加项目编号的段落文本。打开随书光盘\实例文件\第 2 章\原始文件\公司发展史.docx，选中要添加项目编号的段落文本，如图 2-34 所示。

STEP 02 选择项目编号。切换至"开始"选项卡，单击"编号库"右侧的下三角按钮，接着在展开的库中选择所需的项目编号，如图 2-35 所示。

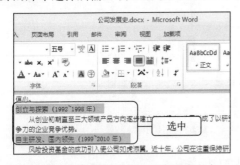

图 2-34 选中要添加项目编号的段落文本

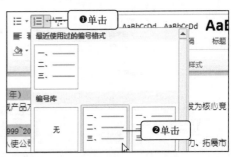

图 2-35 选择项目编号

STEP 03 查看添加项目编号后的效果。返回文档界面，此时可看见添加项目编号后的显示效果，如图 2-36 所示。

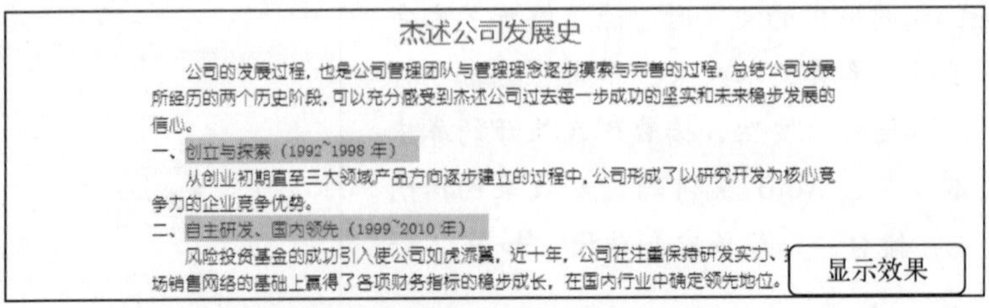

图 2-36 查看添加项目编号后的效果

2.3.2　更改编号格式

　　默认的项目编号可能无法达到您想突出段落文本重要性的要求，若想突出其重要性则可更改项目编号的格式，包括字体、字号和颜色等属性。下面通过更改编号格式来突出"杰述公司发展史"文档中部分文本内容的重要性。

STEP 01 **单击"定义新编号格式"选项**。选中任意一个添加的项目编号，单击"编号库"右侧的下三角按钮，从展开的下拉列表中单击"定义新编号格式"选项，如图 2-37 所示。

STEP 02 **单击"字体"按钮**。弹出"定义新编号格式"对话框，单击"字体"按钮，如图 2-38所示。

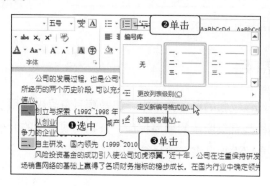

图 2-37　单击"定义新编号格式"选项

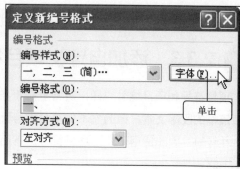

图 2-38　单击"字体"按钮

STEP 03 **设置编号的字体属性**。弹出"字体"对话框，在"字体"选项卡下设置"中文字体"为"幼圆"、"字形"为"加粗"、"字号"为"小四"，然后设置"字体颜色"为"红色"，完毕后单击"确定"按钮，如图 2-39 所示。

STEP 04 **预览更换格式后的编号**。返回"定义新编号格式"对话框，此时可在"预览"下方看见更换格式后的项目编号，单击"确定"按钮，如图 2-40 所示。

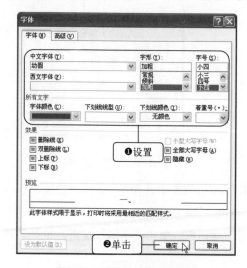

图 2-39　设置编号的字体属性

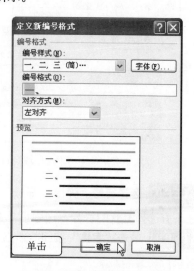

图 2-40　预览更换格式后的编号

STEP 05 查看添加新编号后的效果。返回文档界面，此时可看见添加新编号后的显示效果，如图 2-41 所示。

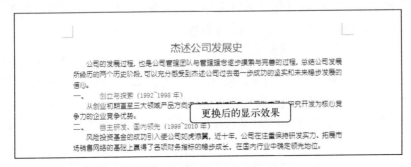

图 2-41　查看添加新编号后的效果

2.3.3　添加自定义项目符号

项目符号和项目编号一样，通常也用于条理性较强的段落文本中，但是项目符号仅适用于较短篇幅的段落文本，因为它不像项目编号那样具有很明确的顺序标识。公司发展史中的大事记往往较短，因此适用于添加项目符号。下面介绍添加自定义项目符号的操作步骤。

STEP 01 单击"定义新项目符号"选项。选中要添加项目符号的段落文本，单击"项目符号"右侧的下三角按钮，在展开的下拉列表中单击"定义新项目符号"选项，如图 2-42 所示。

STEP 02 单击"符号"按钮。弹出"定义新项目符号"对话框，在"项目符号字符"选项组中单击"符号"按钮，如图 2-43 所示。

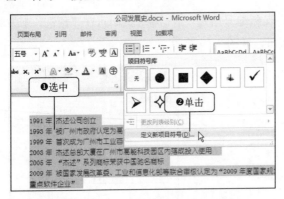

图 2-42　单击"定义新项目符号"选项

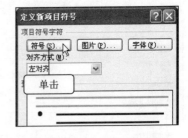

图 2-43　单击"符号"按钮

STEP 03 选择符号。弹出"符号"对话框，在"字体"下拉列表中选择 Wingdings 选项，然后在下方选择喜欢的符号，选中后单击"确定"按钮，如图 2-44 所示。

STEP 04 单击"字体"按钮。返回"定义新项目符号"对话框，单击"字体"按钮，如图 2-45 所示。

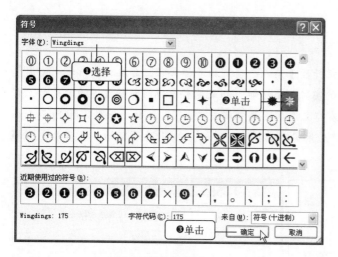

图 2-44　选择符号

图 2-45　单击"字体"按钮

STEP 05 设置字号和颜色。弹出"字体"对话框，设置"字号"为"小四"，"字体颜色"为"浅蓝色"，如图 2-46 所示。

STEP 06 预览自定义的项目符号。单击"确定"按钮后返回"定义新项目符号"对话框，预览更换属性后的符号样式后单击"确定"按钮，如图 2-47 所示。

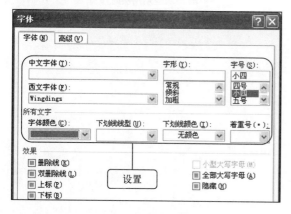

图 2-46　设置字号和颜色

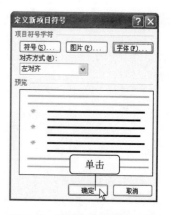

图 2-47　预览自定义的项目符号

STEP 07 查看应用项目符号后的显示效果。返回文档界面，此时可看见应用自定义项目符号后的显示效果，如图 2-48 所示。

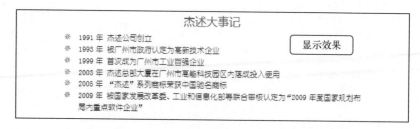

图 2-48　查看应用项目符号后的显示效果

技术拓展   启用实时预览

    在选择项目符号时，当用户将指针置于某一个项目符号样式时，会在文档中看见使用该样式后的效果，这就是 Word 2010 的实时预览功能。如果没有出现前面所叙述的现象时，则说明没有开启实时预览功能，只需在"文件"菜单中单击"选项"按钮，如图 2-49 所示，然后在"Word 选项"对话框中勾选"启用实时预览"复选框，如图 2-50 所示，最后单击"确定"按钮保存退出。

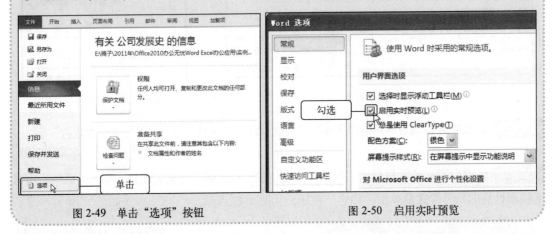

图 2-49   单击"选项"按钮   图 2-50   启用实时预览

第3章
公司管理制度的制定

对于大部分公司而言，其管理制度主要包括三个方面，即考勤管理制度、薪资管理制度和福利管理制度。在制定这三个管理制度时，制定人员不仅要在 Word 文档中根据公司的实际情况进行编制，而且还需要借助表格等工具让浏览者快速获取制度中的内容。

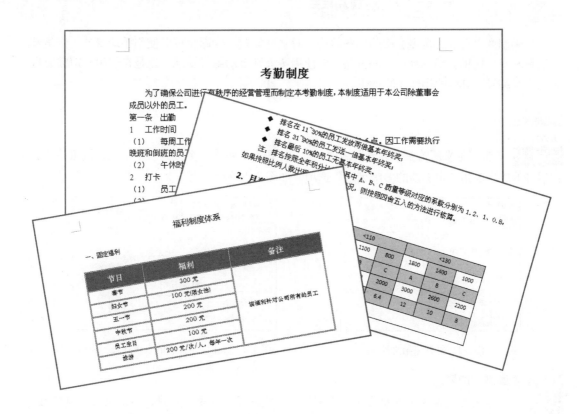

3.1 ◎ 考勤管理制度编制

　　考勤管理的内容主要包括出勤和旷工两个方面。其中出勤包括工作时间、请假、迟到/早退细则等，而旷工则主要是列举对不同旷工天数的员工的处罚细则，对于这些内容的整理，建议用户使用 Word 提供的多级列表来进行划分，使得制度的内容更加具有层次感。

原始文件：实例文件\第 3 章\原始文件\考勤管理.docx
最终文件：实例文件\第 3 章\最终文件\考勤管理.docx

3.1.1 　自定义多级列表

　　考勤制度中可能包含多层次的标题结构，对这些标题结构固然可以使用手动编号，但是却很浪费时间，这里介绍一种简单的方法，即使用多级别自动编号功能，但是在使用之前需要自定义多级编号。具体的操作步骤如下。

STEP 01 打开原始文件。打开随书光盘\实例文件\第 3 章\原始文件\考勤管理.docx，如图 3-1 所示。

STEP 02 单击"定义新的多级列表"选项。单击"段落"组中"多级列表"下三角按钮，接着在展开的库中单击"定义新的多级列表"选项，如图 3-2 所示。

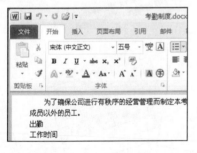

图 3-1　打开原始文件

图 3-2　单击"定义新的多级列表"选项

考勤制度的要点

办公指导

　　考勤制度是为了维护公司的正常秩序，提高工作效率，严肃纪律，使员工自觉遵守工作时间和劳动纪律的重要依据，它应当包含以下四个要点。

　　出勤：主要包括正常工作的时间、午休时间、记录出勤的方式（打卡或签到）等内容。

　　请假：主要包括正常的请假流程以及紧急情况下的请假流程（例如出现紧急情况而无法事先请假）等内容。

　　迟到：主要包括迟到的时间标准以及对应的处罚方式。

　　早退和旷工：主要包括早退和旷工的标准以及对应的处罚措施。

STEP 03 设置第一级编号。弹出"定义新多级列表"对话框，选中左侧数字列表框中的 1，在"此级别的编号样式"下拉列表中选择"一，二，三（简）…"样式，然后在"输入编号的格式"文本框中"一"的左侧和右侧分别输入"第"和"条"，最后在"位置"下方设置对齐位置和文本缩进位置，例如分别设置为 0，如图 3-3 所示。

STEP 04 设置第二级编号。选中左侧数字列表框中的 2，在"此级别的编号样式"下拉列表中选择"1，2，3，…"样式，然后在"位置"下方设置对齐位置和文本缩进位置，例如分别设置为 0，如图 3-4 所示。

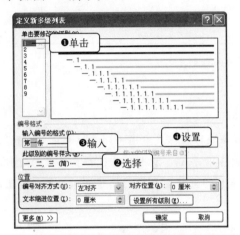

图 3-3 设置第一级编号

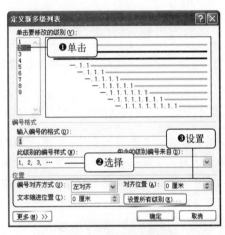

图 3-4 设置第二级编号

STEP 05 设置第三级编号。选中左侧数字列表框中的 3，在"此级别的编号样式"下拉列表中选择"1，2，3，…"样式，然后在"输入编号的格式"文本框中 1 的左侧和右侧分别输入"（"和"）"，最后在"位置"下方设置对齐位置和文本缩进位置，例如分别设置为 0，如图 3-5 所示。

STEP 06 设置第四级编号。选中左侧数字列表框中的 4，在"此级别的编号样式"下拉列表中选择（无）样式，删除"输入编号的格式"文本框中的内容，然后在"位置"下方设置对齐位置和文本缩进位置，例如分别设置为 0，设置完毕后单击"确定"按钮，如图 3-6 所示。

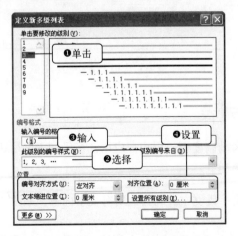

图 3-5 设置第三级编号

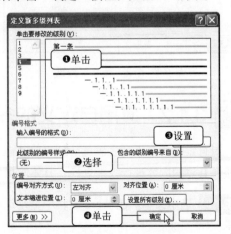

图 3-6 设置第四级编号

STEP 07 查看自定义的多级列表。单击"段落"组中"多级列表"右侧的下三角按钮，接着可在展开的库中看见自定义的多级列表，如图 3-7 所示。

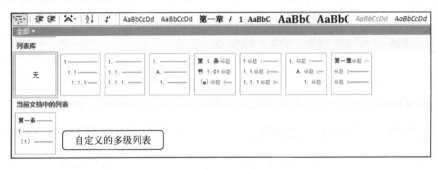

图 3-7　查看自定义的多级列表

技术拓展　将标题样式应用于编号中

　　用户在自定义多级列表时，可以将 Word 2010 中的标题样式应用于列表编号中。打开"定义新多级列表"对话框，单击"更多"按钮（如图 3-8 所示），接着便可选择要修改的级别编号，然后在右侧的"将级别链接到样式"下拉列表框中选择要应用的标题样式，便可设置该编号的其他属性（如图 3-9 所示）。

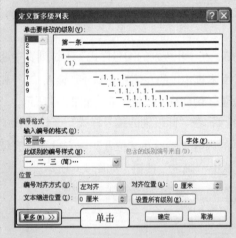

图 3-8　单击"更多"按钮

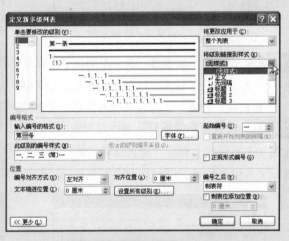

图 3-9　查看可应用于编号的样式

3.1.2　应用自定义的多级列表

　　对自定义的多级列表满意后便可将其应用在考勤制度中，用户在应用该多级列表之后还需要按照具体的内容进行级别更换，具体的操作步骤如下。

STEP 01 选中文本。在 Word 文档中拖动选中除第一段文字外的其他所有文本内容，如图 3-10 所示。

STEP 02 选择自定义的多级列表。单击"段落"组中"多级列表"右侧的下三角按钮，接着在展开的库中选择自定义的多级列表样式，如图 3-11 所示。

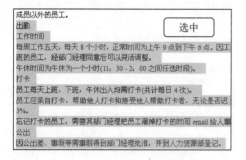

图 3-10　选中文本

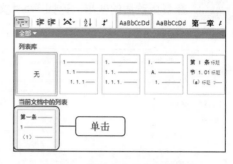

图 3-11　选择自定义的多级列表

STEP 03 查看应用后的效果。返回 Word 文档，此时可看见选中的文本都被统一添加了一级编号，如图 3-12 所示。接下来就需要对不同的选项进行列表等级更换了。

STEP 04 选择要修改列表级别的文本。在文档中选中需要修改列表等级的文本，接着单击"多级列表"右侧的下三角按钮，如图 3-13 所示。

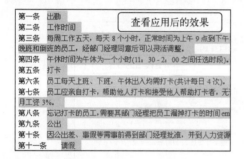

图 3-12　查看应用后的效果

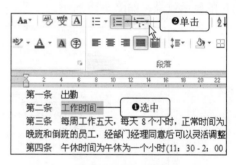

图 3-13　选择要修改列表级别的文本

STEP 05 更改列表级别。在展开的库中单击"更改列表级别"选项，接着在右侧展开的列表中选择编号级别，例如选择第二级别的编号，如图 3-14 所示。

STEP 06 更改其他级别的编号。返回 Word 文档，此时可以看见更换后的显示效果，接着使用相同的方法更改其他内容的级别编号，选中"因公出差……人力资源登记"文本，如图 3-15 所示。

图 3-14　更改列表级别

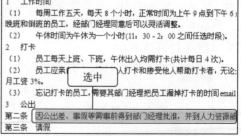

图 3-15　更改其他级别的编号

STEP 07 更改列表级别。单击"段落"组中"多级列表"右侧的下三角按钮，在展开的库中单击"更改列表级别"选项，接着在右侧弹出的列表中选择编号级别，例如选择第四级别的编号，如图 3-16 所示。

STEP 08 **查看更改后的效果。** 返回 Word 文档界面，此时可看见更改列表级别的显示效果，如图 3-17 所示。

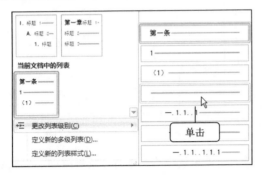

图 3-16   更改列表级别

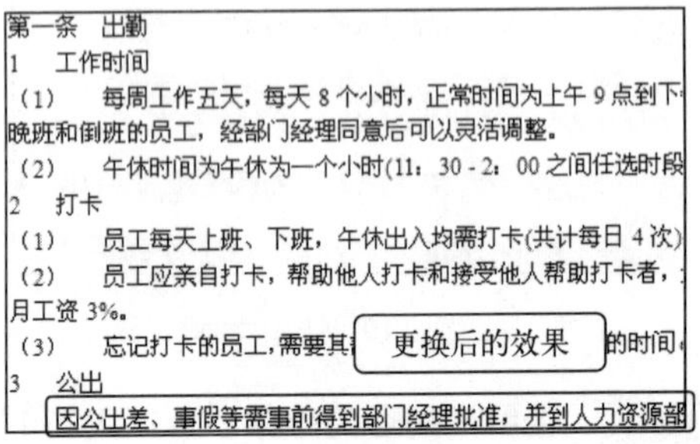

图 3-17   查看更改后的效果

STEP 09 **更换其他文本的列表编号。** 使用相同的方法更换其他文本的列表编号，更换后可看见对应的显示效果，如图 3-18 所示。

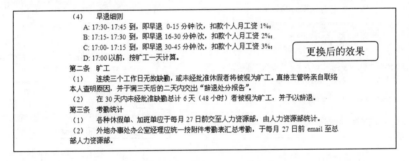

图 3-18   更换其他文本的列表编号

技术拓展   **应用格式刷修改级别编号**

在更换考勤制度中的级别编号时，除了 3.1.2 小节中介绍的方法外，还可以使用格式刷工具来实现，格式刷工具能够使选中的文本内容格式转换成光标所在的文本格式。以考勤制度中的"旷工"文本为例，若想将其级别编号更换为一级，则首先将光标固定在"出勤"文本处，然后单击"格式刷"按钮（如图 3-19 所示），当指针呈 状时，拖动选中"旷工"文本即可（如图 3-20 所示）。

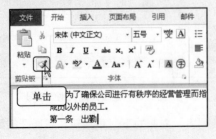

图 3-19   单击"格式刷"按钮

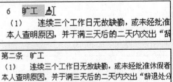

图 3-20   应用格式刷

3.2 薪酬制度的编制

　　薪酬是员工向所在的公司或企业提供劳务而获得的各种形式的酬劳。目前，很多公司的薪酬部分通常包括月薪和年终奖两方面，由于公司员工的能力不同，每位员工的月薪和年薪也会根据业绩的不同而有区别，因此在编制薪资表时，用户可以使用表格来列举出不同业绩所对应的月薪和年终奖。

原始文件：实例文件\第 3 章\原始文件\薪酬制度.docx
最终文件：实例文件\第 3 章\最终文件\薪酬制度.docx

3.2.1 手动绘制表格

　　为了让员工直观地了解不同业绩对应的薪资情况，可以使用表格将其列举出来。Word 2010 具有手动绘制表格功能，用户可使用该功能随意绘制表格，并且在绘制的过程中随意规划表格的行数、列数，任意单元格的行高和列宽。

STEP 01 选择要插入表格的位置。打开随书光盘\实例文件\第 3 章\原始文件\薪酬制度.docx，将光标固定在要插入表格的位置，切换至"插入"选项卡下，在"表格"组中单击"表格"按钮，如图 3-21 所示。

STEP 02 单击"绘制表格"选项。在展开的下拉列表中单击"绘制表格"选项，如图 3-22 所示。

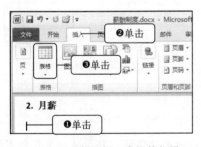

图 3-21　选择要插入表格的位置

图 3-22　单击"绘制表格"选项

办公指导

大多数企业常用的薪酬制度

　　常用的薪酬制度有岗位工资制度、绩效工资制度以及混合工资制度三种。

　　岗位工资制度：岗位工资制度的主要特点是对岗不对人。该制度按照一定程序，严格划分岗位，并按岗位设置工资。

　　绩效工资制度：绩效工资制度强调员工的工资取决于员工个人、部门及公司的绩效，工资与绩效直接相关。

　　混合工资制度：混合工资制度吸收了岗位工资制度和绩效工资制度的优点，也就是现在所说的"底薪+提成"模式。

STEP 03 绘制整个表格。此时指针呈 ✐ 状，单击光标所在的位置并按住鼠标不放，然后向右下方拖动鼠标，绘制表格，如图 3-23 所示。

STEP 04 绘制表格的行线。将指针移动至表格的左上方，拖动鼠标绘制表格的行线，如图 3-24 所示。

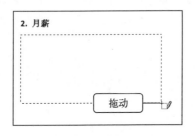

图 3-23 绘制整个表格

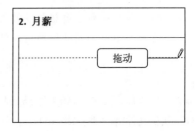

图 3-24 绘制表格的行线

STEP 05 绘制其他行线。使用相同的方法绘制表格的其他行线，例如绘制 6 根行线，如图 3-25 所示。

STEP 06 绘制表格的列线。将指针移动至表格的顶部，选择绘制点后向下拖动鼠标，绘制表格的列线，如图 3-26 所示。

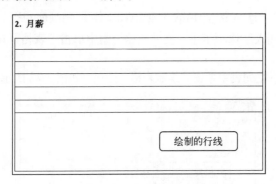

图 3-25 绘制其他行线

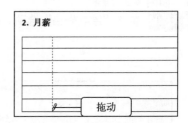

图 3-26 绘制表格的列线

技术拓展 **删除绘制多余的表格**

　　绘制完表格的行线时，可能会在底部残留一部分空白的表格区域，将指针移至多余表格区域的左侧，当指针呈 ⟋ 状时单击，然后按下【Backspace】键即可删除选择的表格区域，如图 3-27 所示。

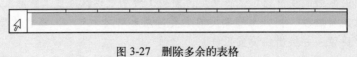

图 3-27 删除多余的表格

STEP 07 绘制其他列线。使用相同的方法绘制列线，当其中某一行不需要与列线相交时，则可以首先绘制该行上方的列线，然后再绘制该行下方的列线，如图 3-28 所示。

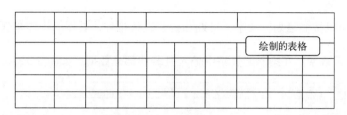

图 3-28　绘制其他列线

3.2.2　应用表格样式

Word 2010 提供了多达 98 种表格样式，用户可以选择自己喜欢的样式并将其应用在绘制的表格中。

STEP 01 **单击"表格样式"快翻按钮**。单击表格左上角的"选中"按钮，接着单击"表格工具"选项卡中的"设计"标签，在"表格样式"组中单击快翻按钮，如图 3-29 所示。

STEP 02 **选择表格样式**。在展开的库中选择合适的表格样式，例如选择"浅色网格"样式，如图 3-30 所示。

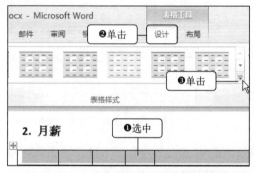

图 3-29　单击"表格样式"快翻按钮　　　　图 3-30　选择表格样式

STEP 03 **查看应用样式后的表格**。返回 Word 文档界面，此时可看见应用样式后的表格，如图 3-31 所示。

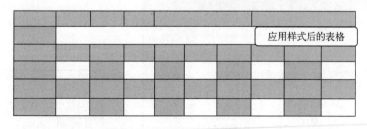

图 3-31　查看应用样式后的表格

3.2.3　排序表格数据

将月薪对应的数据输入表格后便可对表格的任意一行或一列进行排序。排序有升序和降序两种方式，并且可以按照笔划、数字、日期和拼音进行排列，具体的操作步骤如下。

STEP 01 **输入表格数据。** 在绘制的表格中输入月薪的部分数据，如图 3-32 所示。

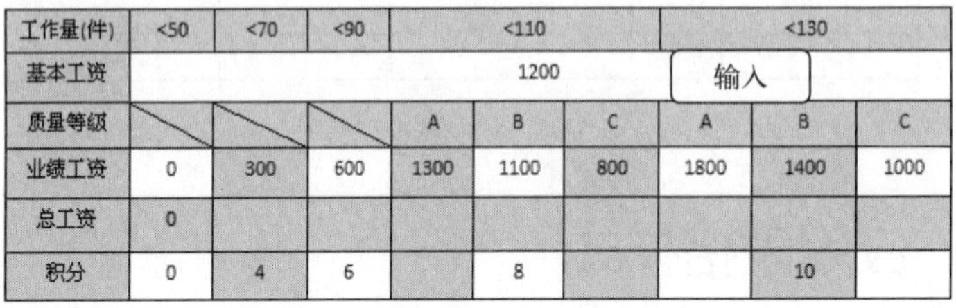

工作量(件)	<50	<70	<90	<110					<130		
基本工资				1200			输入				
质量等级				A	B	C	A	B	C		
业绩工资	0	300	600	1300	1100	800	1800	1400	1000		
总工资	0										
积分	0	4	6	8			10				

图 3-32　输入表格数据

STEP 02 **选择要排序的列。** 将指针移至表格中含有"基本工资"的单元格，当指针呈 ➶ 状时向下拖动鼠标，选中要排序的列，如图 3-33 所示。

STEP 03 **单击"排序"按钮。** 切换至"表格工具-布局"选项卡，接着在"数据"组中单击"排序"按钮，如图 3-34 所示。

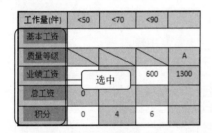

图 3-33　选择要排序的列

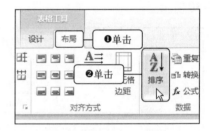

图 3-34　单击"排序"按钮

STEP 04 **设置排序的类型。** 弹出"排序"对话框，在"主要关键字"下方设置排序类型为"笔划"，排序方式为升序；接着在"次要关键字"下方设置排序类型为"拼音"，排序方式为升序；完毕后单击"确定"按钮，如图 3-35 所示。

STEP 05 **查看排序后的显示效果。** 返回文档界面后可看见排序后的效果，如图 3-36 所示。

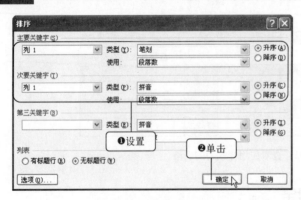

图 3-35　设置排序的类型

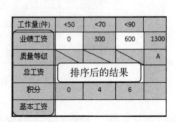

图 3-36　查看排序后的显示效果

3.2.4　计算表格数据

在 Word 2010 中，用户也可以对表格使用公式，并对表格中的数据进行简单的运算，例如利用公式计算总工资和所对应的积分。具体的操作步骤如下。

STEP 01 选择要使用公式的单元格。在表格中选中要使用公式的单元格，如图 3-37 所示。

STEP 02 单击"公式"按钮。切换至"表格工具-布局"选项卡，接着在"数据"组中单击"公式"按钮，如图 3-38 所示。

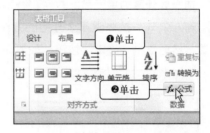

图 3-37　选择要使用公式的单元格　　　　图 3-38　单击"公式"按钮

STEP 03 输入公式。弹出"公式"对话框，在"公式"文本框中输入"=SUM(C2，B6)"，然后设置编号格式为整数，完毕后单击"确定"按钮，如图 3-39 所示。

STEP 04 查看计算的结果。返回 Word 文档界面，此时可看见计算的结果，如图 3-40 所示。

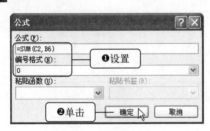

图 3-39　输入公式　　　　　　　　图 3-40　查看计算的结果

技术拓展　Word 中单元格的引用

在 Word 的表格中，行默认使用数字表示，列则是用字母（大小写均可）表示。类似于 Excel 中的单元格坐标，在本节绘制的月薪制度表中，各单元格所对应的坐标如图 3-41 所示。

A1	B1	C1	D1	E1			F1		
A2	B2	C2	D2	E2	F2	G2	H2	I2	J2
A3	B3	C3	D3	E3	F3	G3	H3	I3	J3
A4	B4	C4	D4	E4	F4	G4	H4	I4	J4
A5	B5	C5	D5	E5	F5	G5	H5	I5	J5
A6				B6					

图 3-41　月薪制度表格对应的坐标

STEP 05 计算其他的总工资。使用相同方法计算其他的总工资，如图 3-42 所示。

工作量(件)	<50	<70	<90	<110			<130		
业绩工资	0	300	600	1300	1100	800	1800	1400	1000
质量等级				A	B	C	A	B	C
总工资	0	1500	1800	2500	2300	2000	3000	2600	2200
积分	0	4	6	8		计算的结果			
基本工资	1200								

图 3-42　计算其他的总工资

STEP 06 选择要计算的单元格。在"积分"一行中选择要计算的单元格，如图 3-43 所示。

STEP 07 输入公式。按照步骤 2 介绍的方法打开"公式"对话框，在"公式"文本框中输入"=F5*1.2"，然后单击"确定"按钮，如图 3-44 所示。

工作量(件)	<50	<70	<90	
业绩工资	0	300	600	1300
质量等级				A
总工资	0	1500	1800	2500
积分	0	单击		
基本工资				

图 3-43　选择要计算的单元格

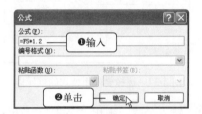

图 3-44　输入公式

STEP 08 计算其他的积分值。使用相同方法计算其他的积分值，如图 3-45 所示。

工作量(件)	<50	<70	<90	<110			<130		
业绩工资	0	300	600	1300	1100	800	1800	1400	1000
质量等级				A	B	C	A	B	C
总工资	0	1500	1800	2500	2300	2000	3000	2600	2200
积分	0	4	6	9.6	8	6.4	12	10	8
基本工资	1200					计算的结果			

图 3-45　计算其他的积分值

3.3 福利制度设定

福利制度有广义和狭义之分，广义是指国家或政府在法律或政策范围内为所有人提供在一定的生活水平上尽可能提高生活质量的资金和服务的社会保障制度；狭义的福利制度则是公司或企业在国家法律或政策范围内为员工提供的保障制度，这里主要介绍公司福利制度的设定。一般情况下，福利制度包括固定福利和奖金两方面，这里通过固定福利来介绍表格的创建、设置文本格式以及调整行高及列宽等内容。

原始文件：实例文件\第 3 章\原始文件\福利制度.docx

最终文件：实例文件\第 3 章\最终文件\福利制度.docx

3.3.1 创建表格

在插入表格时，用户需要根据固定福利的内容来设定表格的行数和列数，创建成功后便可将内容直接输入到表格中。下面介绍创建表格的操作步骤。

STEP 01 **单击"表格"按钮。**打开随书光盘\实例文件\第 3 章\原始文件\福利制度.docx，将光标固定在"固定福利"下方，单击"插入"标签切换至"插入"选项卡，接着在"表格"组中单击"表格"按钮，如图 3-46 所示。

STEP 02 **单击"插入表格"选项。**在展开的表格库中单击"插入表格"选项，如图 3-47 所示。

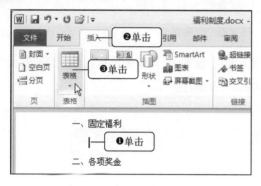

图 3-46 单击"表格"按钮

图 3-47 单击"插入表格"选项

STEP 03 **设置表格的行数和列数。**弹出"插入表格"对话框，在"表格尺寸"下方分别设置行数和列数，例如设置"列数"为 3，"行数"为 7，单击选中"根据窗口调整表格"单选按钮，最后单击"确定"按钮，如图 3-48 所示。

STEP 04 **输入表格内容。**返回 Word 文档界面，此时可看见插入的表格，依次在表格中输入对应的文本内容，如图 3-49 所示。

图 3-48 设置表格的行数和列数

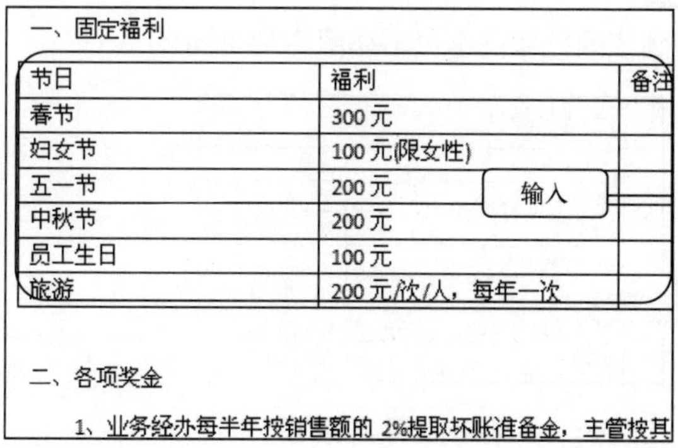

图 3-49 输入表格内容

3.3.2 选择表格中的对象

选择表格对象包括选择整个表格、选择行、选择列、选择不相邻的表格对象以及选择某一矩形区域内的表格对象五种。下面以"固定福利"表格为例介绍选择表格中对象的操作方法。

STEP 01 选择整个表格。将指针移至表格左上角，当表格出现 ⊞ 图标时，单击鼠标即可选中整个表格，如图 3-50 所示。

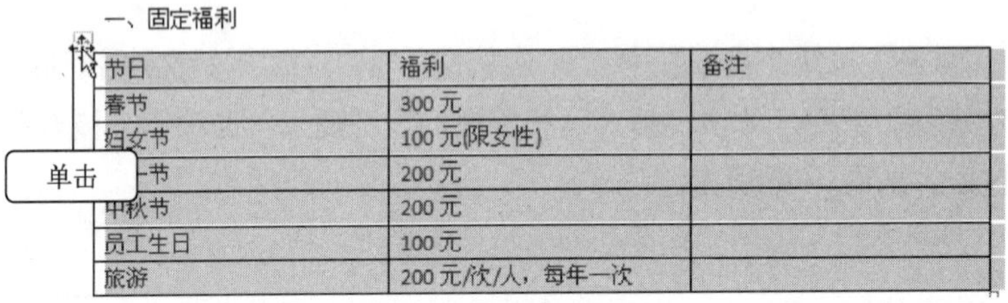

图 3-50　选择整个表格

STEP 02 选择表格的任意一行。如果要选择表格的任意一行，则首先将指针移至目标行的左侧，当指针呈 ⇗ 状时单击鼠标即可选中该行，如图 3-51 所示。

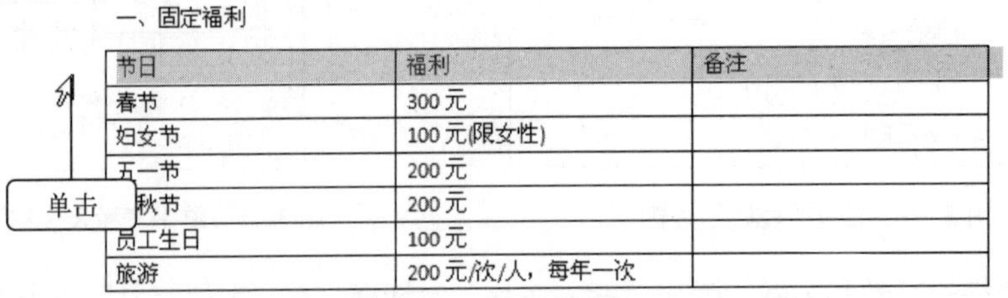

图 3-51　选择表格的任意一行

STEP 03 移动指针至目标列的第一行。如果要选择表格中的任意一列，则首先将指针移至该列与第一行相交的单元格的左下角，使指针呈 ➚ 状，如图 3-52 所示。

STEP 04 选中该列。按住鼠标左键不放并向下拖动，当拖动至表格的最后一行时释放鼠标左键即可看到该列已经被选中，如图 3-53 所示。

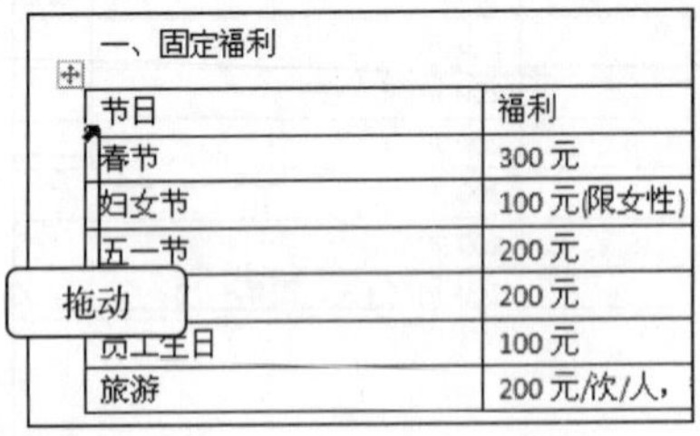

图 3-52　移动指针至目标列的第一行

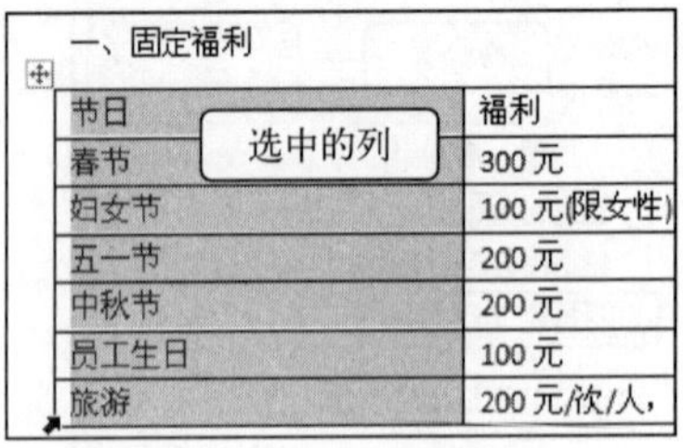

图 3-53　选中该列

STEP 05 选择任意一个单元格。若想在表格中选择不相邻的单元格，则首先选中任意一个单元格，然后将指针移至下一个要选中的单元格处，如图 3-54 所示。

STEP 06 选择其他不相邻的单元格。按住【Ctrl】键不放，单击其他不相邻的单元格即可同时将其选中，如图 3-55 所示。

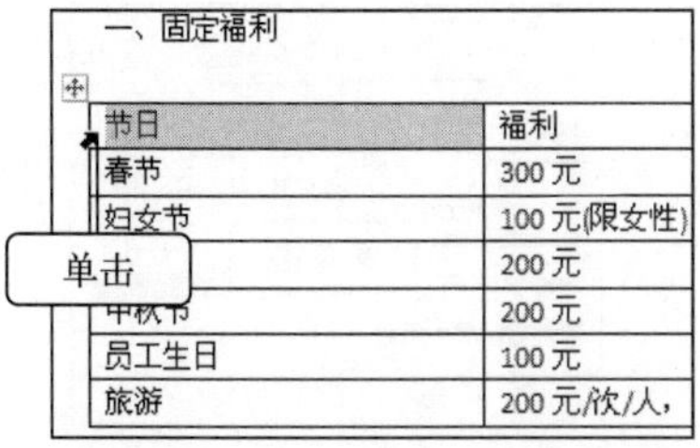

图 3-54 选择任意一个单元格

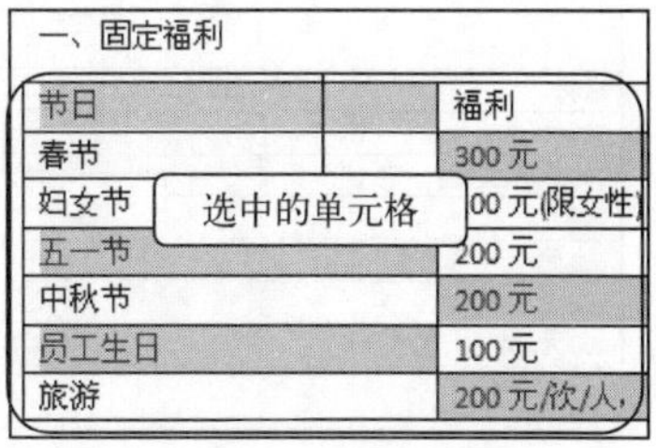

图 3-55 选择其他不相邻的单元格

STEP 07 选择矩形区域内最左上角的单元格。若想在表格中选择某一矩形区域内的单元格，则首先选中该区域内最左上角的单元格，如图 3-56 所示。

STEP 08 拖动选中其他单元格。按住鼠标左键不放，然后拖动选中其他单元格，如图 3-57 所示。

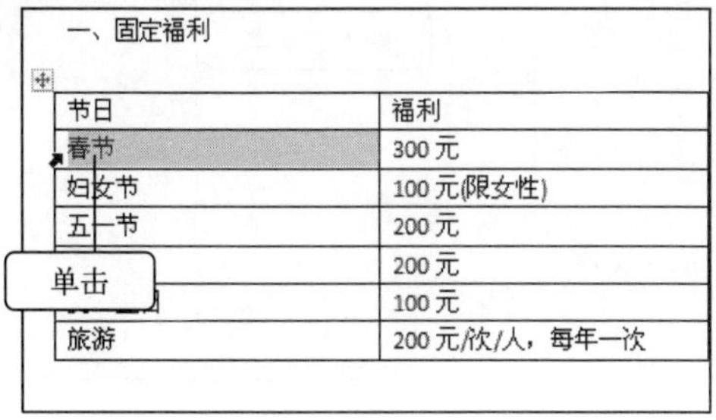

图 3-56 选择矩形区域内最左上角的单元格

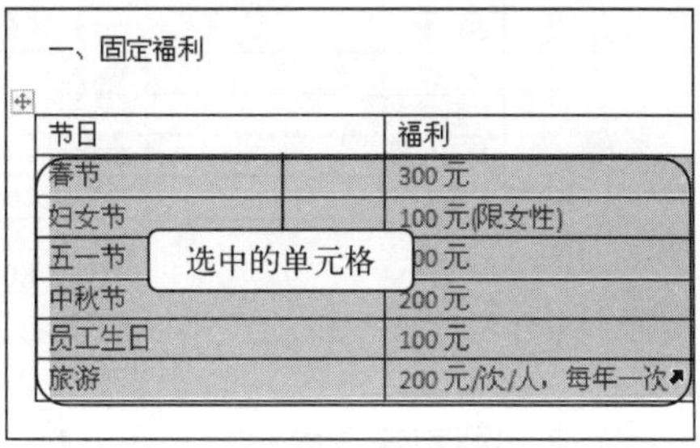

图 3-57 拖动选中其他单元格

福利制度的主要内容

福利制度主要包括医疗、节日津贴、礼金、娱乐活动和旅游方面的福利，具体如下。

医疗福利：公司可以每年为员工组织一次体检，确保每位员工身体健康地投入工作。

节日津贴：在每年的端午节、中秋节、春节、妇女节等节日为员工发放过节费，以寄同乐之情。

礼金：当员工结婚、喜得贵子或生日时，向员工赠送礼品。

娱乐活动：组织各种娱乐、郊游活动，以增强员工对公司文化的认同感。

旅游：组织一年一度的员工旅游活动，旅游经费可由公司全部支付。

3.3.3 合并单元格

在"固定福利"表格中，针对不同的节日其备注信息都是相同的，因此就可将该列的单元格进行合并，这样既避免数据的重复输入，又使得表格更加美观。

STEP 01 选中要合并的单元格。使用 3.3.2 节介绍的方法在表格中选中要合并的单元格，如图 3-58 所示。

STEP 02 单击"合并单元格"按钮。单击"表格工具"选项卡中的"布局"标签，接着在"合并"组中单击"合并单元格"按钮，如图 3-59 所示。

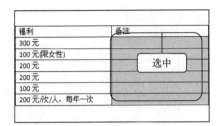

图 3-58　选中要合并的单元格

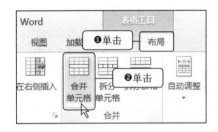

图 3-59　单击"合并单元格"按钮

STEP 03 　**输入文本**。此时可在文档界面中看见合并后的单元格，在该单元格中输入对应的文本，如图 3-60 所示。

节日	福利	备注
春节	300 元	该福利针对公司所有的员工
妇女节	100 元(限女性)	输入的文本
五一节	200 元	
中秋节	200 元	
员工生日	100 元	
旅游	200 元/欢/人，每年一次	

图 3-60　输入文本

技术拓展　**利用快捷菜单合并单元格**

　　合并单元格常见的方法有两种：第一种是 3.3.3 节介绍的利用功能区合并单元格；第二种则是利用快捷菜单合并单元格。

　　选中要合并的单元格，右击任一选中的单元格，在弹出的快捷菜单中执行"合并单元格"命令即可，如图 3-61 所示。

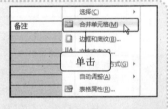

图 3-61　利用快捷菜单合并单元格

3.3.4　设置文本格式

　　"固定福利"表格中的字体默认属性是宋体、五号，该类字体格式无法让文本显得更加美观，此时用户就可更改表格中的字体属性，将其设置为"华文中宋"字体，并且根据表格中不同的文本含义设置为不同的字号。

STEP 01 　**设置文本对齐方式**。选中整个表格，然后单击"表格工具"选项卡中的"布局"标签，接着在"对齐方式"组中单击"水平居中"按钮，如图 3-62 所示。

STEP 02 　**设置第一行的文本格式**。选中表格的第一行，在"开始"选项卡下的"字体"组中设置字体属性，例如设置为华文中宋、四号，如图 3-63 所示。

STEP 03 　**设置其他行的文本格式**。选中除第一行外其他行，然后设置其字体属性为华文中宋、五号，如图 3-64 所示。

STEP 04 　**设置单元格对齐方式**。右击要设置格式的单元格，在弹出的快捷菜单中执行"单元格对齐方式"命令，接着在右侧弹出的级联菜单中执行"居中对齐"命令，如图 3-65 所示。

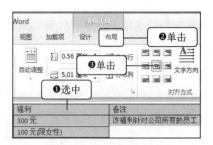

图 3-62　设置文本对齐方式

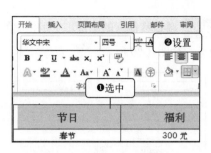

图 3-63　设置第一行的文本格式

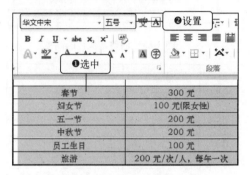

图 3-64　设置其他行的文本格式

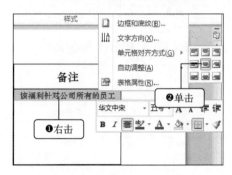

图 3-65　设置单元格对齐方式

STEP 05 查看设置后的显示效果。此时可在 Word 文档界面中看见设置文本格式后的显示效果，如图 3-66 所示。

节日	福利	备注
春节	300 元	
妇女节	100 元(限女性)	
五一节	200 元	
中秋节	200 元	该福利针对公司所有的员工
员工生日	100 元	
旅游	200 元/次/人，每年一次	设置后的显示效果

图 3-66　查看设置后的显示效果

3.3.5　调整行高与列宽

随着"固定福利"表格中字体和字号的改变，表格的行高和列宽可能无法完全显示设置后的文本内容，这就需要手动调整表格的行高和列宽，具体操作如下。

STEP 01 调整表格首行的高度。将指针移动至上、下两个单元格的连接处，当指针呈 ⬍ 状时拖动鼠标调节表格首行的高度，如图 3-67 所示。

STEP 02 调整其他行的高度。使用相同的方法调整表格其他行的高度，调整后可看见对应的显示效果，如图 3-68 所示。

STEP 03 调整表格首列的宽度。将指针移动至左、右两个单元格的连接处，当指针呈 ↔ 状时，拖动鼠标调整表格首列的宽度，如图 3-69 所示。

STEP 04 调整其他列的宽度。使用相同的方法调整表格其他列的宽度，调整后可看见对应的显示效果，如图 3-70 所示。

节日	福利
春节	300 元
妇女节 拖动	100 元(限女性)
五一节	200 元
中秋节	200 元
员工生日	100 元
旅游	200 元/次/人，每年一次

图 3-67 调整表格首行的高度

节日	福利
春节	300 元
妇女节 调整	100 元(限女性)
五一节	200 元
中秋节	200 元
员工生日	100 元
旅游	200 元/次/人，每年一次

图 3-68 调整其他行的高度

节日	福利
春节 拖动	300 元
妇女节	元(限女性)
五一节	200 元
中秋节	200 元
员工生日	100 元
旅游	200 元/次/人，每年一次

图 3-69 调整表格首列的宽度

节日	福利
春节	300 元
妇女节	100 元(限女性)
五一节	200 元
中秋节 调整后的效果	200 元
员工生日	100 元
旅游	200 元/次/人，每年一次

图 3-70 调整其他列的宽度

STEP 05 设置单元格格式。接着选中整个表格，然后设置其单元格格式为水平居中，设置后可看见表格的整体效果，如图 3-71 所示。

节日	福利	备注
春节	300 元	
妇女节	100 元(限女性)	
五一节	200 元	
中秋节	200 元	该福利针对公司所有的员工
员工生日	100 元	设置后的效果
旅游	200 元/次/人，每年一次	

图 3-71 设置单元格格式

技术拓展 精确设置行高和列宽

　　设置表格行高和列宽的方法除了使用鼠标拖动调整外，还可以在功能区中进行调整。选中要调整的单元格，切换至"表格工具-布局"选项卡下，在"单元格大小"组中输入行高和列宽的具体值即可，如图 3-72 所示。

图 3-72 精确设置行高和列宽

3.3.6　设置表格边框与底纹

黑色的边框和白色的底纹只能让表格显示的内容比较清晰，但无法达到美观的效果，而对表格边框和底纹的设置则会让表格显得更加美观。比如更改边框的样式和颜色，填充恰当的底纹等，下面就通过设置表格边框和底纹来美化"固定福利"表格。

STEP 01 **单击对话框启动器**。选中表格，在"表格工具-设计"选项卡下的"绘图边框"组中单击对话框启动器，如图 3-73 所示。

STEP 02 **设置表格的边框属性**。弹出"边框和底纹"对话框，在"边框"选项卡下的"样式"列表框中选择边框的样式，例如选择"双边框"样式，然后设置边框的颜色和宽度，例如分别设置为红色、0.75 磅，完毕后单击"确定"按钮，如图 3-74 所示。

图 3-73　单击对话框启动器

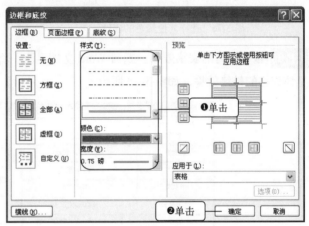

图 3-74　设置表格的边框属性

STEP 03 **查看设置边框后的效果**。返回 Word 文档界面，此时可以看见设置边框后的显示效果，如图 3-75 所示。

节日	福利	备注
春节	300 元	
妇女节	100 元(限女性)	
五一节	200 元	该福利针对公司所有的员工
中秋节	200 元	
员工生日	100 元	设置边框后的效果
旅游	200 元/次/人，每年一次	

图 3-75　查看设置边框后的效果

STEP 04 **选择其他颜色的底纹**。在表格中选中第一行，然后单击"表格样式"组中"底纹"右侧的下三角按钮，在展开的库中单击"其他颜色"选项，如图 3-76 所示。

STEP 05 **设置颜色**。弹出"颜色"对话框，单击"自定义"标签，切换至"自定义"选项卡，接着设置底纹颜色的 RGB 值，例如设置为 76、109、250，然后单击"确定"按钮，如图 3-77 所示。

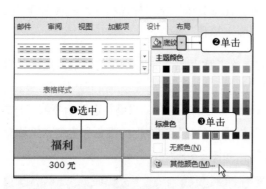

图 3-76　选择其他颜色的底纹

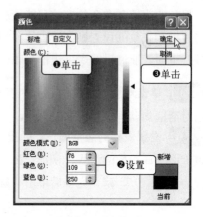

图 3-77　设置颜色

STEP 06 **查看最终的表格效果**。返回 Word 文档界面，将首行的字体颜色设置为白色，此时可看见该表格的最终效果，如图 3-78 所示。

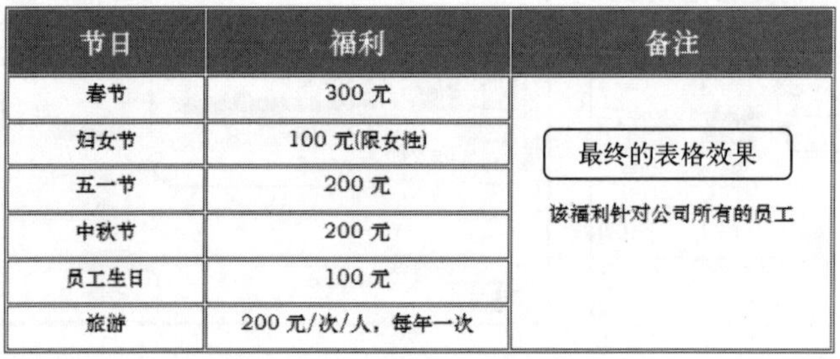

节日	福利	备注
春节	300 元	
妇女节	100 元(限女性)	最终的表格效果
五一节	200 元	
中秋节	200 元	该福利针对公司所有的员工
员工生日	100 元	
旅游	200 元/次/人，每年一次	

图 3-78　查看最终的表格效果

第 4 章
员工招聘工作的开展

社会的激烈竞争，使得公司或企业也加快了发展的速度，但随之而来的却是员工过少而无法完成任务，因此公司就需要招聘新人。招聘新人需要提供招聘申请表、招聘流程图、应聘者登记表和应聘者面试统计表的相关文档材料，办公人员在编写这类文档时要避免整篇的文字，最佳的选择是使用表格和图表来制作这些文档。

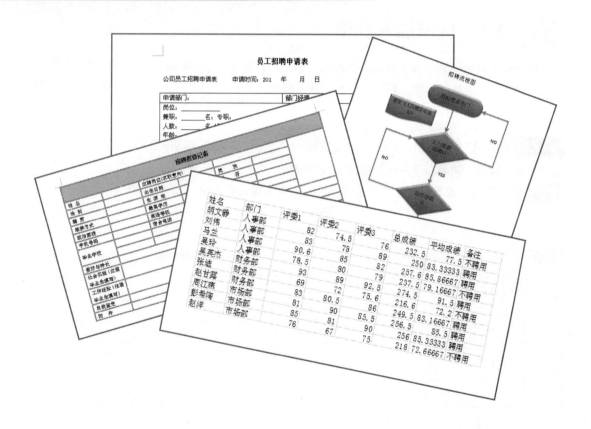

4.1 制作招聘申请表

　　申请书是个人、单位或集体向组织、领导提出请求，要求批准或帮助解决问题的专用书信。招聘申请表主要是用于向上级申请招聘人员的文件。制作该表格既可以在 Excel 中制作，也可以在 Word 中制作，下面就介绍在 Word 2010 中制作招聘申请表的操作方法。

原始文件：实例文件\第 4 章\原始文件\无
最终文件：实例文件\第 4 章\最终文件\招聘申请表.docx

4.1.1　快速插入表格

　　招聘申请表是以表格为基础进行制作的，因此需要首先在 Word 中制作表格。Word 2010 提供了快速插入表格的功能，利用该功能可插入最大为 10×8（10 列、8 行）的表格，下面就介绍快速插入表格的操作步骤。

STEP 01 插入 3×8 的表格。新建 Word 文档，单击"插入"标签，切换至"插入"选项卡，单击"表格"按钮，接着在下方选择插入 3×8 的表格，如图 4-1 所示。

STEP 02 查看插入的表格。此时可在文档界面中看见插入的表格，如图 4-2 所示。

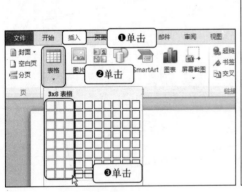

图 4-1　插入 3×8 的表格

图 4-2　查看插入的表格

4.1.2　设计表格布局

　　插入的表格可能会由于行数或其他的限制而无法输入"招聘申请"中的所有文本内容，此时就要设计表格的布局了，具体的操作步骤如下。

STEP 01 拆分首行单元格。选中表格的第一行，然后在"表格工具-布局"选项卡下的"合并"组中单击"拆分单元格"按钮，如图 4-3 所示。

STEP 02 设置拆分的列数和行数。弹出"拆分单元格"对话框，设置列数为 2，行数为 1，勾选"拆分前合并单元格"复选框，然后单击"确定"按钮，如图 4-4 所示。

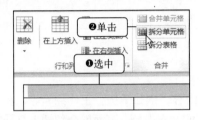

图 4-3　拆分首行单元格

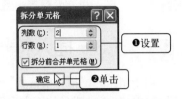

图 4-4　设置拆分的列数和行数

STEP 03 查看首行的单元格。返回 Word 文档界面，此时可以看到该表格的首行已经分成均等的 2 个单元格，如图 4-5 所示。

STEP 04 在表格下方插入行。将光标固定在表格内的任意一个单元格中，在"表格工具-布局"选项卡下单击"行和列"组中的"在下方插入"按钮，如图 4-6 所示。

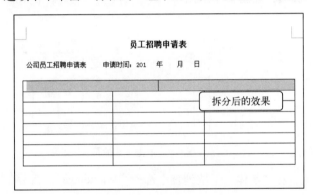

图 4-5　查看首行的单元格

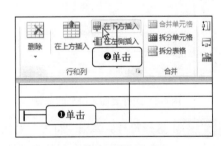

图 4-6　在表格下方插入行

STEP 05 输入表格内容。使用合并/拆分单元格的方法将表格制作成如图 4-7 所示的样子，然后在表格中添加申请表的内容。

申请部门：		部门经理：
岗位：_____		
兼职：_____名，专职：_____名，专职、兼职不限_____名		
人数：_____名（其中：男性__名、女性__名）		
年龄：_____岁至_____岁		输入
学历：专科以上　本科以上　硕士以上		
工作经验：应届　一年以上　两年以上　三年以上		
具体要求：		
特殊要求：		
期望到岗时间：_____年___月___日		
主管签字：		总经理签字：

图 4-7　输入表格内容

制作申请书需要注意的事项

由于申请书是给上级浏览的书面材料，因此制作申请书需要注意以下三点。

一、申请的事项要写清楚、详细，涉及的数据要准确无误。

二、理由要充分、合理、实事求是，不能虚夸和杜撰，否则很难得到上级领导的批准。

三、用语要准确、简洁，态度要诚恳、朴实。

4.1.3 插入符号

由于制作的"招聘申请表"中具有可选择性的内容，例如学历、工作经验等，在制作该内容时可以将 Word 提供的正方形符号"□"插入对应的文本左侧，下面就介绍插入符号的具体操作步骤。

STEP 01 **选择要插入符号的位置。**将光标固定在要插入符号的位置，例如固定在"学历"文本的右侧，如图 4-8 所示。

STEP 02 **单击"其他符号"选项。**在"插入"选项卡下的"符号"组中单击"符号"按钮，展开符号库，接着在库中单击"其他符号"选项，如图 4-9 所示。

图 4-8 选择要插入符号的位置

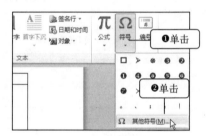

图 4-9 单击"其他符号"选项

STEP 03 **选择符号。**弹出"符号"对话框，在"字体"下拉列表中选择"Wingdings"，然后在下方选择正方形符号，选中后单击"插入"按钮，如图 4-10 所示。

STEP 04 **继续插入符号。**使用相同的方法在其他位置插入该符号，如图 4-11 所示。用户可以复制插入的正方形符号，然后将其粘贴到其他位置亦可。

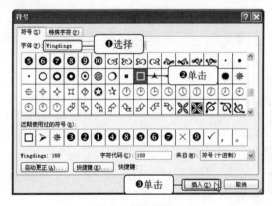

图 4-10 选择符号

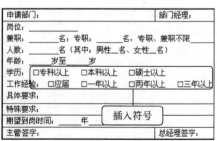

图 4-11 继续插入符号

4.2 设计招聘流程图

　　流程图主要有两大类：第一类是在编程语言中基于算法的流程图；第二类是用于描述整个工作过程的流程图。招聘流程图属于第二类流程图，该流程图主要用于描述招聘员工的整个流程。本节就介绍使用自选图形来设计招聘流程图以及对自选图形的美化、组合等操作。

原始文件：实例文件\第 4 章\原始文件\无
最终文件：实例文件\第 4 章\最终文件\招聘流程图.docx

4.2.1　绘制自选图形

　　在 Word 中制作招聘流程图离不开自选图形，一般用于绘制招聘流程图的自选图形包括线条、矩形、箭头汇总、椭圆等图形。下面就介绍绘制自选图形的操作步骤。

STEP 01 单击"**形状**"按钮。新建一个文档，在顶部输入"招聘流程图"，然后将光标固定在文档编辑区中，单击"插入"标签切换至"插入"选项卡，在"插图"组中单击"形状"按钮，如图 4-12 所示。

STEP 02 选择"**过程**"图形样式。在展开的"形状"库中选择图形，例如选择"流程图"组中的椭圆图形，如图 4-13 所示。

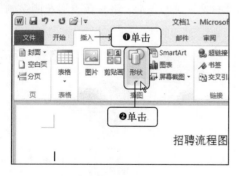

图 4-12　单击"形状"按钮

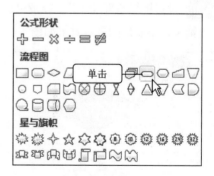

图 4-13　选择"过程"图形样式

STEP 03 绘制图形。将指针移至文档编辑区中，此时指针呈十字状，拖动鼠标便可绘制"过程"图形，如图 4-14 所示。

STEP 04 选择"**箭头**"图形样式。使用相同的方法展开"形状"库，接着在"线条"组中选择"箭头"图形样式，如图 4-15 所示。

STEP 05 绘制箭头。将指针移至文档编辑区中，当指针呈十字状时，按住【Shift】键并拖动鼠标即可绘制出带箭头的垂直直线，如图 4-16 所示。

STEP 06 **绘制其他图形**。在箭头的下方绘制菱形，在左侧绘制多边形图形，然后在图形右侧绘制折线和直线箭头，如图 4-17 所示。

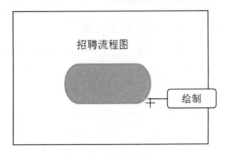

图 4-14　绘制图形

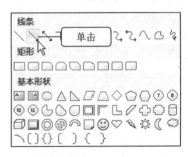

图 4-15　选择"箭头"图形样式

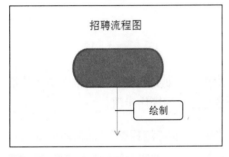

图 4-16　绘制箭头

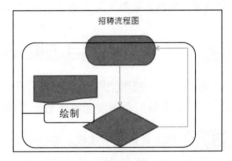

图 4-17　绘制其他图形

STEP 07 **复制菱形**。选中绘制的菱形，按住【Ctrl】键不放，并且向下拖动鼠标，如图 4-18 所示。

STEP 08 **绘制折线和直线箭头**。释放鼠标左键后可看见复制的菱形，接着在菱形左侧绘制折线和直线箭头，绘制后的显示效果如图 4-19 所示。

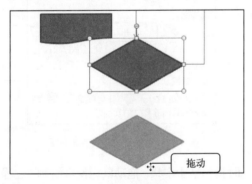

图 4-18　复制菱形

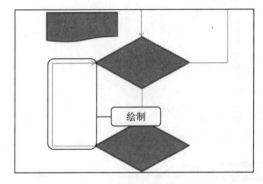

图 4-19　绘制折线和直线箭头

STEP 09 **绘制其他图形**。在菱形的下方接着绘制矩形图形、直线箭头和折线箭头，如图 4-20 所示。

STEP 10 **继续绘制图形**。最后在下方复制矩形、直线箭头、折线箭头和椭圆，如图 4-21 所示，完成流程图的图形绘制。

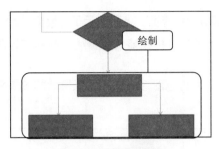

图 4-20　绘制其他图形

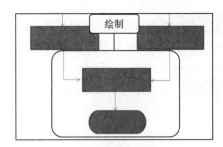

图 4-21　继续绘制图形

4.2.2　设计自选图形样式

Word 2010 提供了包括黑色、蓝色、红色、橄榄色、紫色、水绿色和橙色 7 种颜色，且各种颜色各自对应 6 种样式在内的 42 种图形的样式，用户可将这些样式应用于绘制的自选图形，使得招聘流程图统一、美观。

STEP 01 **选中要更换样式的图形**。在文档中选中要更换样式的图形，切换至"绘图工具-格式"选项卡，在"形状样式"组中单击"快翻"按钮，如图 4-22 所示。

STEP 02 **选择形状样式**。从展开的库中选择形状样式，例如选择"强烈效果-水绿色，强调颜色 5"样式，如图 4-23 所示。

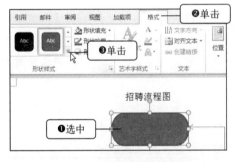

图 4-22　选中要更换样式的图形

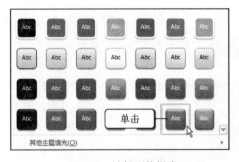

图 4-23　选择形状样式

STEP 03 **更换其他图形的样式**。返回文档界面后可看见更换样式后的效果，使用相同的方法更换其他图形的样式，选中"箭头"图形，如图 4-24 所示。

STEP 04 **更换直线箭头的样式**。打开"形状样式"库，在库中选择合适的图形样式，例如选择"中等线-强调颜色 5"样式，如图 4-25 所示。

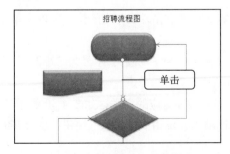

图 4-24　更换其他图形的样式

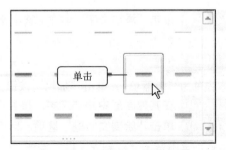

图 4-25　更换直线箭头的样式

STEP 05 **更换其他连接符的样式。** 执行上一步操作后返回文档界面，界面显示了更换样式后的直线箭头，使用相同的方法更换其他连接符（包括直线箭头、折线箭头和折线）的样式，如图 4-26 所示。

STEP 06 **更换流程图其他图形的样式。** 最后更换流程图中其他图形的样式，更换后的效果如图 4-27 所示。

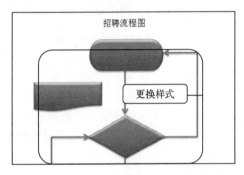

图 4-26　更换其他连接符的样式

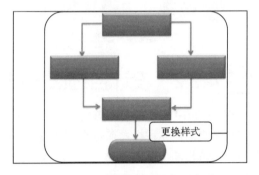

图 4-27　更换流程图其他图形的样式

流程图的基本图形

　　流程图由常见的基本图形构成，主要包括起始/终止框、执行框、判断框、流程线四种。

　　起始/终止框：表示流程图的开始与结束，通常用椭圆来表示，起始/终止框只有一个进口或只有一个出口。

　　执行框：表示流程图中执行的一个步骤，通常用矩形来表示，使用执行框时需要将步骤的简要说明写入矩形内。

　　判断框：表示流程图中具有选择的步骤，通常用菱形来表示，使用判断框时需要在菱形内部写明判断标准，该类框只有一个入口，但是却有两个或多个出口。

　　流程线：表示流程图步骤的执行顺序，通常用带箭头的直线表示。

4.2.3　输入文本内容

　　绘制出招聘流程图的基本图形后，就需要在不同的图形中添加对应的文字说明。当遇到菱形判断框时，则需要在其引出的不同流程线上添加对应的判断条件。

STEP 01 **单击"添加文字"命令。** 选中文档最顶部的矩形框并右击，从弹出的快捷菜单中单击"添加文字"命令，如图 4-28 所示。

STEP 02 **设置字体格式。** 输入文本后选中该矩形框，设置字体为"幼圆"、字号为"小四"，字体颜色为"深蓝色"，单击"加粗"按钮，如图 4-29 所示。

STEP 03 **在其他图形中添加文本。** 接着在菱形和多边形中添加对应的文本，如图 4-30 所示。

STEP 04 **单击"绘制文本框"选项。** 切换至"插入"选项卡，单击"文本框"按钮，从展开的下拉列表中单击"绘制文本框"选项，如图 4-31 所示。

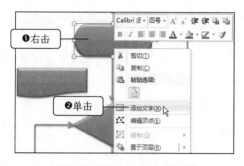

图 4-28　单击"添加文字"命令

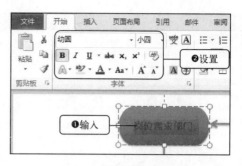

图 4-29　设置字体格式

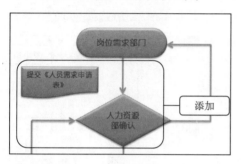

图 4-30　在其他图形中添加文本

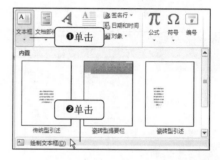

图 4-31　单击"绘制文本框"选项

STEP 05 绘制文本框。将光标移至文档编辑区后，待鼠标指针呈十字状时，按住鼠标左键拖动鼠标，绘制文本框，如图 4-32 所示。

STEP 06 单击"设置形状格式"命令。右击绘制的文本框，在弹出的快捷菜单中单击"设置形状格式"命令，如图 4-33 所示。

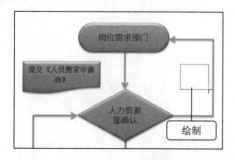

图 4-32　绘制文本框

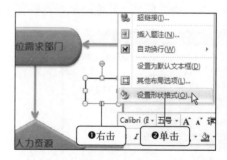

图 4-33　单击"设置形状格式"命令

STEP 07 设置填充属性。弹出"设置形状格式"对话框，在"填充"选项面板中单击选中"无填充"单选按钮，如图 4-34 所示。

STEP 08 设置线条颜色。单击"线条颜色"选项，在"线条颜色"选项面板中单击选中"无线条"单选按钮，如图 4-35 所示。

STEP 09 设置字符格式。单击"关闭"按钮返回文档主界面，在文本框中输入文本后选中，在浮动工具栏中设置字符格式，例如设置字体为"Calibri"，字号为"小四"，如图 4-36 所示。

STEP 10 设置字体颜色。单击"字体颜色"右侧的下三角按钮，在展开的面板中单击"其他颜色"选项，如图 4-37 所示。

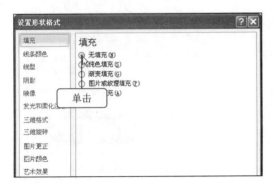

图 4-34　设置填充属性

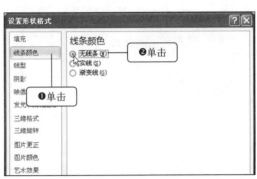

图 4-35　设置线条颜色

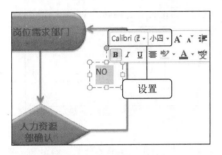

图 4-36　设置字符格式

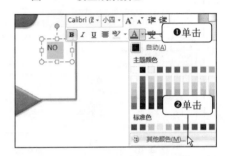

图 4-37　设置字体颜色

STEP 11 **自定义字体颜色。**弹出"颜色"对话框，切换至"自定义"选项卡，自定义颜色的 RGB 值，单击"确定"按钮，如图 4-38 所示。

STEP 12 **调整文本框的大小。**返回文档界面，此时可看见设置颜色后的字体，将光标移至文本框右下角，当光标呈↖状拖动鼠标调整文本框的大小，如图 4-39 所示。

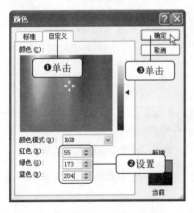

图 4-38　自定义字体颜色

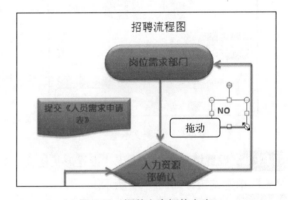

图 4-39　调整文本框的大小

STEP 13 **调整文本框的位置。**接着将光标移至文本框边缘，当光标呈✥状时按住鼠标左键不放并拖动鼠标，如图 4-40 所示。

STEP 14 **查看调整后的显示效果。**拖动至合适位置处释放鼠标左键，接着可看见调整大小和位置后的文本框，如图 4-41 所示。

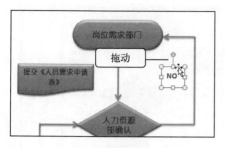

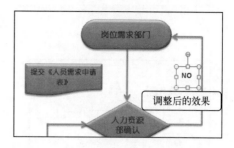

图 4-40　调整文本框的位置　　　　　图 4-41　查看调整后的显示效果

STEP 15 添加其他文本框。使用相同的方法在文档中添加其他文本框，之后在其他自选图形中添加文本，最终的招聘流程图如图 4-42 所示。

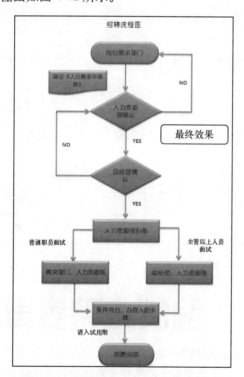

图 4-42　添加其他文本框后的最终效果

4.2.4　组合自选图形

当"招聘流程图"中的图形和文本框都绘制完毕后，便可使用组合功能将它们统一为整体，以便于进行统一移动和复制，具体的操作步骤如下。

STEP 01 单击"选择对象"选项。切换至"开始"选项卡，在"编辑"组中单击"选择"按钮，从展开的列表中单击"选择对象"选项，如图 4-43 所示。

STEP 02 选中所有的图形和文本框。在文档界面中依次选中所有的图形和文本框，如图 4-44 所示。

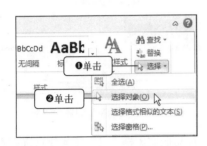

图 4-43　单击"选择对象"选项

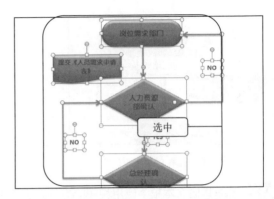

图 4-44　选中所有的图形和文本框

STEP 03 单击"组合"命令。右击任一选中的图形，在弹出的快捷菜单中单击"组合>组合"命令，如图 4-45 所示。

STEP 04 查看组合后的流程图。执行上一步操作后可看见流程图中的所有图形组合成一个整体了，如图 4-46 所示。

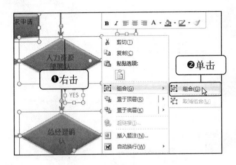

图 4-45　单击"组合"命令

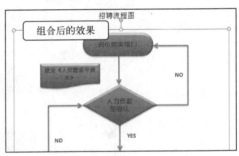

图 4-46　查看组合后的流程图

4.3 　编制应聘者登记表

　　应聘者到公司应聘时需要填写应聘者登记表，该表格可以在 Word 2010 中编制。在制作该表格时，用户可以首先根据表格内容的多少估算表格所占用的宽度，并且设置文档的纸张大小和页边距。当表格制作完成后，如果对表格的行高和列宽不满意，还可以进行精确的设置。

原始文件：实例文件\第 4 章\原始文件\无
最终文件：实例文件\第 4 章\最终文件\应聘者登记表.docx

4.3.1　设置纸张大小及页边距

　　在插入应聘者登记表前之所以要设置纸张大小和页边距，其原因是插入表格的大小会随着文档纸张大小和页边距不同而不同。纸张大小及页边距属性可以利用"页面设置"对话框进行设置，下面分别详细介绍这两种设置方法。

STEP 01 单击对话框启动器。切换至"页面布局"选项卡，单击"页面设置"组中的对话框启动器，如图 4-47 所示。

STEP 02 设置纸张大小。弹出"页面设置"对话框，切换至"纸张"选项卡，在"纸张大小"下拉列表中选择合适的纸张大小，例如单击 A4 Extra 选项，如图 4-48 所示。

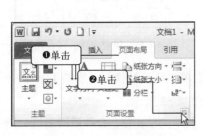

图 4-47 单击对话框启动器

图 4-48 设置纸张大小

STEP 03 设置页边距。切换至"页边距"选项卡下，在"页边距"选项组中设置上、下、左、右页边距，如图 4-49 所示，然后单击"确定"按钮保存退出。

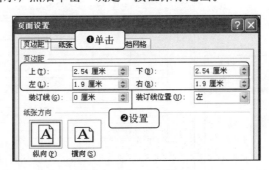

图 4-49 设置页边距

4.3.2 创建并设置表格格式

由于应聘者登记表是以表格的形式展示给应聘者的，因此在 Word 2010 中需要插入表格，并对表格的格式进行一系列的设置，包括合并单元格、设置表格的边框和底纹等属性。下面就对表格的创建和设置进行详细介绍。

STEP 01 单击"插入表格"选项。切换至"插入"选项卡，单击"表格"按钮，在展开的下拉列表中单击"插入表格"选项，如图 4-50 所示。

STEP 02 设置表格的行数和列数。弹出"插入表格"对话框，在"表格尺寸"组中设置表格的行数和列数，例如分别设置列数为 7，行数为 13，单击"确定"按钮，如图 4-51 所示。

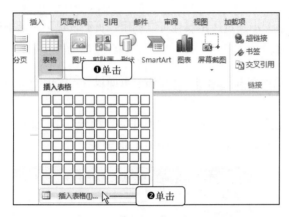

图 4-50 单击"插入表格"选项　　　　　　图 4-51 设置表格的列数和行数

STEP 03 **合并第一行单元格**。选中表格第一行中的所有单元格，切换至"表格工具-设计"选项卡下，在"合并"组中单击"合并单元格"按钮，如图 4-52 所示。

STEP 04 **合并其他单元格**。使用相同的方法合并表格中其他的单元格，合并后的表格如图 4-53 所示。

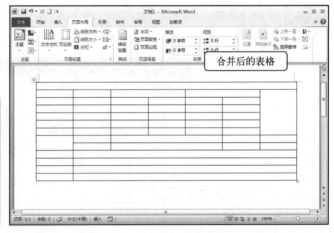

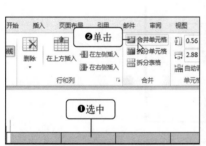

图 4-52 合并第一行单元格　　　　　　图 4-53 合并其他单元格

STEP 05 **输入文本内容**。将光标定位在表格的单元格中，输入应聘者登记表的文本内容，如图 4-54 所示。

STEP 06 **插入行**。输入文本后若发现绘制的表格缺少一行，则可以通过插入操作补充缺失的行，选中表格最后一行，切换至"表格工具-布局"选项卡下，单击"在下方插入"按钮，如图 4-55 所示。

STEP 07 **继续输入文本**。将光标定位在插入的一行左侧单元格中，输入"附件"文本，如图 4-56 所示。

STEP 08 **设置首行的字符格式**。选中表格首行中的文本，设置其字体为"微软雅黑"，字号为"小四"，单击"加粗"按钮，然后单击"居中对齐"按钮，如图 4-57 所示。

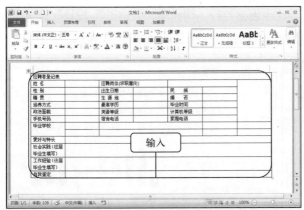

图 4-54　输入文本内容

图 4-55　插入行

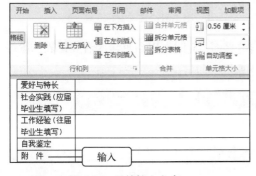

图 4-56　继续输入文本

图 4-57　设置首行的字符格式

STEP 09 **设置其他字符的格式。** 选中表格中的其他字符，设置字体为"华文中宋"，字号为"五号"，设置后的字符效果如图 4-58 所示。

STEP 10 **单击"边框和底纹"命令。** 选中整个表格后右击，在弹出的快捷菜单中单击"边框和底纹"命令，如图 4-59 所示。

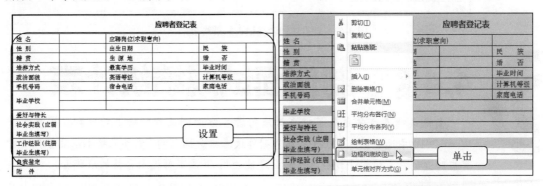

图 4-58　设置其他字符的格式　　　　　　图 4-59　单击"边框和底纹"命令

STEP 11 **设置表格的边框属性。** 弹出"边框和底纹"对话框，单击"全部"选项，在"样式"列表框中选择合适的样式，在"颜色"下拉列表中选择"紫色"，接着可在"预览"下方看见设置后的边框样式，单击"确定"按钮，如图 4-60 所示。

STEP 12 设置首行底纹。返回文档主界面，选中表格首行，切换至"表格工具-设计"选项卡，单击"底纹"的下三角按钮，在展开的下拉列表中选择"淡绿色"，如图 4-61 所示。

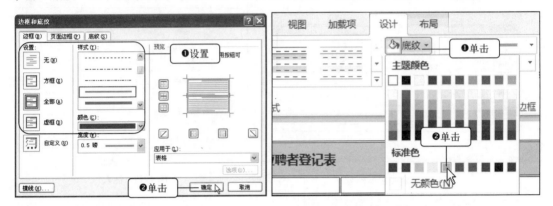

图 4-60　设置表格的边框属性　　　　　图 4-61　设置首行底纹

STEP 13 查看应聘者登记表的最终效果。返回文档主界面，此时可以看见应聘者登记表的最终效果，如图 4-62 所示，最后只需将该文档保存到计算机中即可。

应聘者登记表					
姓　名		应聘岗位(求职意向)			
性　别		出生日期		民　族	
籍　贯		生源地		婚　否	
培养方式		最高学历		毕业时间	
政治面貌		英语等级		计算机等级	
手机号码		宿舍电话		家庭电话	
毕业学校					
爱好与特长					
社会实践(应届毕业生填写)					
工作经验(往届毕业生填写)					最终效果
自我鉴定					
附　件					

图 4-62　查看应聘者登记表的最终效果

 # 4.4  制作面试成绩统计表

面试成绩表主要包含了评委对应聘者各方面测试后所给出的分数，用户可在 Word 2010 中通过插入 Excel 表格来制作该表格。插入的 Excel 表格不仅能够自动计算应聘者的总成绩和平均成绩，而且还能使用 IF 函数筛选出合格的应聘者。

原始文件：实例文件\第 4 章\原始文件\无
最终文件：实例文件\第 4 章\最终文件\面试成绩统计表.docx

4.4.1　插入 Excel 电子表格

由于制作的面试成绩统计表需要计算应聘者的总成绩和平均成绩，则可以选择插入 Excel 表格，该表格具有自动计算的功能。在 Word 中插入 Excel 表格的具体操作步骤如下。

STEP 01 **插入 Excel 表格。** 新建 Excel 工作簿，切换至"插入"选项卡，单击"表格"按钮，从展开的下拉列表中单击"Excel 电子表格"选项，如图 4-63 所示。

STEP 02 **调整 Excel 表格的大小。** 将指针移至插入的 Excel 表格右下角，当指针呈↖状时拖动鼠标，如图 4-64 所示，调整 Excel 表格的大小。

图 4-63　插入 Excel 表格

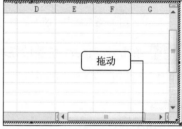

图 4-64　调整 Excel 表格的大小

STEP 03 **输入文本。** 拖动至合适位置处释放鼠标左键，接着在表格中输入对应的文本内容，如图 4-65 所示。

	A	B	C	D	E	F	G	H
1	面试序号	姓名	部门	评委1	评委2	评委3	总成绩	平均成绩
2	1	胡文静	人事部	82	74.5	76		
3	2	刘伟	人事部	83	78	89		
4	3	马兰	人事部	90.6	85	82		
5	4	吴玲	人事部	78.5	80	79		
6	1	吴英杰	财务部	93	89	92.5		
7	2	张迪	财务部	69	72	75.6		
8	3	赵甘露	财务部	83	80.5	86		
9	1	周江燕	市场部	81	90	85.5		
10	2	彭希陶	市场部	85	81	90		
11	3	赵洋	市场部	76	67	75		输入文本

图 4-65　输入文本

4.4.2　自动计算应聘者总成绩和平均成绩

Word 2010 中的 Excel 表格具有插入公式和函数的功能，用户可以利用该功能来计算面试成绩表中每位应聘者的总成绩和平均成绩，具体的操作步骤如下。

STEP 01 **单击"插入函数"按钮。** 选中 G2 单元格，切换至"公式"选项卡，单击"插入函数"按钮，如图 4-66 所示。

STEP 02 选择 SUM 函数。弹出"插入函数"对话框，在"或选择类别"下拉列表中选择"数学与三角函数"选项，在"选择函数"列表框中选择 SUM 函数，单击"确定"按钮，如图 4-67 所示。

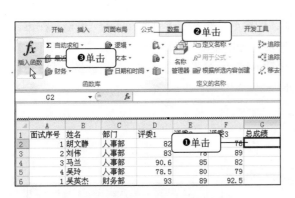

图 4-66　单击"插入函数"按钮

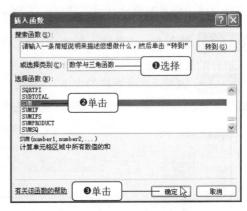

图 4-67　选择 SUM 函数

STEP 03 单击 Number1 折叠按钮。弹出"函数参数"对话框，在 SUM 选项组中单击 Number1 右侧的折叠按钮，如图 4-68 所示。

STEP 04 选择 Number1 参数。将指针移至 Excel 表格中，拖动选中 D2:F2 单元格区域，如图 4-69 所示。

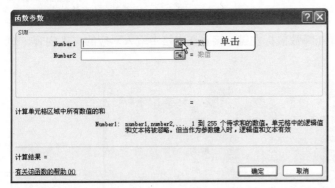

图 4-68　单击 Numberl 折叠按钮

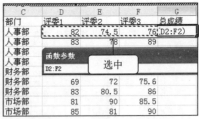

图 4-69　选择 Number1 参数

STEP 05 单击"确定"按钮。单击折叠按钮后返回"函数参数"对话框，在 Number1 文本框中可看见添加的 Number1 参数，单击"确定"按钮，如图 4-70 所示。

STEP 06 复制函数。返回表格中，将指针移至 G2 单元格右下角，当指针呈十字状时，按住鼠标左键并拖动鼠标，当指针移至 G11 单元格处释放鼠标左键，即可在图 4-71 中看见复制 SUM 函数后计算出的总成绩。

STEP 07 单击"插入函数"按钮。选中 H2 单元格，切换至"公式"选项卡下，单击"插入函数"按钮，如图 4-72 所示。

STEP 08 选择 AVERAGE 函数。弹出"插入函数"对话框，在"或选择类别"下拉列表中选

择"统计"，在"选择函数"列表框中选择 AVERAGE 函数，单击"确定"按钮，如图 4-73
所示。

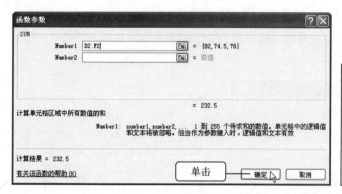

图 4-70　单击"确定"按钮

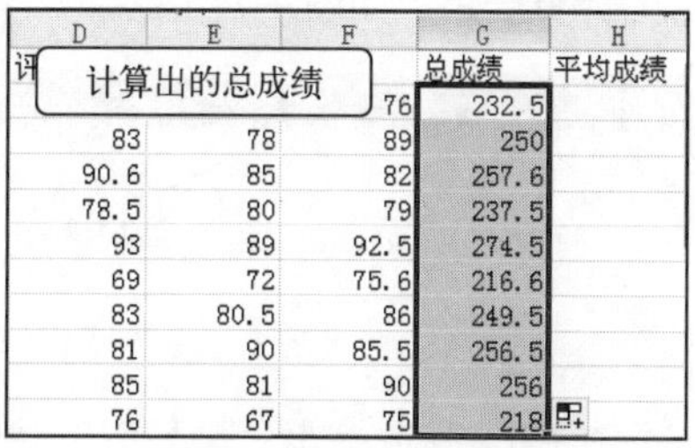

图 4-71　复制函数

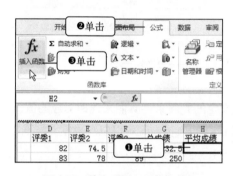

图 4-72　单击"插入函数"按钮

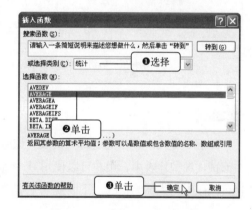

图 4-73　选择 AVERAGE 函数

STEP 09 单击 Number1 折叠按钮。弹出"函数参数"对话框，在 AVERAGE 选项组中单击
Number1 右侧的折叠按钮，如图 4-74 所示。

STEP 10 选择 Number1 参数。将指针移至 Excel 表格中，拖动鼠标选中 D2:F2 单元格区域，
如图 4-75 所示。

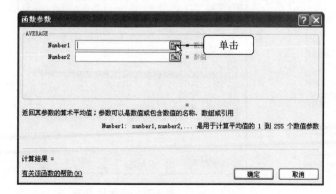

图 4-74　单击 Number1 折叠按钮

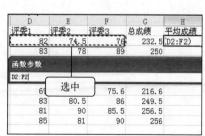

图 4-75　选择 Number1 参数

STEP 11 单击"**确定**"按钮。单击折叠按钮后返回"函数参数"对话框，在 Number1 文本框中可看见设置的参数，单击"确定"按钮，如图 4-76 所示。

STEP 12 复制 AVERAGE 函数。返回 Excel 表格，将指针移至 H2 单元格右下角，按住鼠标左键并拖动鼠标，当指针移至 H11 单元格处释放鼠标左键，在 H 列中可看到复制 AVERAGE 函数后的计算结果，如图 4-77 所示。

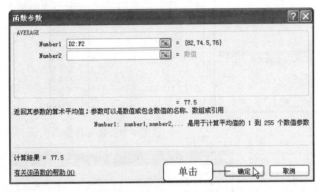

图 4-76　单击"确定"按钮　　　　　　　图 4-77　复制 AVERAGE 函数

4.4.3　使用 IF 函数筛选面试成功的应聘者

IF 函数是 Excel 中的逻辑类函数，该函数可以根据设定的判断条件真假来返回对应的值。在面试成绩统计表中，用户可以使用 IF 函数来筛选面试成功的人员，既可以以总成绩为标准，也可以以平均成绩为标准。下面就以平均成绩为标准介绍 IF 函数的使用方法。

STEP 01 插入函数。在 I1 单元格中输入"备注"文本，选中 I2 单元格，切换至"公式"选项卡，单击"插入函数"按钮，如图 4-78 所示。

STEP 02 选择 IF 函数。弹出"插入函数"对话框，在"或选择类别"下拉列表中单击"逻辑"选项，在"选择函数"列表框中选择 IF 函数，单击"确定"按钮，如图 4-79 所示。

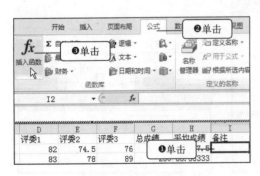

图 4-78　插入函数

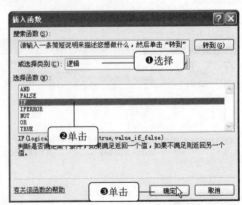

图 4-79　选择 IF 函数

技术拓展　认识 IF 函数的语法

IF 函数的语法为：IF(logical_test, [value_if_true], [value_if_false])

logical_test：用于判断真假的标准，该参数的计算结果可能为 TRUE 或 FALSE 的任意值或表达式，该参数不能为空。

value_if_true：logical_test 参数的计算结果为 TRUE 时所要返回的值，若该函数为空，则返回值为 0（零）。

value_if_false：logical_test 参数的计算结果为 FALSE 时所要返回的值，若该函数为空，则返回值为 0（零）。

STEP 03　单击 Logical_test 折叠按钮。弹出"函数参数"对话框，单击 Logical_test 右侧的折叠按钮，如图 4-80 所示。

STEP 04　选择 H2 单元格。将指针移至表格中，选中 H2 单元格，如图 4-81 所示。

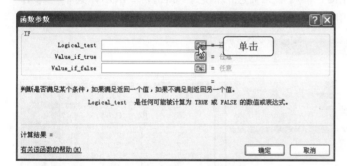

图 4-80　单击 Logical_test 折叠按钮　　　　　图 4-81　选择 H2 单元格

STEP 05　补全 Logical_test 的参数值。单击折叠按钮后返回"函数参数"对话框，在 Logical_test 右侧的文本框中输入">80"，如图 4-82 所示，即判断条件为平均成绩大于 80 分。

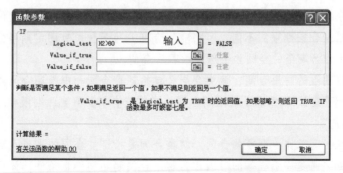

图 4-82　补全 Logical_test 的参数值

STEP 06　设置 Value_if_true 的参数值。在 Value_if_true 右侧的文本框中输入"聘用"，如图 4-83 所示，即表示若 H2 单元格中的值大于 80，则在 I2 单元格中显示"聘用"字样。

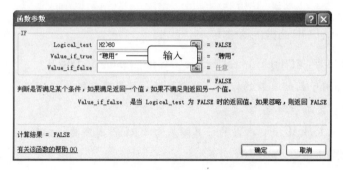

图 4-83   设置 Value_if_true 的参数值

STEP 07 设置 Value_if_false 的参数值。在 Value_if_true 右侧的文本框中输入"不聘用",即表示若 H2 单元格中的值小于 80,则在 I2 单元格中显示"不聘用"字样,再单击"确定"按钮,如图 4-84 所示。

STEP 08 复制函数。返回表格中,将指针移至 I2 单元格右下角,按住鼠标左键并拖动鼠标,当指针移至 H11 单元格处释放鼠标左键,即可看见对应的信息,如图 4-85 所示,其中"聘用"文本对应的应聘者面试成功,"不聘用"文本对应的应聘者面试失败。

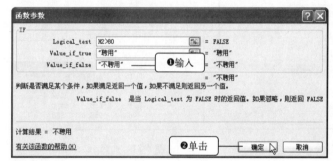

图 4-84   设置 Value_if_false 的参数值   图 4-85   复制函数

聘用合同的种类

聘用合同是在应聘者成为公司正式员工时,确定公司与应聘者之间权利义务关系的协议,根据合同期限的不同,可将聘用合同分为三种:有固定期限的聘用合同、以完成一定工作为期限的合同和特殊照顾聘用合同。

有固定期限的聘用合同:该类合同又包括短期合同和中长期合同两种,技术含量低的岗位一般签订 3 年以下的短期合同;岗位或者职业需要、期限相对较长的合同为中长期合同。

以完成一定工作为期限的合同:该类合同是指订立合同的当事人双方把完成某项工作、项目、课题或工程等的时间作为聘用合同起始和终止条件,该项工作开始之日为合同生效之日,工作结束之日即是合同终止之时。

特殊照顾聘用合同:该类合同是指对本公司工作已满 25 年或者在本公司连续工作已满 10 年且年龄距国家规定的退休年龄小于 10 年的员工提出订立聘用至退休的合同。

第 5 章
员工培训计划的执行

培训是指向员工传授工作时所需知识和技能的任何活动。为了不被飞速发展的社会淘汰，任何一家公司或者企业都要通过培训来跟上社会的发展。员工的培训需要有计划地执行，即首先制定培训计划方案，然后备好培训材料，培训完成后可将培训的成果报告打印出来。无论是培训计划方案、培训材料，还是培训成果报告，都可以通过 Word 2010 进行编辑。

5.1 编制员工培训计划方案

　　培训计划是指对培训的时间、地点、内容和对象进行有计划的安排。而员工培训计划方案属于培训方案的一种。在制定出员工培训计划方案的初稿后，还需要对培训计划的内容套用标题样式和设置大纲级别，然后将其自动生成目录，这样将会使培训计划方案显得更加专业。

原始文件：实例文件\第 5 章\原始文件\员工培训计划方案.docx
最终文件：实例文件\第 5 章\最终文件\员工培训计划方案.docx

5.1.1 修改标题样式

　　无论是标题样式还是正文样式，都包括了字体、字号、字体颜色、行距和缩进等属性，运行 Word 2010 提供的标题样式可以快速更改文档中选中文本的格式。在对"员工培训计划方案"文档中的某些内容进行标题样式套用时，既可以选择默认的标题样式，也可以修改 Word 2010 自带的标题样式。下面介绍修改标题样式的操作方法。

STEP 01 修改"标题 1"样式。打开随书光盘\实例文件\第 5 章\原始文件\员工培训计划方案.docx，切换至"开始"选项卡，右击"样式"选项组中的"标题 1"样式，在弹出的快捷菜单中单击"修改"命令，如图 5-1 所示。

STEP 02 设置标题 1 的格式。弹出"修改样式"对话框，在"格式"选项组中设置字体为"黑体"、字号为"小二"，单击"字体颜色"下三角按钮，在展开的下拉列表中选择"红色"，如图 5-2 所示。

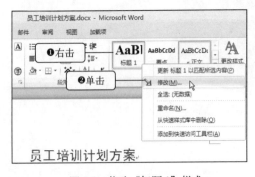

图 5-1　修改"标题 1"样式

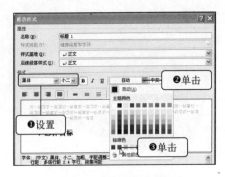

图 5-2　设置标题 1 的格式

STEP 03 单击"段落"选项。单击左下角的"格式"按钮，在展开的下拉列表中单击"段落"选项，如图 5-3 所示。

STEP 04 设置段落缩进和间距。弹出"段落"对话框，此时可看到默认的对齐方式为"两端对齐"以及大纲级别为"1 级",保持默认的缩进属性,在"间距"下方设置段前和段后的间距均为"17 磅",然后设置行距为"多倍行距",设置值为"2.6",如图 5-4 所示。

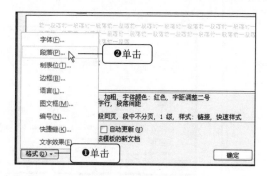

图 5-3　单击"段落"选项

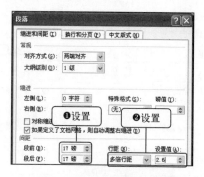

图 5-4　设置段落缩进和间距

STEP 05 预览修改后的标题样式效果。返回"修改样式"对话框,此时可以预览"标题 1"修改后的效果,单击"确定"按钮,如图 5-5 所示。

STEP 06 修改"标题 2"样式。返回文档界面,右击"标题 2"样式,在弹出的快捷菜单中单击"修改"命令,如图 5-6 所示。

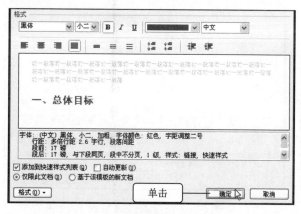

图 5-5　预览修改后的标题样式效果

图 5-6　修改"标题 2"样式

STEP 07 设置标题 2 的格式。弹出"修改样式"对话框,在"格式"下方设置字体为"黑体",字号为"小三",单击"字体颜色"下三角按钮,在展开的下拉列表中选择"红色",如图 5-7 所示。

STEP 08 单击"段落"选项。单击左下角的"格式"按钮,在展开的列表中单击"段落"选项,如图 5-8 所示。

STEP 09 设置段落缩进和间距。弹出"段落"对话框,保持默认的缩进属性,在"间距"下方设置段前和段后的间距均为"13 磅",然后设置行距为"多倍行距",设置值为"2",如图 5-9 所示,单击"确定"按钮。

STEP 10 预览修改后的标题样式效果。返回"修改样式"对话框,此时可以预览"标题 2"样式被修改后的显示效果,单击"确定"按钮保存退出,如图 5-10 所示。

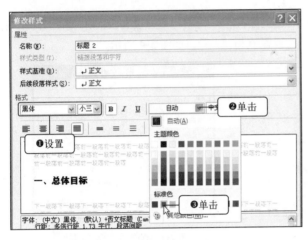

图 5-7 设置标题 2 的格式

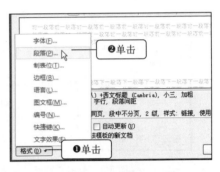

图 5-8 单击"段落"选项

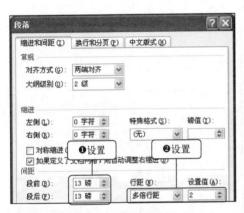

图 5-9 设置段落缩进和间距

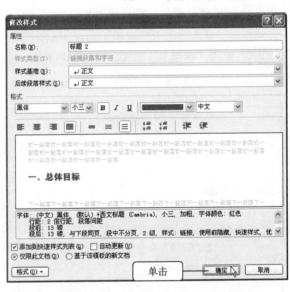

图 5-10 预览修改后的标题样式效果

制定培训计划要掌握的七大原则

办公指导

制定培训计划不能随心所欲，必须按照一定的原则制定，下面就是制定培训计划时要掌握的七大原则。

一、培训计划必须要以公司或企业的利益为出发点。

二、尽量让公司或企业中的所有员工都加入培训，这样将会获得更多的支持。

三、制定培训计划前必须进行培训需求的调查，做到有的放矢。

四、制定培训计划的过程中，应当根据不同员工的需求设计不同类型的培训方式。

五、尽最大的努力来获得公司或企业最高管理层和各部门主管的承诺以及足够的资源来支持具体的培训计划，尤其是员工培训时间上的承诺。

六、采用一些有效的措施来提高培训的效率。

七、注重培训的内容，确保培训内容适合公司或企业的所有员工。

5.1.2　套用标题样式

标题 1 和标题 2 样式修改完毕后就可以将它们套用在"员工培训计划方案"文档的某些段落文本上，具体的操作步骤如下。

STEP 01 套用"**标题 1**"样式。将光标定位在需要套用"标题 1"样式的段落文本所在行，例如定位在"一、总体目标"所在行，然后单击"样式"组中的"标题 1"选项，如图 5-11 所示。

STEP 02 查看套用后的**显示效果**。执行上一步操作后可在文档界面中看见该段落文本套用"标题 1"样式后的显示效果，如图 5-12 所示，使用相同的方法将文档中的其他三处段落文本套用"标题 1"样式。

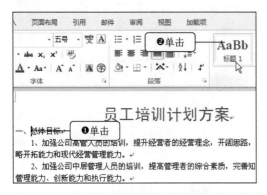

图 5-11　套用"标题 1"样式

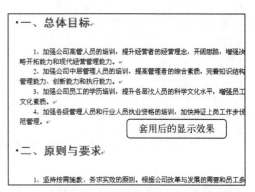

图 5-12　查看套用后的显示效果

STEP 03 套用"**标题 2**"样式。将光标定位在需要套用"标题 2"样式的段落文本所在行，例如定位在"（一）公司领导与高管人员"所在行，单击"样式"组中的"标题 2"选项，如图 5-13 所示。

STEP 04 查看套用后的**显示效果**。此时可在文档界面中看见该段落文本套用"标题 2"样式后的显示效果，如图 5-14 所示。使用相同的方法将文档中其他七处段落文本套用"标题 2"样式。

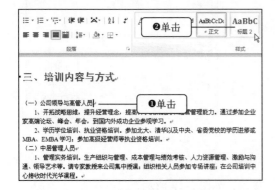

图 5-13　套用"标题 2"样式

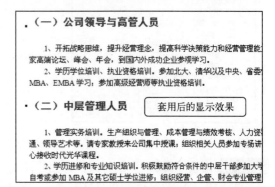

图 5-14　查看套用后的显示效果

5.1.3　自动生成目录

当制定的员工培训计划方案篇幅过长时，需要在方案中设置自动生成目录，该目录有两个好处：第一个是阅读内容时查找方便，只需按住【Ctrl】键单击目录中某一章节就会直接跳转到该页；第二个好处是便于以后的修改，修改目录只需更新目录所在的域即可。下面就介绍在"员工培训计划方案"中设置自动生成目录的操作方法。

STEP 01 **插入目录**。将光标定位在文档的最顶端，切换至"引用"选项卡，单击"目录"按钮，在展开的下拉列表中选择套用默认的目录样式，这里单击"插入目录"选项，如图 5-15 所示。

STEP 02 **单击"选项"按钮**。弹出"目录"对话框，勾选"显示页码"和"页码右对齐"复选框，单击"选项"按钮，如图 5-16 所示。

图 5-15　插入目录

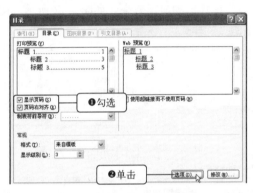

图 5-16　单击"选项"按钮

STEP 03 **设置目录级别**。弹出"目录选项"对话框，在该对话框中设置目录的级别，在"目录级别"选项区域中删除级别为 3 的目录，单击"确定"按钮，如图 5-17 所示。

STEP 04 **单击"修改"按钮**。返回"目录"对话框，可以看到在"打印预览"列表框中应用了 2 级目录，单击"修改"按钮，如图 5-18 所示。

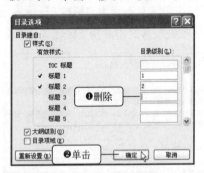

图 5-17　设置目录级别

图 5-18　单击"修改"按钮

STEP 05 **修改"目录 1"的样式**。弹出"样式"对话框，在"样式"列表框中显示了 9 个级别的目录名称，选中"目录 1"选项，单击"修改"按钮，如图 5-19 所示。

STEP 06 **设置"目录 1"的格式**。弹出"修改样式"对话框，用户可在该对话框中对"目录 1"的属性和格式进行设置。在此设置字体为"楷体_GB2312"，字号为"小四"，如图 5-20 所示，然后单击"确定"按钮。

STEP 07 **预览目录 1 的样式效果**。返回"样式"对话框，在此可预览"目录 1"样式被设置后的样式效果，如图 5-21 所示。

图 5-19　修改"目录 1"的样式

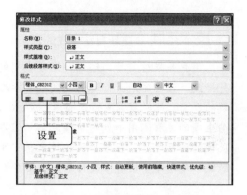

图 5-20　设置"目录 1"的格式

STEP 08 修改目录 2 的样式属性。使用相同的方法修改"目录 2"的样式属性，完毕后可在"样式"对话框中预览其样式效果，单击"确定"按钮，如图 5-22 所示。

图 5-21　预览目录 1 的样式效果

图 5-22　修改目录 2 的样式属性

STEP 09 插入修改后的目录。返回"目录"对话框，在"打印预览"列表框中可看见修改样式属性后的目录，在"制表符前导符"下拉列表中选择如图 5-23 所示的符号，单击"确定"按钮。

STEP 10 查看自动生成的目录。返回文档界面，此时可看见自动生成的目录，如图 5-24 所示，按下【Ctrl】键不放并单击目录中任一选项，文档将自动跳转至对应的页面。

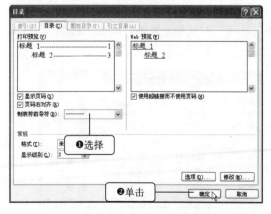

图 5-23　插入修改后的目录

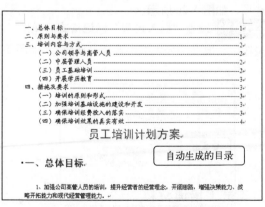

图 5-24　查看自动生成的目录

用户如果对"员工培训计划方案"的内容进行修改，可能会涉及标题的改变或者标题对应页码的改变，此时就需要修改目录。Word 2010 自动生成的目录不用一处处地修改，只需右击目录区域的任意位置，在弹出的快捷菜单中单击"更新域"命令即可快速修改目录，如图 5-25 所示。

图 5-25　更新自动生成的目录

5.2 　审阅员工培训材料

员工培训材料是在培训公司或企业员工前搜集和整理的资料，该资料的内容必须准确无误才能确保员工在培训后能够高效地工作。因此用户在审阅培训材料时可以利用 Word 2010 的修订功能将错误的地方标识出来，然后进行统一更改。

原始文件：实例文件\第 5 章\原始文件\员工培训材料.docx
最终文件：实例文件\第 5 章\最终文件\员工培训材料.docx

5.2.1　启用修订状态

由于员工培训材料用于对员工专业知识和技能的培训，因此一定要反复检查并标注出用词不当或数据错误的地方，以确保其准确性。在 Word 2010 中，必须在启用修订状态后才能审阅文档，启用修订状态的具体操作步骤如下。

STEP 01 单击"修订选项"选项。打开随书光盘\实例文件\第 5 章\原始文件\员工培训材料.docx，切换至"审阅"选项卡下，单击"修订"下三角按钮，在展开的下拉列表中单击"修订选项"选项，如图 5-26 所示。

STEP 02 设置"插入内容"标记格式。弹出"修订选项"对话框，单击"颜色"右侧的下三角按钮，在展开的列表框中选择"蓝色"，如图 5-27 所示。

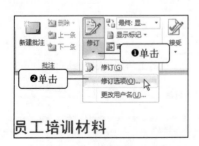

图 5-26　单击"修订选项"选项

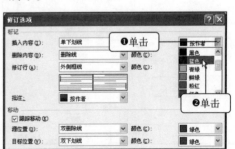

图 5-27　设置"插入内容"标记格式

STEP 03 **设置"删除内容"标记格式**。默认"删除内容"标记样式为"删除线",单击"颜色"右侧的下三角按钮,在展开的列表框中选择"青色",如图 5-28 所示。

STEP 04 **设置批注框宽度**。设置批注框宽度为 6.5 厘米,单击"确定"按钮,如图 5-29 所示。

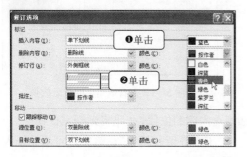

图 5-28　设置"删除内容"标记格式　　　　图 5-29　设置批注框宽度

STEP 05 **单击"更改用户名"选项**。返回文档界面,单击"修订"下三角按钮,在展开的下拉列表中单击"更改用户名"选项,如图 5-30 所示。

STEP 06 **重新设置用户名**。弹出"Word 选项"对话框,在"常规"选项面板中重新输入用户名和缩写,如图 5-31 所示。

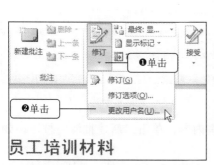

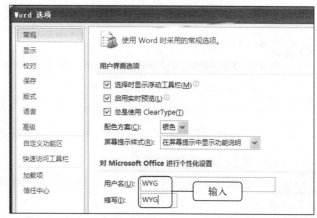

图 5-30　单击"更改用户名"选项　　　　图 5-31　重新设置用户名

STEP 07 **启用修订状态**。单击"确定"按钮后返回文档界面,单击"修订"按钮,启用修订状态,如图 5-32 所示。

STEP 08 **查看启用后的显示效果**。执行上一步操作后可看见"修订"按钮一直呈高亮状态,即启用成功,如图 5-33 所示。

 ## 5.2.2　添加批注

在培训材料中添加批注主要有三种方式:第一种是补全培训材料的知识点内容;第二种是删除材料中多余的内容;第三种是标记出不准确的用词或内容。下面对这三种方式进行详细的介绍。

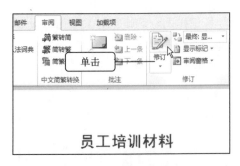

图 5-32　启用修订状态

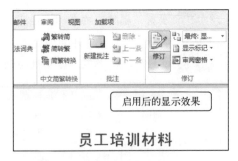

图 5-33　查看启用后的显示效果

STEP 01 补全知识点内容。将光标定位在需要补全知识点内容的位置，在此将光标定位在"……佩戴首饰，"右侧，然后输入要插入的内容，例如输入"不允许留长指甲"，输完后可看见输入的内容添加了单下划线，并且颜色为蓝色，如图 5-34 所示。

STEP 02 删除多余的内容。将光标定位在需要删除的文本内容最左侧，在此将光标定位在"或班组长"左侧，拖动选择"或班组长"后按下【Backspace】键，即可看见该文本添加了删除线标记，并且颜色为青色，如图 5-35 所示。

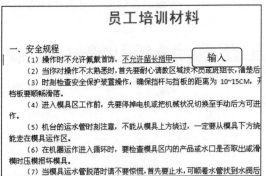

图 5-34　补全知识点内容

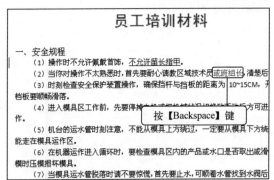

图 5-35　删除多余的内容

STEP 03 新建批注。拖动选中文档中用语不准确的文本内容，单击"新建批注"按钮，如图 5-36 所示。

STEP 04 输入批注内容。此时可看见文档右侧自动弹出批注框，在该框中输入批注的文本，如图 5-37 所示。

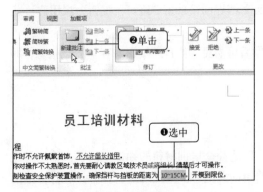

图 5-36　新建批注

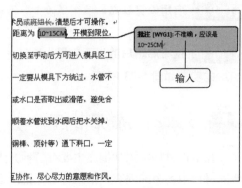

图 5-37　输入批注内容

STEP 05 **添加其他批注**。使用相同的方法为其他文本添加批注，如图 5-38 所示。

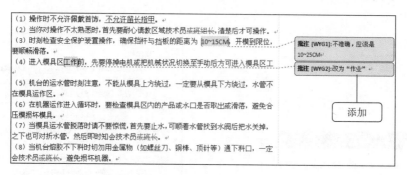

图 5-38　添加其他批注

5.2.3　查找与替换文本

当培训材料的批注工作完成后，就可以针对批注对文档进行修改。如果需要将文档中多次出现的词语更换为另一个词语时，则可以使用 Word 2010 提供的查找与替换功能，同时该功能还能替换文档中的文本格式。

STEP 01 **单击"替换"按钮**。切换至"开始"选项卡，单击"编辑"下三角按钮，在展开的下拉列表中单击"替换"按钮，如图 5-39 所示。

STEP 02 **替换文本**。弹出"查找和替换"对话框，在"查找内容"文本框中输入"工作"，然后在"替换为"文本框中输入"作业"，单击"全部替换"按钮，如图 5-40 所示。

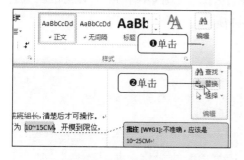

图 5-39　单击"替换"按钮

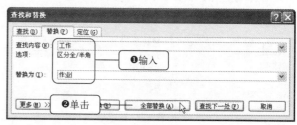

图 5-40　替换文本

技术拓展　**选择性地替换文本**

如果用户需要选择性地替换文本，则在步骤 2 中不要单击"全部替换"按钮，首先单击"查找下一处"按钮，然后在文档中确认该处是否需要更换，若需要更换则单击"替换"按钮，若不需要更换则单击"查找下一处"按钮继续查找。

STEP 03 **完成替换**。在弹出的对话框中可看见 Word 已经完成了 3 处替换，单击"确定"按钮，如图 5-41 所示。

STEP 04 查看替换的文本。返回文档界面，此时可看见文档中的"工作"全部被替换为"作业"，如图 5-42 所示。

图 5-41　完成替换

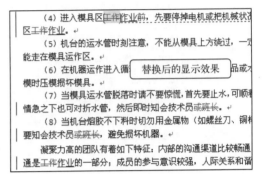

图 5-42　查看替换的文本

5.2.4　审阅批注与修订内容

用户在修改培训材料时可以针对批阅者给予的批注进行，既可以选择接受修订，也可以选择拒绝修订，当批注的内容只是针对文档中某一文本的错误进行解释说明时，则可以在修改完毕后删除批注。下面通过审阅批注和修订内容来修改"员工培训材料"文档。

STEP 01 单击"垂直审阅窗格"选项。切换至"审阅"选项卡，单击"审阅窗格"右侧的下三角按钮，在展开的下拉列表中单击"垂直审阅窗格"选项，如图 5-43 所示。

STEP 02 查看垂直审阅窗格。接着可在文档左侧看见打开的"垂直审阅窗格"，该窗格显示了修订的详细信息，双击"插入的内容"选项，如图 5-44 所示。

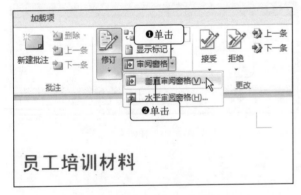

图 5-43　单击"垂直审阅窗格"选项

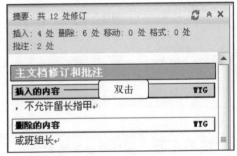

图 5-44　查看垂直审阅窗格

技术拓展　**水平审阅窗格**

　　Word 2010 中的审阅窗格有两类，即垂直审阅窗格和水平审阅窗格。它们都能显示修订信息，其中垂直审阅窗格位于文档左侧，水平审阅窗格位于文档底部，如图 5-45 所示。

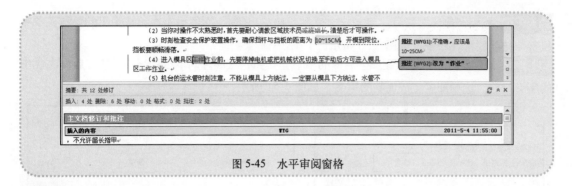

图 5-45 水平审阅窗格

STEP 03 接受该处修订。光标自动定位在文档中对应的位置，若认为修订正确，则单击"接受"下三角按钮，在展开的下拉列表中单击"接受并移到下一条"选项，如图 5-46 所示。

STEP 04 接受对文档的所有修订。光标自动被移至下一处修订位置，确认所有修订无误后单击"接受"下三角按钮，在展开的下拉列表中单击"接受对文档的所有修订"选项，如图 5-47 所示。

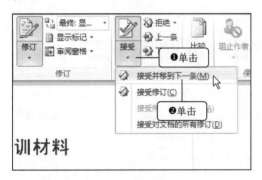

图 5-46 接受该处修订

图 5-47 接受对文档的所有修订

STEP 05 重新输入正确的文本。选中"10~15CM"文本后按下【Backspace】键，接着在右侧输入正确的文本内容，例如输入"10~25CM"，如图 5-48 所示。

STEP 06 接受"插入"修订。将光标定位在"10~25CM"之间后右击，从弹出的快捷菜单中单击"接受修订"命令，如图 5-49 所示。

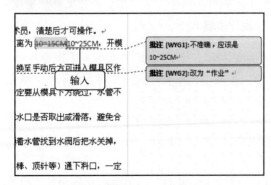

图 5-48 重新输入正确的文本

图 5-49 接受"插入"修订

STEP 07 接受"删除"修订。将光标定位在"10~15CM"之间后右击，从弹出的快捷菜单中执行"接受修订"命令，如图5-50所示。

STEP 08 删除批注。单击"删除"右侧的下三角按钮，在展开的下拉列表中单击"删除文档中的所有批注"选项即可完成文档的审阅，如图5-51所示。

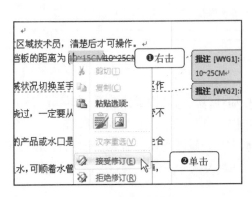

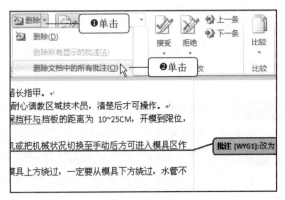

图 5-50 接受"删除"修订   图 5-51 删除批注

5.3 ⓒ 美化培训成果报告

当培训计划完成某一阶段后，便可将培训成果报告打印出来，让所有员工相互传递并浏览。在打印培训成果报告前需要对该报告进行美化操作，包括设置页面颜色、添加水印图案等，让报告更加精美。

原始文件：实例文件\第5章\原始文件\培训成果报告.docx
最终文件：实例文件\第5章\最终文件\培训成果报告.docx

5.3.1 设置页面颜色

用户在Word中制作培训成果报告时，默认的页面颜色为白色，为了使文档效果更加美观，用户可以将文档的页面颜色设置为渐变色，具体的操作步骤如下。

STEP 01 单击"填充效果"选项。打开随书光盘\实例文件\第5章\原始文件\培训成果报告.docx，切换至"页面布局"选项卡，单击"页面颜色"下三角按钮，在展开的下拉列表中单击"填充效果"选项，如图5-52所示。

STEP 02 设置填充效果。弹出"填充效果"对话框，在"颜色"选项组中单击选中"双色"单选按钮，设置"颜色1"和"颜色2"分别为"浅蓝色"和"浅绿色"，在"变形"选项组中选择变形样式，单击"确定"按钮，如图5-53所示。

STEP 03 查看应用渐变填充后的页面效果。返回文档界面中，此时可看见页面在应用渐变填充后的显示效果，如图5-54所示。

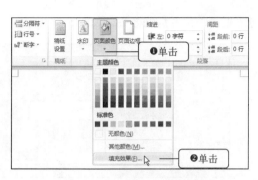

图 5-52　单击"填充效果"选项

图 5-53　设置填充效果

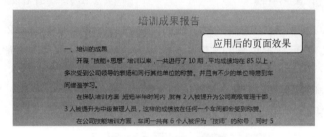

图 5-54　查看应用渐变填充后的页面效果

5.3.2　添加页眉与页脚

　　文档中的页眉和页脚分别位于页面最顶部和最底部,在页眉和页脚中可以添加文档的标题、日期等信息。例如在"培训成果报告"文档的页眉中添加"公司培训成果报告",在页脚添加完成日所对应的日期,具体的操作步骤如下。

STEP 01　**选择页眉样式**。切换至"插入"选项卡下,单击"页眉"按钮,在展开的库中选择"空白页眉"样式,如图 5-55 所示。

STEP 02　**单击对话框启动器**。在页眉区域中输入"公司培训成果报告"文本,然后选中该文本,单击"字体"组中的对话框启动器,如图 5-56 所示。

图 5-55　选择页眉样式

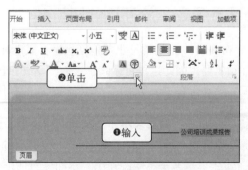

图 5-56　单击对话框启动器

STEP 03 设置字体格式。弹出"字体"对话框，设置中文字体为"微软雅黑"，字形为"常规"，字号为"五号"，然后设置字体颜色为"黑色"，如图 5-57 所示，单击"确定"按钮。

STEP 04 查看设置后的效果。返回文档界面后可看见页眉设置后的效果，如图 5-58 所示。

图 5-57 设置字体格式

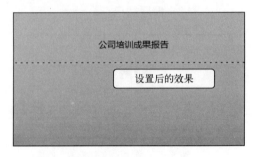

图 5-58 查看设置后的效果

STEP 05 设置页脚。向下拖动文档界面右侧的滑块，在页脚区域中输入文本内容，例如输入"2011 年 6 月 2 日"，然后设置页脚的字体属性，确保页脚的字体属性与页眉的字体属性一致，如图 5-59 所示。

STEP 06 关闭页眉和页脚。切换至"页眉和页脚工具-设计"选项卡，单击"关闭页眉和页脚"按钮退出即可，如图 5-60 所示。

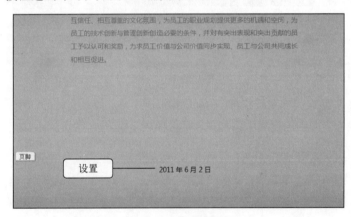

图 5-59 设置页脚

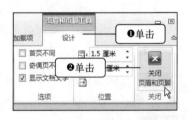

图 5-60 关闭页眉和页脚

5.3.3 添加水印图案

Word 2010 中的常见水印包括机密、紧急和免责声明三类。"培训成果报告"文档中的信息并非很重要，因此这里可以添加含有"请勿带出"字样的水印，以提醒员工不要将该文档带出公司。添加含有"请勿带出"字样的水印的具体操作步骤如下。

STEP 01 单击"自定义水印"按钮。切换至"页面布局"选项卡，单击"水印"按钮，可在展开的下拉列表中单击"自定义水印"选项，如图 5-61 所示。

STEP 02 设置文字水印。弹出"水印"对话框，单击选中"文字水印"单选按钮，在"文字"下拉列表中选择"请勿带出"，在"字体"下拉列表中选择"华文中宋"，设置字号为"60"，选择颜色为"橙色，强调文字颜色 6，深色 25%"，勾选"半透明"复选框，单击"确定"按钮，如图 5-62 所示。

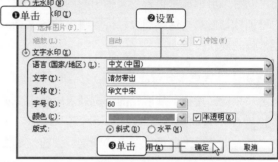

图 5-61　单击"自定义水印"按钮　　　　　　　图 5-62　设置文字水印

STEP 03 查看添加水印后的效果。返回文档界面，此时可以看见添加水印后的显示效果，如图 5-63 所示。

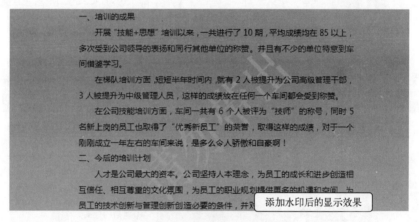

图 5-63　查看添加水印后的效果

水印的两大基本特征

这里的水印是指数字水印，它是指向文件中添加的数字信息，这些信息可以是公司标志、作者序列号等有意义的文本。数字水印通常具有两大基本特性——可证明性与不可感知性。

可证明性：当文档中添加了含有本公司名称或标志的水印时，该内容就会拥有版权归属，若其他公司或企业将该文档打印出来并大量散发以牟取暴利时，则可通过该文档来控告其他公司或企业侵犯版权（前提是文档中的水印没有较大的物理失真）。

不可感知性：不可感知性主要是指视觉上的不可见性，即向文档中添加水印后，水印所包含的文字或图片不会发生较大的变化（理想状况是水印图像与原始图像完全一样）。

5.3.4 设置文档分栏排版

分栏排版是指将 Word 整个页面由上而下进行垂直划分，每一栏的宽度相等。利用分栏功能可以将"培训成果报告"文档中的内容分成两栏，一栏显示培训成果信息，另一栏显示今后的培训计划信息，这样的分栏排版将会使该文档的层次更加清晰，也更易于阅读。下面介绍分栏排版的操作步骤。

STEP 01 选择更多分栏。将光标定位在"培训成果报告"下方，切换至"页面布局"选项卡，单击"分栏"按钮，从展开的下拉列表中单击"更多分栏"选项，如图 5-64 所示。

STEP 02 设置分栏属性。弹出"分栏"对话框，设置栏数为"2"，在"应用于"下拉列表中单击"插入点之后"选项，单击"确定"按钮，如图 5-65 所示。

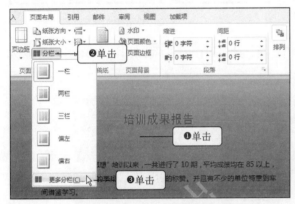

图 5-64 选择更多分栏

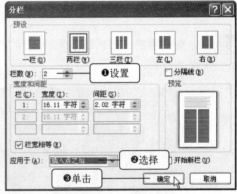

图 5-65 设置分栏属性

STEP 03 查看分栏后的效果。返回文档界面，调整文档的内容排列后便可看见图 5-66 所示的效果。

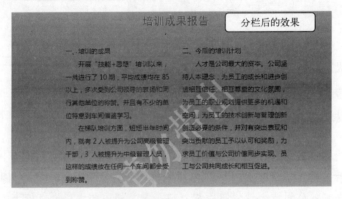

图 5-66 查看分栏后的效果

5.3.5 打印培训成果报告

完成各种设置后，就可将培训成果报告打印到纸张上。但是在打印前，最好先预览一下效果，如果满意再进行打印。

STEP 01 单击"打印"命令。单击"文件"按钮，在弹出的菜单中单击"打印"命令，如图 5-67 所示。

STEP 02 设置打印属性。在右侧的"设置"下方设置打印属性，例如设置打印当前页面、单面打印，如图 5-68 所示。

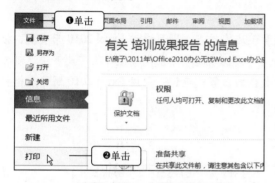

图 5-67　单击"打印"命令

图 5-68　设置打印属性

STEP 03 预览打印效果。完毕后可在最右侧预览文档打印的效果，如图 5-69 所示。

STEP 04 设置打印份数并打印文档。对打印的效果满意后便可设置打印份数，例如设置为"12"份，然后单击"打印"按钮即可。如图 5-70 所示。

图 5-69　预览打印效果

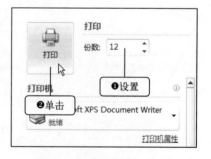

图 5-70　设置打印份数并打印

第 6 章
员工考勤与值班的统计安排

办公人员若想制定员工考勤表和值班安排表，则可通过 Excel 2010 来实现，该组件是 Office 2010 中比较重要的一个电子表格组件，使用该组件不仅能够快速制作表格，而且还可以利用函数来进行数据的计算或统计，利用 Excel 2010 制作表格将会更专业。

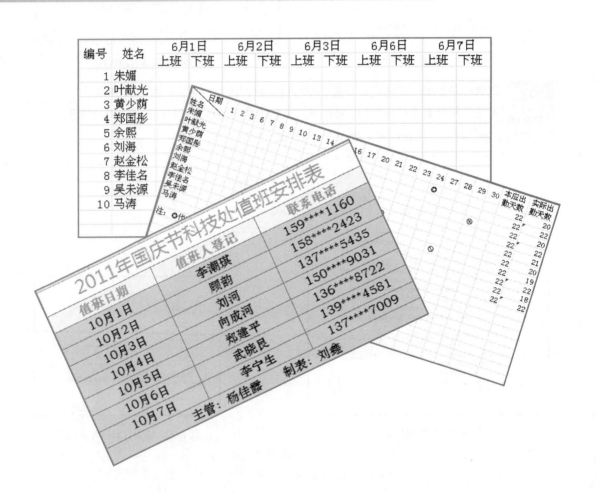

6.1 快速编制员工签到簿

利用 Excel 2010 编制员工签到簿时，无需依次按照每个单元格进行数据输入，可以使用该组件的一些功能进行快速输入。例如，利用序列快速填充递增序号，利用右键菜单功能填充实际出勤天数等，本节将对这些内容进行详细介绍。

原始文件：实例文件\第 6 章\原始文件\无
最终文件：实例文件\第 6 章\最终文件\员工签到簿.xlsx

6.1.1 新建与保存工作簿

由于编制月考勤表需要在 Excel 2010 的工作簿中进行，因此首先需要启动 Excel 2010 并新建和保存名为"员工月考勤表"的工作簿，具体的操作步骤如下。

STEP 01 启动 Excel 2010。单击"开始"按钮，在弹出的"开始"菜单中依次执行"所有程序>Microsoft Office>Microsoft Excel 2010"命令，如图 6-1 所示。

STEP 02 新建工作簿。启动 Excel 2010 后，程序自动创建一个名为"工作簿 1"的 Excel 工作簿，如图 6-2 所示。

图 6-1　启动 Excel 2010

图 6-2　新建工作簿

技术拓展 保存早期的 Office 版本

在安装 Office 2010 之前，如果系统中已经存在 Office 2003，则可以在安装 Office 2010 后保留原有的 Office 2003 版本，只需在安装界面中的"升级"选项卡下单击选中"保留所有早期版本"单选按钮，如图 6-3 所示。

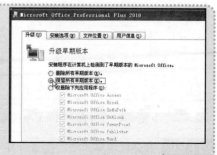

图 6-3　保存早期的 Office 版本

STEP 03 单击"保存"按钮。此时可保存该工作簿用以编制"员工月考勤表",单击"快速访问"工具栏中的"保存"按钮,如图6-4所示。

STEP 04 设置保存位置和文件名。弹出"另存为"对话框,在"保存位置"下拉列表中选择保存位置,在"文件名"文本框中输入工作簿的名称,例如输入"员工签到簿",单击"保存"按钮即可,如图6-5所示。

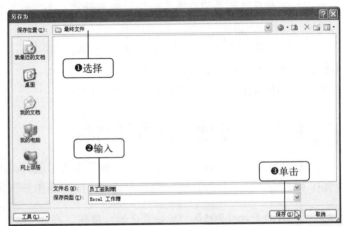

图6-4 单击"保存"按钮　　　　　　　　图6-5 设置保存位置和文件名

6.1.2 合并单元格

合并单元格是指将位于同一行或同一列的两个或两个以上单元格合并成一个单元格。在编制员工签到簿的过程中,用户可将含有"编号"和"姓名"的单元格向下合并,具体的操作步骤如下。

STEP 01 合并选中的单元格区域。在A1单元格中输入"编号",在B1单元格中输入"姓名",选择A1:A2单元格区域,单击"对齐方式"组中的"合并后居中"右侧的下三角按钮,从展开的下拉列表中单击"合并后居中"选项,如图6-6所示。

STEP 02 查看合并后的显示效果。执行上一步操作后可在工作簿中看见合并后的显示效果,即"编号"文本在合并后的单元格中居中对齐。使用相同的方法合并B1:B2单元格区域,如图6-7所示。

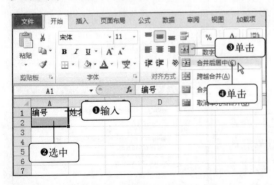

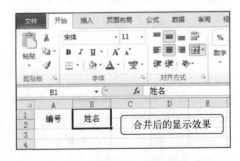

图6-6 合并选中的单元格区域　　　　　　图6-7 查看合并后的显示效果

STEP 03 合并其他单元格。接着合并C1:D1、E1:F1、G1:H1、I1:J1和K1:L1单元格区域,为后

面填充工作日日期数做好准备，如图 6-8 所示。

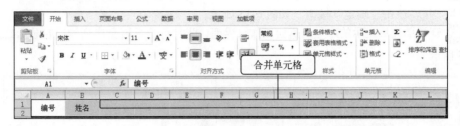

图 6-8　合并其他单元格

技术拓展　跨越合并

　　合并单元格有三种方式：合并单元格、合并后居中和跨越合并。其中跨越合并是指将选中的单元格区域每行合并成一个单元格。单击"对齐方式"组中的"合并后居中"右侧的下三角按钮，从展开的下拉列表中单击"跨越合并"选项，如图 6-9 所示。执行上一步操作后可看见跨越合并后的效果，如图 6-10 所示。

图 6-9　单击"跨越合并"选项

图 6-10　查看合并后的效果

6.1.3　使用序列快速填充递增序号

　　在向签到簿中添加序号时，用户可以不用依次输入，直接使用序列填充功能即可实现快速填充，具体的操作步骤如下。

STEP 01　选中要填充的单元格区域。在 A3 单元格中输入"1"，拖动选择 A3:A12 单元格区域，如图 6-11 所示。

STEP 02　单击"系列"选项。切换至"开始"选项卡，单击"编辑"组中的"填充"按钮，在展开的下拉列表中单击"系列"选项，如图 6-12 所示。

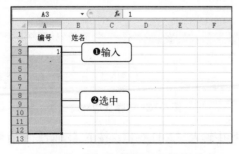

图 6-11　选中要填充的单元格区域

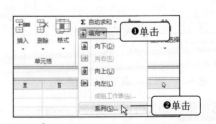

图 6-12　单击"系列"选项

STEP 03 **设置序列属性。** 弹出"序列"对话框，设置序列产生在"列"，类型为"等差序列"，步长值为"1"，单击"确定"按钮，如图 6-13 所示。

STEP 04 **查看填充后显示的序号。** 返回工作簿界面，此时可看见填充序列号后的显示效果，如图 6-14 所示。

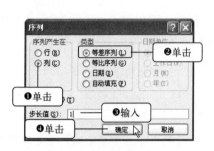

图 6-13　设置序列属性

图 6-14　查看填充后显示的序号

6.1.4　使用右键菜单填充工作日日期数

制定签到簿的工作日日期数时，用户可以选择较为简单的工作日日期格式，然后使用右键菜单进行填充即可，具体的操作步骤如下。

STEP 01 **单击"其他格式"选项。** 选中 C1 单元格，单击"数字"组中下三角按钮，从展开的下拉列表中单击"其他数字格式"选项，如图 6-15 所示。

STEP 02 **选择日期格式。** 弹出"设置单元格格式"对话框，在"分类"选项组中单击"日期"选项，然后在右侧的"类型"列表框中选择较为简洁的日期格式，例如选择"3 月 14 日"，单击"确定"按钮。如图 6-16 所示。

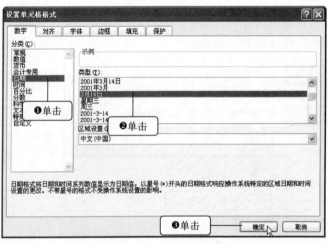

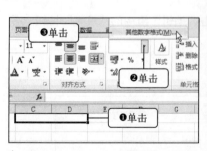

图 6-15　单击"其他格式"选项

图 6-16　选择日期格式

STEP 03 **输入日期。** 返回工作簿界面，在编辑栏中输入"2011-6-1"，按下【Enter】键后可看见 C1 单元格中显示了"6 月 1 日"，将指针移至该单元格的右下角，使其呈十字状，如图 6-17 所示。

STEP 04 选择以工作日填充。 按住鼠标左键不放并向右拖动至 K1 单元格后释放鼠标左键，在弹出的快捷菜单中单击"以工作日填充"命令，如图 6-18 所示。

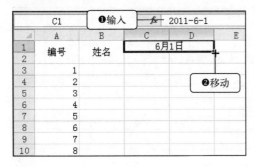

图 6-17　输入日期

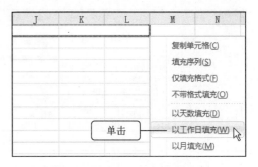

图 6-18　选择以"工作日填充"

STEP 05 查看填充后的显示效果。 此时可在工作簿中看见填充的工作日日期，由于 2011 年 6 月 4 日和 6 月 5 日为星期六和星期日，因此签到簿中不会显示，如图 6-19 所示。

图 6-19　查看填充后的显示效果

6.1.5　使用拖动填充功能快速输入重复数据

当向签到簿中添加"上班"、"下班"文本时，依次输入很明显会浪费时间，此时可用拖动填充功能进行快速输入，具体的操作步骤如下。

STEP 01 拖动填充。 在 C2 和 D2 单元格中分别输入"上班"和"下班"，将指针移至该单元格的右下角，当指针呈十字状时，按住鼠标左键向右拖动鼠标至 L2 单元格，如图 6-20 所示。

图 6-20　拖动填充

STEP 02 查看填充后的显示效果。 释放鼠标左键后可在 C2:L2 单元格区域中看见填充的内容，如图 6-21 所示。

图 6-21 查看填充后的显示效果

6.1.6 自动调整列宽

可能某些用户在调整工作簿中的行高和列宽时都会进行手动调整，其实不用这么麻烦，Excel 具有自动调整列宽和行高的功能，它会根据工作簿中各单元格的内容来调整最佳的行高和列宽，但是在调整前需要确保基本的内容都输入完毕，然后便可自动调整。

STEP 01 输入员工姓名。 在 B3:B12 单元格区域中依次输入编号对应的员工姓名，如图 6-22 所示。

STEP 02 单击"自动调整列宽"选项。 选择 A1:L12 单元格区域，在"开始"选项卡单击"格式"按钮，在展开的下拉列表中单击"自动调整列宽"选项，如图 6-23 所示。

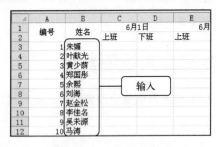

图 6-22   输入员工姓名

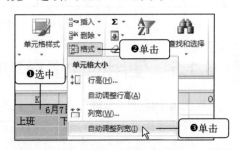

图 6-23   单击"自动调整列宽"选项

STEP 03 查看调整后的显示效果。 此时可在工作簿中看见调整列宽后的显示效果，如图 6-24 所示。

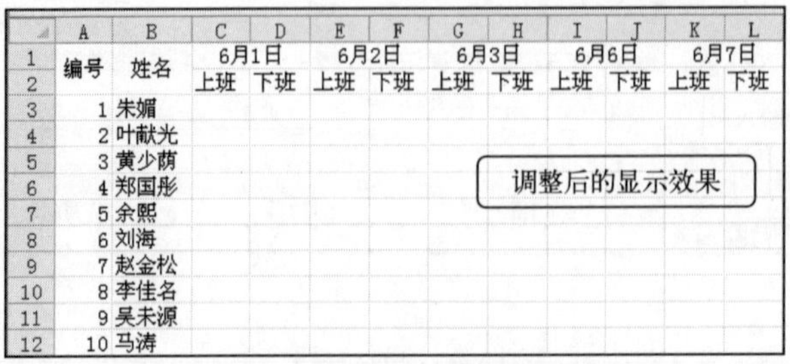

图 6-24   查看调整后的显示效果

员工能享受的带薪假期

在公司连续工作一年以上的员工均依法享受三类带薪假期，即年休假、探亲假和婚丧假。

年休假：指国家根据劳动者的工作年限和繁重紧张程度每年给予的带薪连续休假。在公司累计工作 1 年以上的员工才享有该假期。

探亲假：指员工在享有保留工作岗位和工资的同时，而同分居两地，又不能在公休日团聚的配偶或父母团聚的假期。

婚丧假：指员工本人结婚以及员工的直系亲属（父母、配偶、子女）死亡时享有的假期，享有该假期的员工所具备的条件可由公司自行决定。

6.2 ◎ 统计员工月考勤情况

统计员工的月考勤情况需要统计当月的正常工作日，然后用不同的符号标识出不同的假期（事假、病假等），最后使用 COUNTIF 函数计算所有员工实际出勤的天数。这些操作都可以在 Excel 中实现，下面就介绍员工月考勤情况的统计方法。

原始文件：实例文件\第 6 章\原始文件\员工 2011 年 6 月考勤表.xlsx
最终文件：实例文件\第 6 章\最终文件\员工 2011 年 6 月考勤表.xlsx

6.2.1　冻结窗格

当月考勤统计表中的列数较多时，向下滚动则会造成顶部的标题行跟着滚动，使得用户在编辑数据时难以分清各列数据对应的标题，面对这种情况，用户可以使用冻结窗格功能锁定月考勤统计表中的首行或其他单元格区域，以增强其编辑性。

STEP 01 冻结首行。打开随书光盘\实例文件\第 6 章\原始文件\员工 2011 年 6 月考勤表.xlsx，切换至"视图"选项卡，单击"冻结窗格"按钮，从展开的下拉列表中单击"冻结首行"选项，如图 6-25 所示。

STEP 02 查看冻结后的显示效果。返回 Excel 工作簿界面，此时可看见首行下方出现了一条分界线，向下拖动右侧的滚动条即可发现首行始终显示在工作簿界面中，如图 6-26 所示。

STEP 03 取消冻结。若想取消首行冻结，则单击"冻结窗格"按钮，在展开的下拉列表中单击"取消冻结窗格"选项即可，如图 6-27 所示。

STEP 04 冻结拆分窗格。用户若想冻结某一部分单元格区域，则首先单击待冻结单元格区域右下角的单元格，例如单击 B2 单元格，单击"冻结窗格"按钮，在展开的下拉列表中单击"冻结拆分窗格"选项，如图 6-28 所示。

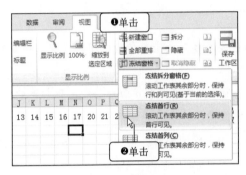

图 6-25　冻结首行

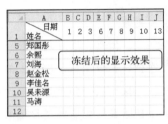

图 6-26　查看冻结后的显示效果

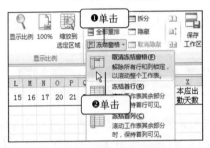

图 6-27　取消冻结

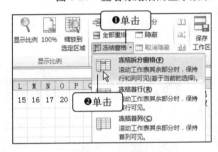

图 6-28　冻结拆分窗格

STEP 05 **查看冻结后的显示效果**。此时界面中出现了两条分界线，A1 单元格处于冻结状态，无论向下滑动还是向右滑动，均可看见 A1 单元格显示在工作簿界面中，如图 6-29 所示。

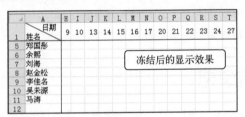

图 6-29　查看冻结后的显示效果

出勤管理的三大优势

　　对于公司而言，出勤管理具有充分发挥员工闲置效率、逐步完善公司管理制度和使员工更具有凝聚力三方面的优势，下面分别进行详细介绍。

　　一、出勤管理能够使人员的闲置效率有效地发挥出来，虽然缺勤不可避免，但是出勤管理可以尽量减少缺勤，并且还能让出勤良好的员工摆正工作心态，认真做事。完善的出勤管理制度将会给员工提供一个公平、一致的工作环境。

　　二、出勤管理能够让公司在解决出勤问题的过程中逐渐完善自己。与考勤有关的问题并非完全出在员工身上，因此管理者必须从自身找到问题根源并有效解决。这不仅有利于公司内部的其他细节管理（例如加班管理），而且还有利于公司制度的规范化和进一步发展。

　　三、出勤管理能够使公司更具有凝聚力。这是因为在对出勤进行管理时，公司如果能了解缺勤原因并能进行有效解决，就会增强员工的认同感和归属感，这不仅能发挥员工工作的积极性和创造性，而且节省了公司内部绩效管理的成本。

办公指导

6.2.2　使用符号标识不同的假期

在月考勤表中，可以通过插入不同的符号来表示不同的假期，常见的假期有三类：事假、病假和公假，用户可以使用三种不同的符号来表示，但是要在最后添加注释，写上哪种符号代表哪种假期。

STEP 01 **选择要插入符号的单元格**。在"员工 2011 年 6 月考勤统计表"工作簿中选中要插入符号的单元格，例如选中 S2 单元格，切换至"插入"选项卡下，单击"符号"按钮，接着在展开的面板中单击"符号"按钮，如图 6-30 所示。

STEP 02 **选择符号**。弹出"符号"对话框，在"字体"下拉列表中选择 Wingdings，然后在列表框中选中代表事假的符号，单击"插入"按钮，如图 6-31 所示。

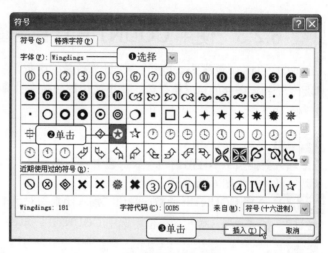

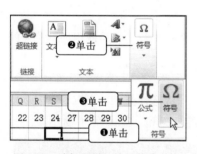

图 6-30　选择要插入符号的单元格

图 6-31　选择符号

STEP 03 **标识其他员工的事假**。关闭"符号"对话框，返回工作簿界面后即可看见插入的符号，复制该符号，然后将其粘贴到其他单元格中，以标识其他员工的事假，如图 6-32 所示。

STEP 04 **标识病假**。使用相同的方法在工作簿中插入代表病假的符号，然后将其粘贴到其他单元格中，以标识出其他员工的病假，如图 6-33 所示。

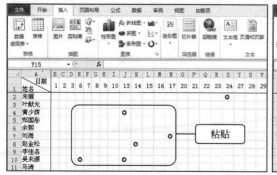

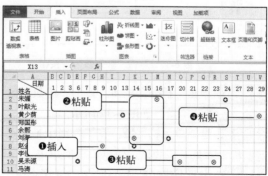

图 6-32　标识其他员工的事假

图 6-33　标识病假

STEP 05 标识公假及添加注释。若有公假，则可以使用另外的符号标识出来。合并 A13:K13 单元格，然后输入注释的内容。如图 6-34 所示。

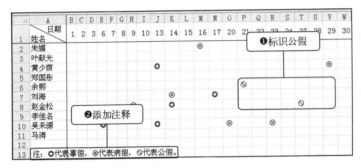

图 6-34   标识公假及添加注释

6.2.3   使用 COUNTIF 计算考勤数据

COUNTIF 函数是 Excel 中的一个计算数量的函数，它主要用来计算在选中的单元格区域内满足单个指定条件的单元格个数。这里使用该函数来计算每位员工实际出勤的天数，具体的操作步骤如下。

STEP 01 单击"插入函数"按钮。在 X2 单元格中输入本应出勤的天数，然后使用拖动填充的方法输入其他员工本应出勤的天数，选中 Y2 单元格，切换至"公式"选项卡下，单击"插入函数"按钮，如图 6-35 所示。

STEP 02 选择 COUNTIF 函数。弹出"插入函数"对话框，在"或选择类别"下拉列表中选择"统计"，在"选择函数"列表框中选中 COUNTIF，单击"确定"按钮，如图 6-36 所示。

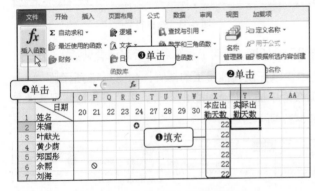

图 6-35   单击"插入函数"按钮

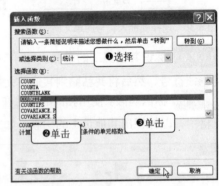

图 6-36   选择 COUNTIF 函数

STEP 03 单击"折叠"按钮。弹出"函数参数"对话框，在 COUNTIF 选项组中单击 Range 右侧的"折叠"按钮，如图 6-37 所示。

STEP 04 选择单元格区域。在工作簿中拖动选择 B2:W2 单元格区域，接着可在"函数参数"对话框中看见对应的显示信息，再次单击"折叠"按钮，如图 6-38 所示。

STEP 05 设置 Criteria 值。在 Criteria 文本框中输入对应的值，这里输入""◇"&"*""，然后单击"确定"按钮，如图 6-39 所示。

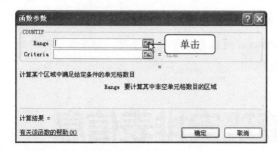

图 6-37　单击"折叠"按钮

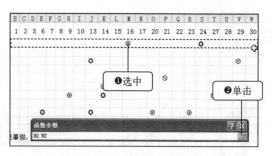

图 6-38　选择单元格区域

STEP 06 查看统计的结果。返回工作簿界面，此时可看见统计后的显示效果，将指针移至 Y2 单元格右下角，当指针呈十字状时向下拖动至 Y11 单元格，如图 6-40 所示。

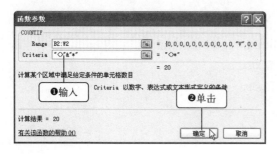

图 6-39　设置 Criteria 值

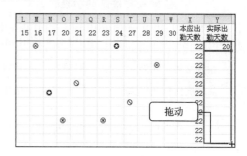

图 6-40　查看统计的结果

STEP 07 查看统计后的实际出勤天数。释放鼠标左键后可看见 Y3:Y11 单元格区域中自动填充了 COUNTIF 函数所计算出的结果，如图 6-41 所示。

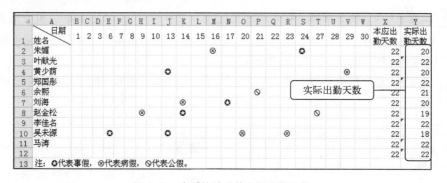

图 6-41　查看统计后的实际出勤天数

技术拓展　**认识 COUNTIF 函数的语法**

　　COUNTIF 函数语法具有 range 和 criteria 两个参数，它们的含义分别如下。

　　range：该参数是指被计数的单元格所在的单元格区域，该参数值不能为空。

　　criteria：该参数是指被计数的单元格所需要满足的条件，该条件可以是数字、表达式、单元格引用或文本字符串。例如 54、"◇ 54"、Y2、"苹果"等。

> 制定 criteria 的值时，可以使用通配符，即问号（?）和星号（*），其中问号匹配任意单个字符，而星号匹配任意一系列字符，若指定 criteria 的值为问号和星号时，则在该字符前键入波形符号（~）。

6.3 （ 填写值班安排表信息

　　值班安排表列举了轮班当值的人员以及这些人员的其他信息（如联系方式）。在 Excel 中不仅可以轻松填写安排表信息，而且还可以通过字符格式和单元格的设置使得表格更加美观。除此之外，用户还可以通过 VLOOKUP 函数来实现随时查看值班人员信息的功能。

　　原始文件：实例文件\第 6 章\原始文件\值班安排表.xlsx
　　最终文件：实例文件\第 6 章\最终文件\值班安排表.xltm

6.3.1　设置字符格式

　　Excel 中输入的字符格式默认为宋体、11 号和黑色，这种字符格式并不能得到所有办公用户的青睐，不喜欢该字符格式的用户可以进行随意设置。下面通过值班安排表来介绍设置字符格式的操作步骤。

STEP 01 设置 A1 单元格的字体。打开随书光盘\实例文件\第 6 章\原始文件\值班安排表.xlsx，选中 A1 单元格，切换至"开始"选项卡下，在"字体"组中单击"字体"下三角按钮，在展开的下拉列表中选择"微软雅黑"，如图 6-42 所示。

STEP 02 设置 A1 单元格的字号。单击"字号"下三角按钮，在展开的下拉列表中选择"18"，如图 6-43 所示。

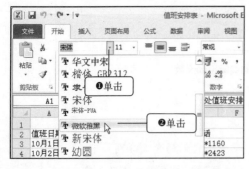

图 6-42　设置 A1 单元格的字体

图 6-43　设置 A1 单元格的字号

STEP 03 设置字体颜色。单击"字体颜色"右侧的下三角按钮，在展开的下拉列表中单击"其他颜色"选项，如图 6-44 所示。

STEP 04 选择字体颜色。弹出"颜色"对话框，切换至"标准"选项卡下，选择合适的颜色，单击"确定"按钮，如图 6-45 所示。

STEP 05 设置其他单元格的字符格式。选择 A2:F10 单元格区域，设置字体为"华文中宋"，字号为"12"，在"对齐方式"组中单击"居中对齐"按钮，如图 6-46 所示。

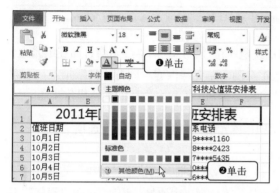

图 6-44　设置字体颜色

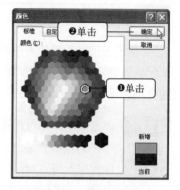

图 6-45　选择字体颜色

STEP 06 设置字体颜色。选择 A2:F2 单元格区域，单击"加粗"按钮，单击"字体颜色"右侧的下三角按钮，在展开的下拉列表中选择"淡紫"即可，如图 6-47 所示。

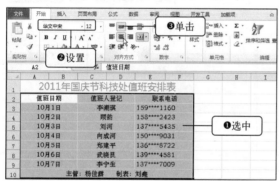

图 6-46　设置其他单元格的字符格式

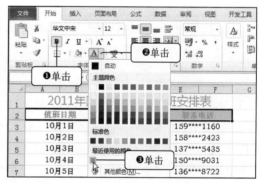

图 6-47　设置字体颜色

技术拓展　**字体的下载**

　　设置字符格式离不开字体的选择，而 Windows 操作系统只提供了少量的字体，若想拥有更多的字体则需要在字体网站上进行下载，例如字体下载大宝库（http://font.knowsky.com/），用户可在该网站中下载到各种各样的字体，如图 6-48 所示。

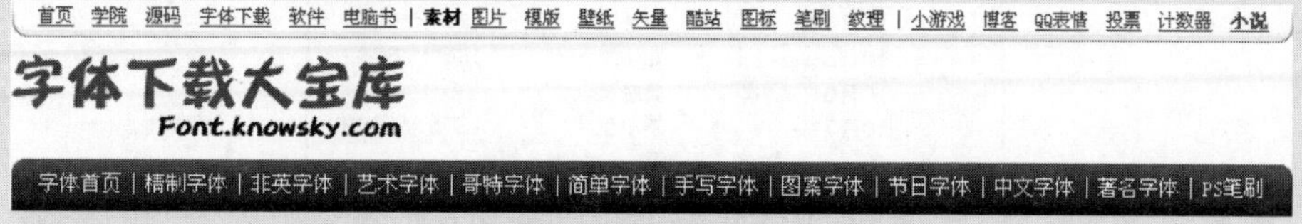

首页　学院　源码　字体下载　软件　电脑书　**素材**　图片　模版　壁纸　矢量　酷站　图标　笔刷　纹理　小游戏　博客　QQ表情　投票　计数器　小说

字体下载大宝库
Font.knowsky.com

字体首页 | 精制字体 | 非英字体 | 艺术字体 | 哥特字体 | 简单字体 | 手写字体 | 图案字体 | 节日字体 | 中文字体 | 著名字体 | PS笔刷

图 6-48　字体下载大宝库

6.3.2　设置单元格边框与底纹

一般情况下，Excel 工作簿中单元格的边框为灰色，底纹为白色，用户若想对表格中的内容进行区分或强调，则可以采用更换单元格的边框和底纹的属性来实现。

01　设置单元格边框

"值班安排表"工作表中没有边框，灰色的框线是网格线，这些网格线不会打印在纸张上，单元格边框需要用户手动设置，并且设置出的边框会随着单元格内容一同打印到纸张上。下面就介绍利用"设置单元格格式"对话框来设置"值班安排表"工作表边框的具体操作步骤。

STEP 01 单击"字体"对话框启动器。选择 A1:F10 单元格，切换至"开始"选项卡下，单击"字体"组中的对话框启动器，如图 6-49 所示。

STEP 02 设置单元格边框属性。弹出"设置单元格格式"对话框，切换至"边框"选项卡下，在"样式"列表框中选择合适的线条样式，在"颜色"下拉列表中选择"浅蓝"，在"预览"下方依次单击"外边框"和"内部"选项，接着可在"边框"下方预览设置后的显示效果，单击"确定"按钮，如图 6-50 所示。

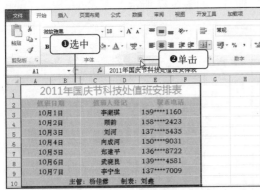

图 6-49　单击"字体"对话框启动器

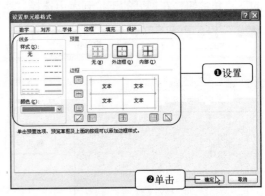

图 6-50　设置单元格边框属性

STEP 03 查看添加边框后的显示效果。返回 Excel 工作簿界面，此时可以看见添加单元格边框后的显示效果，如图 6-51 所示。

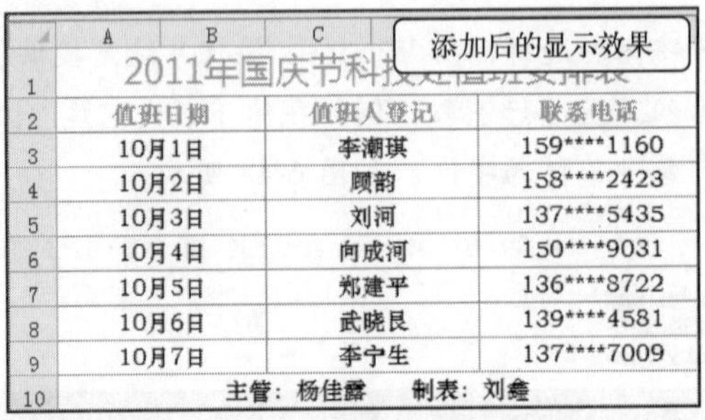

图 6-51　查看添加边框后的显示效果

02 设置单元格底纹

Excel 中的单元格底纹即背景色，在设置背景色时，用户可以根据字体、边框的颜色进行合理搭配，这样能使值班安排表更加精美。

STEP 01 单击"其他颜色"选项。选择 A2:F2 单元格区域，在"字体"组中单击"填充颜色"右侧的下三角按钮，从展开的下拉列表中单击"其他颜色"选项，如图 6-52 所示。

STEP 02 选择底纹颜色。弹出"颜色"对话框，在"标准"选项卡下选择合适的颜色，单击"确定"按钮，如图 6-53 所示。

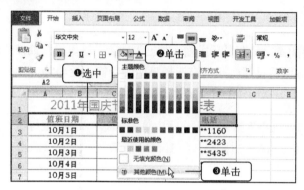

图 6-52　单击"其他颜色"选项

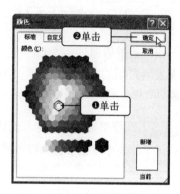

图 6-53　选择底纹颜色

STEP 03 单击"其他颜色"选项。返回工作簿界面，此时可看见添加底纹后的显示效果，选择 A3:F10 单元格区域，在"字体"选项组中单击"填充颜色"右侧的下三角按钮，从展开的下拉列表中单击"其他颜色"选项，如图 6-54 所示。

STEP 04 设置底纹颜色的 RGB 值。弹出"颜色"对话框，切换至"自定义"选项卡下，输入底纹颜色的 RGB 值，然后单击"确定"按钮，如图 6-55 所示。

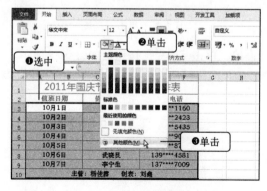

图 6-54　单击"其他颜色"选项

图 6-55　设置底纹颜色的 RGB 值

STEP 05 查看添加底纹后的最终效果。返回工作簿主界面，此时可看见添加底纹后的最终效果，如图 6-56 所示。

	A	B	C	D	E	F
1	2011年国庆节科			添加后的显示效果		
2	值班日期	值班人登记		联系电话		
3	10月1日	李潮琪		159****1160		
4	10月2日	顾韵		158****2423		
5	10月3日	刘河		137****5435		
6	10月4日	向成河		150****9031		
7	10月5日	郑建平		136****8722		
8	10月6日	武晓民		139****4581		
9	10月7日	李宁生		137****7009		
10		主管：杨佳群　制表：刘鑫				

图 6-56　查看添加底纹后的最终效果

6.3.3　插入日期控件

控件是指添加在窗体上的一些图形图像，具有显示或输入数据等功能，这里的日期控件就具有显示日期的功能。该控件不仅能够显示日期，还具有选择日期的功能，这将为 6.3.4 节 VLOOKUP 函数的应用做好准备工作，本节就来介绍日期控件的插入步骤。

STEP 01 选择要插入控件的单元格。在"值班安排表"工作簿中单击 Sheet 2 工作表标签，然后在该工作表中单击要插入控件的单元格，例如选择 B4，如图 6-57 所示。

STEP 02 单击"行高"选项。切换至"开始"选项卡下，单击"单元格"组中的"格式"按钮，从展开的下拉列表中单击"行高"选项，如图 6-58 所示。

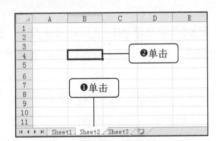

图 6-57　选择要插入控件的单元格

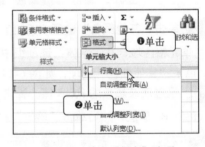

图 6-58　单击"行高"选项

STEP 03 设置行高。在弹出的对话框中输入行高值，单击"确定"按钮，如图 6-59 所示。

STEP 04 单击"列宽"选项。返回工作表界面，再次单击"格式"按钮，从展开的下拉列表中单击"列宽"选项，如图 6-60 所示。

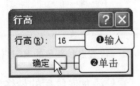

图 6-59　设置行高

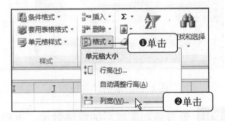

图 6-60　单击"列宽"选项

STEP 05 设置列宽。弹出"列宽"对话框，输入列宽，单击"确定"按钮，如图 6-61 所示。

STEP 06 **选择其他控件。**返回工作表界面，切换至"开发工具"选项卡下，单击"插入"按钮，在展开的下拉列表中单击"其他控件"按钮，如图 6-62 所示。

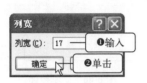

图 6-61　设置列宽

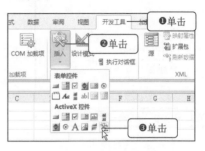

图 6-62　选择其他控件

技术拓展 **设置显示"开发工具"标签**

　　一般情况下，"开发工具"标签不会显示在功能区中，需要通过简单的设置，单击"文件"按钮，在弹出的菜单中单击"选项"按钮，如图 6-63 所示；弹出"Excel 选项"对话框，在"自定义功能区"面板中勾选"开发工具"复选框，单击"确定"按钮保存退出即可，如图 6-64 所示。

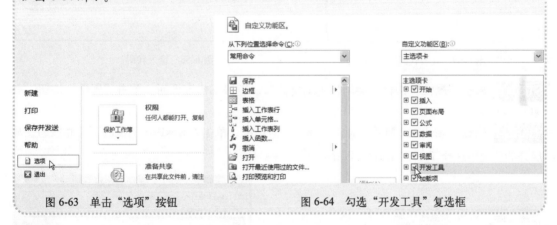

图 6-63　单击"选项"按钮　　　　　图 6-64　勾选"开发工具"复选框

STEP 07 **选择控件。**弹出"其他控件"对话框，在列表框中选中 Microsoft Date and Time Picker Control 控件，然后单击"确定"按钮，如图 6-65 所示。

STEP 08 **绘制控件。**然后将指针移至工作簿，此时指针呈十字状，移动指针至编辑区中，在 B4 单元格中绘制控件，如图 6-66 所示。

STEP 09 **查看代码。**执行上一步操作后可看见插入的日期控件，单击"查看代码"按钮，如图 6-67 所示。

STEP 10 **输入代码。**打开代码编辑窗口，在窗口中输入如图 6-68 所示的代码，其中 Target.Column =2 表示该控件作用于工作表中第二列，Target.Row = 4 表示该控件作用于工作表中第四行。Target.Count = 1 表示选中的是 1 个单元格时才会显示日期控件。

图 6-65 选择控件

图 6-66 绘制控件

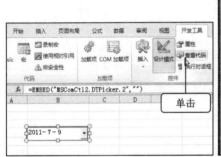

图 6-67 查看代码

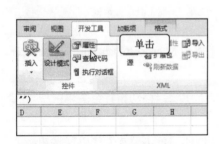

图 6-69 单击"属性"按钮

STEP 11 单击"属性"按钮。关闭代码编辑窗口，返回工作表界面，单击"属性"按钮，如图 6-69 所示。

STEP 12 设置 CheckBox 属性。弹出"属性"对话框，单击 CheckBox 右侧的下三角按钮。从展开的列表中选择 True，如图 6-70 所示。

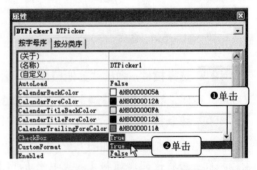

图 6-70 设置 CheckBox 属性

STEP 13 退出设计模式。关闭"属性"对话框返回工作表界面，单击"设计模式"按钮，如图 6-71 所示。

STEP 14 选择日期。选中 B4 单元格，单击控件右侧的下三角按钮，接着便可选择日期，例如设置月份为 2011 年 10 月，然后在下方选择 1 号，如图 6-72 所示。

图 6-71　退出设计模式

图 6-72　选择日期

STEP 15 **查看设置后的显示日期。**执行上一步操作后可在工作表界面中看见控件在设置后的显示效果，显示日期为"2011-10-1"，如图 6-73 所示。

图 6-73　查看设置后的显示日期

6.3.4　使用 VLOOKUP 函数引用数据

　　VLOOKUP 函数是在表格数组的首列查找指定的值，并由此返回表格数组当前行中其他列的值。在工作表中成功插入日期控件后，接着只需要使用 VLOOKUP 函数引用值班安排表中的单元格数据即可随意查看值班人员信息。下面介绍使用 VLOOKUP 函数引用数据的操作方法。

STEP 01 **插入函数。**打开 6.3.3 节插入日期控件后的工作表，选中 C4 单元格，切换至"公式"选项卡下，单击"插入函数"按钮，如图 6-74 所示。

STEP 02 **选择 VLOOKUP 函数。**弹出"插入函数"对话框，在"搜索函数"文本框中输入 VLOOKUP，单击"转到"按钮，接着在"选择函数"列表框中选中 VLOOKUP 函数，如图 6-75 所示。

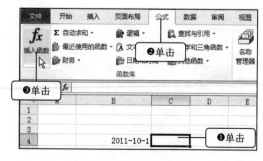

图 6-74　插入函数

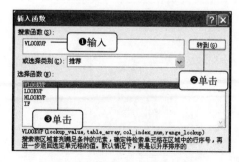

图 6-75　选择 VLOOKUP 函数

STEP 03 设置 Lookup_value 参数。单击"确定"按钮后弹出"函数参数"对话框，在 Lookup_value 文本框中输入"B4"，单击 Table_arrary 右侧的折叠按钮，如图 6-76 所示。

STEP 04 设置 Table_arrary 参数。单击 Sheet1 工作表标签，然后拖动选择 A3:F9 单元格区域，如图 6-77 所示。

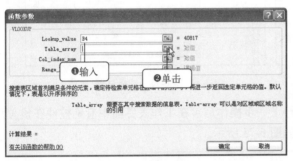

图 6-76 设置 Lookup_value 参数

图 6-77 设置 Table_arrary 参数

STEP 05 设置 Col_index_num 参数。单击折叠按钮返回"函数参数"对话框，在 Col_index_num 文本框中输入"3"，单击"确定"按钮，如图 6-78 所示。

STEP 06 查看引用的单元格数据。返回工作表界面，此时可看见 C4 单元格中引用的数据，使用相同的方法在 D4 单元格中引用"联系方式"数据，如图 6-79 所示。

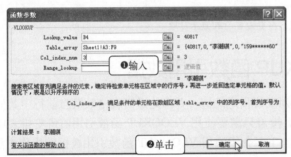

图 6-78 设置 Col_index_num 参数

图 6-79 查看引用的单元格数据

STEP 07 选择显示日期。选中 B4 单元格，单击日期控件右侧的下三角按钮，在展开的面板中选择显示日期，例如选择 2011 年 10 月 6 日，如图 6-80 所示。

STEP 08 查看设置日期后的值班人员信息。执行上一步操作后可在界面中看见随着显示时间的变化，值班人员和其联系方式也发生了变化，如图 6-81 所示。

图 6-80 选择显示日期

图 6-81 查看设置后的值班人员信息

技术拓展　认识 VLOOKUP 函数的语法

VLOOKUP 函数的语法为：

VLOOKUP(Lookup_value, Table_array, Col_index_num, [Range_lookup])

Lookup_value：该参数的值为需要在表格数组第一列中查找的数值。Lookup_value 可以为数值或引用。若 Lookup_value 参数提供的值小于 Table_array 参数第一列中的最小值，则 VLOOKUP 将返回错误值 #N/A，该参数不能为空。

Table_arrary：该参数的值为包含数据的单元格区域，一般是两列或两列以上的单元格区域。Table_array 第一列中的值是由 Lookup_value 搜索的值。这些值可以是文本、数字或逻辑值。文本不区分大小写，该参数不能为空。

Col_index_num：该参数的值为 Table_array 参数中必须返回的匹配值的列号。Col_index_num 参数为 1 时，返回 Table_array 第一列中的值；Col_index_num 为 2 时，返回 Table_array 第二列中的值，依此类推，该参数不能为空。

Range_lookup：该参数的值为一个逻辑值，用来指定 VLOOKUP 函数查找精确匹配值还是近似匹配值。如果 Range_lookup 为 TRUE 或被省略，则返回精确匹配值或近似匹配值。如果找不到精确匹配值，则返回小于 Lookup_value 的最大值；如果 Range_lookup 参数为 FALSE，VLOOKUP 将只查找精确匹配值，如果找不到精确匹配值，则返回错误值#N/A。

第7章
员工差旅的登记核算

　　对于出差的员工，公司应当做好员工差旅的登记核算，例如在员工出差前可以要求填写出差费用申请表，提前获取公司给予的预支费用，待回到公司后，再让出差的员工填写出差费用结算表，以核对和补贴员工的出差费用。在员工出差期间，公司可以通过出差记录统计表来记录最近一段时间正在出差的员工。无论是出差费用申请表、出差费用结算表，还是出差记录统计表，都可以通过 Excel 2010 来制作。

员工姓名	部门	出差地点	出差事由	交通工具	出差日期	返回日期	出差天数
刘飞	销售部	北京	洽谈业务	飞机	2011-5-1	2011-5-4	3
王永强	销售部	江苏	洽谈业务		2011-5-5	2011-5-10	5
刘喻哲	销售部	四川	洽谈业务		5-7	2011-5-9	2
陈艳	销售部	浙江	洽谈业务			2011-5-7	3
李欣	销售部	上海	洽谈业务			2011-5-14	5
张洛	市场部	安徽	技术交流			2011-5-13	2
吴毅	市场部	安徽	技术			17	3
周怡	市场部	浙江	技				2

7.1  设计员工出差记录统计表

　　员工出差记录统计表记录了员工的出差地点、出差事由、出差出发时间和出差回归时间等信息，用户可以对该工作表重新命名，并利用 DAYS360 函数计算出每位员工出差的天数。如果想一眼就看出正在出差的员工，则可以利用条件规则来突出显示正在出差的员工。

原始文件：实例文件\第 7 章\原始文件\员工出差记录统计表.xlsx
最终文件：实例文件\第 7 章\最终文件\员工出差记录统计表.xlsx

7.1.1 重命名工作表

　　Excel 工作簿中的工作表名称都是按照 Sheet1、Sheet2……来命名的，这样的命名与员工出差记录统计表完全没有联系，为了方便用户快速识别目标工作表，则可以对该工作表进行重命名操作。最简单的重命名工作表操作就是直接修改工作表所对应的标签名称，具体操作步骤如下。

STEP 01 **双击标签名**。打开随书光盘\实例文件\第 7 章\原始文件\员工出差记录统计表.xlsx，双击底部的工作表标签 Sheet1，此时该标签处于可编辑状态，如图 7-1 所示。

STEP 02 **重命名工作表**。输入工作表的新名称，例如输入"员工出差记录统计表"，然后按下【Enter】键即可，如图 7-2 所示。

	A	B	C	D
1	员工姓名	部门	出差地点	出差事由
2	刘飞	销售部	北京	洽谈业务
3	王永强	销售部	江苏	洽谈业务
4	刘喻哲	销售部	四川	洽谈业务
5	陈艳	销售部	浙江	洽谈业务
6	李欣	销售部	上海	洽谈业务
7	双击 场部	安徽	技术交流
8	部	安徽	技术交流
9	周怡	市场部	浙江	技术交流

图 7-1　双击标签名

	A	B	C	D
1	员工姓名	部门	出差地点	出差事由
2	刘飞	销售部	北京	洽谈业务
3	王永强	销售部	江苏	洽谈业务
4	刘喻哲	销售部	四川	洽谈业务
5	陈艳	销售部	浙江	洽谈业务
6	李欣	销售部	上海	洽谈业务
7	张 重命名	安徽	技术交流
8	吴	安徽	技术交流
9	周怡	市场部	浙江	技术交流

图 7-2　重命名工作表

7.1.2 使用 DAYS360 函数计算出差天数

　　DAYS360 是 Excel 中的"日期与时间"类函数，该函数是按照一年 360 天的算法（每个月以 30 天计，一年共计 12 个月），返回两日期间相差的天数。利用该函数可以计算"员工出差记录统计表"中每位员工的出差天数，具体的操作步骤如下。

STEP 01 **单击"插入函数"按钮**。选中 H2 单元格，切换至"公式"选项卡下，在"函数库"中单击"插入函数"按钮，如图 7-3 所示。

STEP 02 选择 DAYS360 函数。弹出"插入函数"对话框，在"或选择类别"下拉列表中单击"日期与时间"选项，在"选择函数"列表框中选择 DAYS360 函数，单击"确定"按钮，如图 7-4 所示。

图 7-3　单击"插入函数"按钮

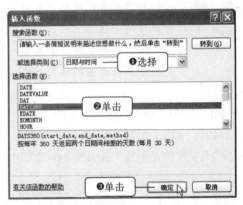

图 7-4　选择 DAYS360 函数

技术拓展 利用编辑栏插入函数

　　打开"插入函数"对话框除了利用功能区实现之外，还可以利用编辑栏实现，选中 H2 单元格，单击编辑栏中的"插入函数"按钮，如图 7-5 所示，即可弹出"插入函数"对话框。

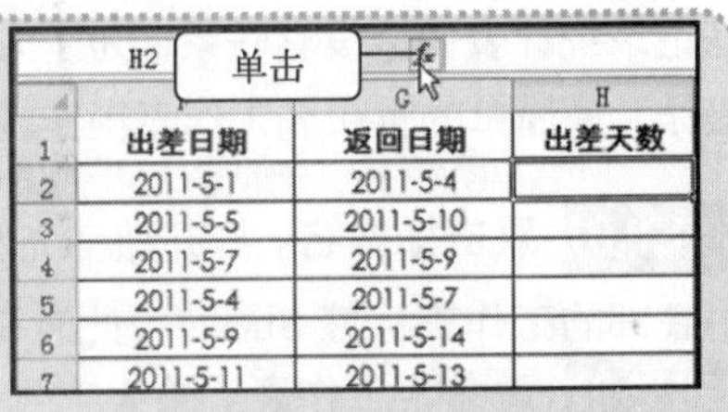

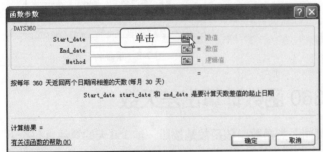

图 7-5　利用编辑栏插入函数

STEP 03 单击 Start_data 折叠按钮。弹出"函数参数"对话框，单击 Start_data 右侧的折叠按钮，如图 7-6 所示。

STEP 04 添加出差日期。将指针移至工作表中，选中第 2 行中含有出差日期信息的单元格，这里选中 F2 单元格，如图 7-7 所示。

图 7-6　单击 Start_data 折叠按钮

图 7-7　添加出差日期

STEP 05 单击 End_data 折叠按钮。单击折叠按钮后还原"函数参数"对话框，单击 End_data 右侧的折叠按钮，如图 7-8 所示。

STEP 06 **选择返回日期**。将指针移至工作表中，在第 2 行中选中含有返回日期信息的单元格，这里选中 G2 单元格，如图 7-9 所示。

图 7-8 单击 End_data 折叠按钮　　　　　　图 7-9 选择返回日期

STEP 07 **单击"确定"按钮**。单击折叠按钮后还原"函数参数"对话框，单击"确定"按钮，如图 7-10 所示。

STEP 08 **复制函数**。返回工作表后可在 H2 单元格中看见计算出的出差天数，将指针移至该单元格右下角，当指针呈十字状时拖动鼠标，拖动至 H9 单元格处释放鼠标左键，此时可看见计算出的每位员工的出差天数，如图 7-11 所示。

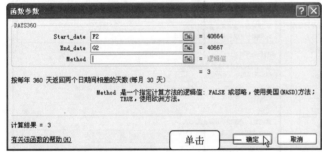

图 7-10 单击"确定"按钮　　　　　　　图 7-11 复制函数

技术拓展 | **认识 DAYS360 函数的语法**

DAYS360 函数的语法为：DAYS360(Start_date，End_date，[Method])

Start_date：该参数的值为要计算天数的起始日期。

End_date：该参数的值要计算天数的结束日期，如果 Start_date 在 End_date 之后，则 DAYS360 将返回一个负数。

Method：该参数指定在计算中选择的计算方法，即选择美国方法或者欧洲方法。若该参数的值为 FALSE 或默认时，则表示选择美国方法计算；若该参数的值为 TRUE，则表示选择欧洲方法计算。

7.1.3 新建条件格式突显正在出差的员工

条件格式，其功能是基于设置的条件而更改单元格区域的外观。使用条件格式可以帮助用户直观地查看和分析数据，发现问题以及数据的变化趋势等。使用条件格式有两种方式：第一种是使用默认的条件格式；第二种是使用新建的条件格式。这里通过新建条件格式来介绍突出显示正在出差人员的操作步骤。

STEP 01 单击"新建规则"按钮。拖动选择 G2:G9 单元格区域，切换至"开始"选项卡下，在"样式"组中单击"条件格式"下三角按钮，从展开的下拉列表中单击"新建规则"选项，如图 7-12 所示。

STEP 02 设置单元格格式。弹出"新建格式规则"对话框，在"选择规则类型"列表框中单击"基于各自值设置所有单元格的格式"选项，接着设置最大值和最小值所对应的显示颜色，这里保持默认设置，如图 7-13 所示。

STEP 03 单击折叠按钮。单击"只为包含以下内容的单元格设置格式"选项，在"编辑规则说明"组中设置条件为"单元格值"、"大于"，单击右侧的折叠按钮，如图 7-14 所示。

STEP 04 选择 G9 单元格。将指针移至工作表中，设置对应的条件，这里选中 G9 单元格，如图 7-15 所示。

图 7-12 单击"新建规则"按钮

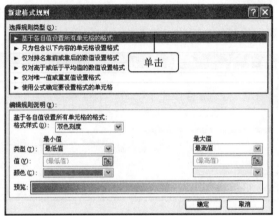

图 7-13 设置单元格格式

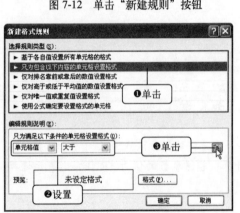

图 7-14 单击折叠按钮

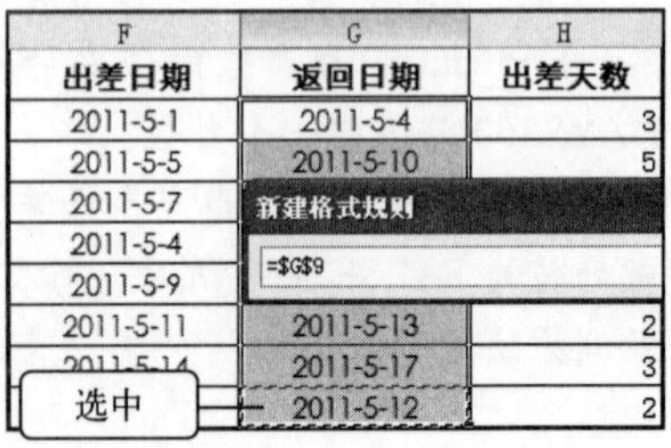

图 7-15 选择 G9 单元格

STEP 05 单击"格式"按钮。单击折叠按钮还原"新建格式规则"对话框，在"预览"右侧单击"格式"按钮，如图 7-16 所示。

STEP 06 **选择单元格填充颜色**。弹出"设置单元格格式"对话框，切换至"填充"选项卡下，在图形列表框中选择单元格的填充颜色，例如选择"浅绿色"，如图 7-17 所示。

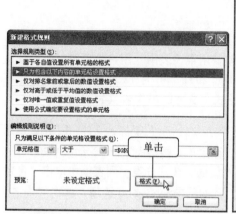

图 7-16　单击"格式"按钮

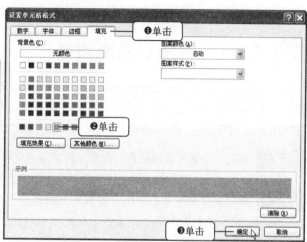

图 7-17　选择单元格填充颜色

STEP 07 **单击"确定"按钮**。返回"新建格式规则"对话框，预览设置后的单元格填充颜色后单击"确定"按钮，如图 7-18 所示。

STEP 08 **查看突出显示的单元格**。返回工作表中，此时可在"返回日期"一列中看见突出显示的单元格，如图 7-19 所示。

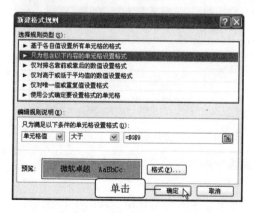

图 7-18　单击"确定"按钮

F	G	H
出差日期	返回日期	出差天数
2011-5-1	2011-5-4	3
2011-5-5	2011-5-10	5
2011-5-7	突出显示的单元格	2
2011-5-4		3
2011-5-9	2011-5-14	5
2011-5-11	2011-5-13	2
2011-5-14	2011-5-17	3
2011-5-10	2011-5-12	2

图 7-19　查看突出显示的单元格

7.2 制作员工出差费用申请表

员工出差费用申请表是员工申请出差费用补贴所填写的表格，该表格由公司制定，在制定的过程中可以根据单元格的内容而设置成不同的类型，并且还可以在单元格中使用 SUM 函数，让员工在输完费用后自动显示费用的总和。

原始文件：实例文件\第 7 章\原始文件\员工出差费用申请表.xlsx

最终文件：实例文件\第 7 章\最终文件\员工出差费用申请表.xlsx

7.2.1 自定义日期格式

日期是 Excel 中常见的数据类型之一，在员工出差费用申请表中，用户除了可以使用默认的短日期（例如 2011 年 6 月 12 日）和长日期格式（例如 2011 年 6 月 12 日星期日）外，还可以将出差日期对应的单元格格式自定义为所需的日期格式，具体的操作步骤如下。

STEP 01 单击"设置单元格格式"命令。打开随书光盘\实例文件\第 7 章\原始文件\员工出差费用申请表.xlsx，右击 B6 单元格，在弹出的快捷菜单中单击"设置单元格格式"命令，如图 7-20 所示。

STEP 02 自定义日期格式。弹出"设置单元格格式"对话框，在"分类"列表框中单击"自定义"选项，在"类型"列表框中选择合适的日期格式，例如单击 yyyy-m-d 选项，单击"确定"按钮，如图 7-21 所示。

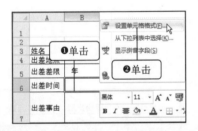

图 7-20　单击"设置单元格格式"命令

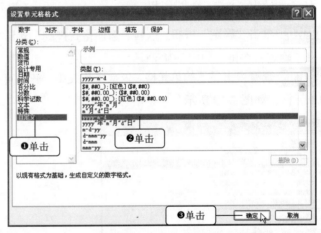

图 7-21　自定义日期格式

STEP 03 输入出差日期。返回工作表中，在 B6 单元格中输入出差日期，例如输入 6-12，如图 7-22 所示。

STEP 04 查看显示的出差日期。按【Enter】键后便可看见显示的出差日期，如图 7-23 所示。

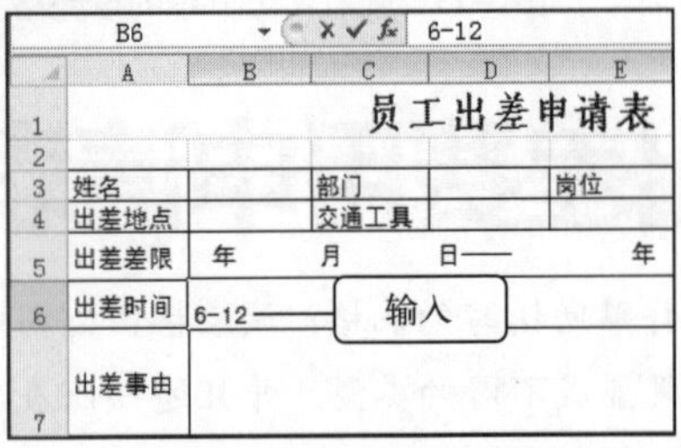

图 7-22　输入出差日期

图 7-23　查看显示的出差日期

7.2.2　应用会计格式

会计格式是单元格格式中表示货币值的一种，应用了会计格式的单元格所显示的货币值具有货币符号左对齐，货币数字右对齐的特点，这样会使表格更加整齐、专业。在员工出差费用申请表中，用户可将"交通费"、"住宿费"、"膳食费"、"其他"和"合计"下方的单元格格式设置为会计格式，具体的操作步骤如下。

STEP 01 单击"单元格格式"命令。拖动选择 B9:F12 单元格区域，右击任一单元格，从弹出的快捷菜单中单击"设置单元格格式"命令，如图 7-24 所示。

STEP 02 选择会计专用格式。弹出"设置单元格格式"对话框，在"分类"列表框中单击"会计专用"选项，在右侧设置小数位数为"2"，货币符号为"￥"，如图 7-25 所示。

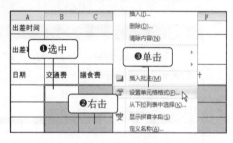

图 7-24　单击"单元格格式"命令

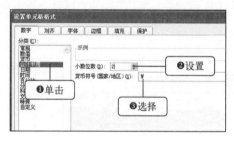

图 7-25　选择会计专用格式

STEP 03 查看输入货币数值后的显示效果。单击"确定"按钮后返回主界面。选中 B9 单元格，在编辑栏中输入 100.5，按下【Enter】键后可在 B9 单元格中看见对应的显示效果，如图 7-26 所示。

图 7-26　查看输入货币数值后的显示效果

技术拓展　会计专用格式与货币格式的区别

会计专用格式和货币格式都是用于显示货币数值，但是两者有着明显的区别：使用货币格式的单元格内容具有右对齐的特点，使用会计专用格式的单元格具有货币符号左对齐，货币数值右对齐的特点。应用会计专用格式的单元格如果显示"￥　-"，则表示显示数值 0，而应用货币格式的单元格则会将数值 0 显示成"￥0.00"，如图 7-27 所示。

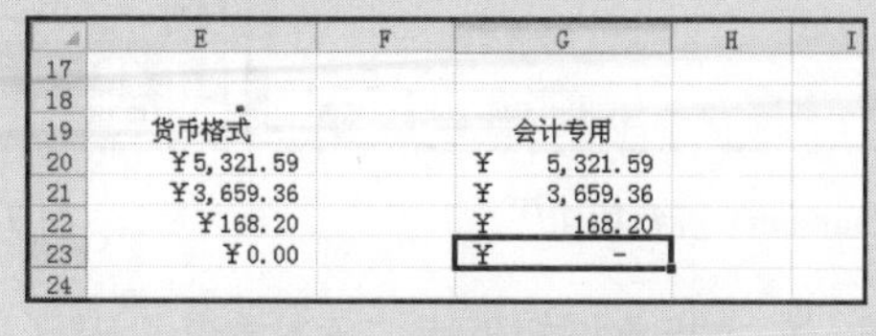

图 7-27　会计专用格式与货币格式

7.2.3　自动计算差旅费用

员工的差旅费用主要包括交通费、住宿费和膳食费，用户可在合计一栏中插入 SUM 函数，用于计算差旅费的总和。插入 SUM 函数后，在输入货币数值的过程中，Excel 会自动利用插入的函数计算总的费用。

STEP 01 单击"插入函数"按钮。选中 F9 单元格，切换至"公式"选项卡下，单击"函数库"组中的"插入函数"按钮，如图 7-28 所示。

STEP 02 选择 SUM 函数。弹出"插入函数"对话框，在"或选择类别"下拉列表中选择"数学与三角函数"，在"选择函数"列表框中选择 SUM 函数，选中后单击"确定"按钮，如图 7-29 所示。

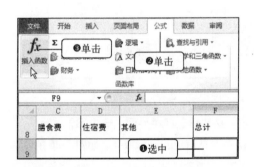

图 7-28　单击"插入函数"按钮

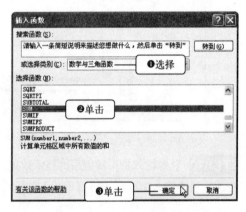

图 7-29　选择 SUM 函数

STEP 03 单击 Number1 折叠按钮。弹出"函数参数"对话框，单击 Number1 右侧的折叠按钮，如图 7-30 所示。

STEP 04 选择单元格区域。将指针移动至工作表中，拖动选择 B9:E9 单元格区域，如图 7-31 所示。

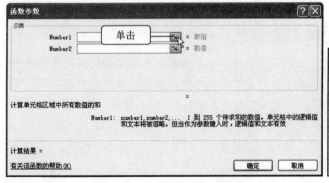

图 7-30　单击 Number1 折叠按钮

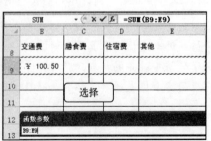

图 7-31　选择单元格区域

STEP 05 单击"确定"按钮。单击折叠按钮返回"函数参数"对话框，确认设置的 Number 参数无误后单击"确定"按钮，如图 7-32 所示。

STEP 06 复制公式。返回工作表中，将指针移至 F9 单元格右下角，拖动鼠标，当指针移至 F12 单元格时释放鼠标左键，如图 7-33 所示。

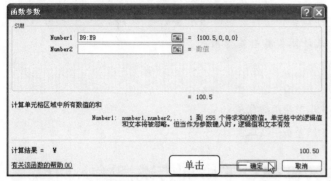

图 7-32　单击"确定"按钮　　　　　　　　　图 7-33　复制公式

STEP 07 插入 SUM 函数。选中 B12 单元格，使用相同的方法插入 SUM 函数，并且设置 Number1 参数的值为 B9:B11，如图 7-34 所示。

STEP 08 复制公式。将指针移至 B12 单元格右下角，按住鼠标左键不放并拖动鼠标，拖动至 E12 单元格处释放鼠标左键，如图 7-35 所示，此时若在 B9:E11 单元格区域中输入数据，在 F 列和第 12 行中将自动计算出各自的总费用。

图 7-34　插入 SUM 函数　　　　　　　　　图 7-35　复制公式

员工出差要注意的事项

　　对于即将出差的员工，一定要注意填写出差申请表、出差费用相关的事项，大致有以下三点。

　　一、在出差前填写"出差申请表"，期限由主管按需予以核定，并按程序审核。

　　二、凭"出差申请单"向财务部预支一定数额的差旅费。返回后一周内填写"出差旅费报告单"并结清暂付款，在一周之后报销的员工，财务部应当从月薪中扣除，待报销时一并核付。

　　三、差旅费中"实报"部分不得超出合理数额，对特殊情况应由出差人出具证明，否则财会人员有权拒绝受理。

办公指导

7.3 ◎ 填写员工出差费用结算表

员工出差费用结算表是员工申请出差经费补贴所填写的表格之一，该表格需要员工将自己出差的费用进行归类和结算。填写该表格的用户可以通过数据有效性来输入数据，通过输入公式来计算各类出差费用。

原始文件：实例文件\第 7 章\原始文件\员工出差费用结算表.xlsx
最终文件：实例文件\第 7 章\最终文件\员工出差费用结算表.xlsx

7.3.1　使用数据有效性建立下拉列表选择输入日期

数据有效性用于定义在单元格中可以输入哪些数据，配置数据有效性可以防止用户输入无效数据，可提高输入的效率和准确性。这里介绍利用数据有效性建立的序列来填充出差日期的操作步骤。

STEP 01 选中单元格区域。打开随书光盘\实例文件\第 7 章\原始文件\员工出差费用结算表.xlsx，拖动选择 A4:A9 单元格区域，如图 7-36 所示。

STEP 02 单击"数据有效性"选项。切换至"数据"选项卡下，单击"数据工具"组中"数据有效性"右侧的下三角按钮，从展开的下拉列表中单击"数据有效性"选项，如图 7-37 所示。

图 7-36　选中单元格区域

图 7-37　单击"数据有效性"选项

STEP 03 设置有效性条件。弹出"数据有效性"对话框，在"允许"下拉列表中选择"序列"，在"来源"文本框中输入"6-2,6-3,6-4,6-5,6-6,6-7"，单击"确定"按钮，如图 7-38 所示。

STEP 04 填充日期值。返回工作表中，单击 A4 单元格右侧的下三角按钮，从展开的下拉列表中选择日期值，例如选择"6 月 2 日"，如图 7-39 所示。

STEP 05 填充其他单元格的日期值。使用相同的方法填充分别填充 A5、A6、A7、A8、A9 单元格中的日期值，如图 7-40 所示。

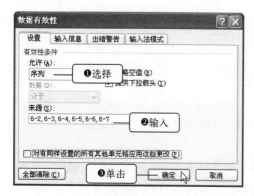

图 7-38　设置有效性条件

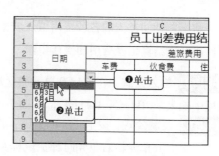

图 7-39　填充日期值

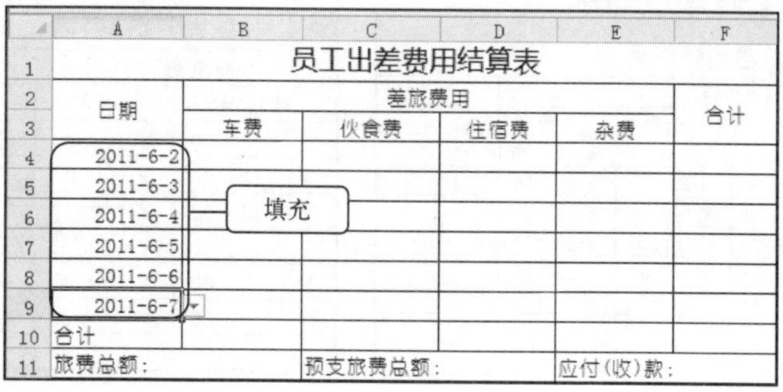

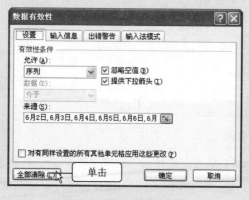

图 7-40　填充其他单元格的日期值

技术拓展　**删除数据有效性**

如果不希望单元格中显示已设置的数据有效性，则可以将它删除。选中整个工作表或某一个单元格，然后在打开的"数据有效性"对话框中单击"全部清除"按钮即可，如图 7-41所示。其中选中整个工作表后执行的清除操作将会删除整个工作表的数据有效性，而在选中某个单元格后执行的清除操作则是删除该单元格的数据有效性。

图 7-41　删除数据有效性

7.3.2　使用公式结算出差费用

将出差期间每天的各种费用填入表格中，然后就可以利用公式计算出差的总费用。下面介绍使用公式结算出差费用的操作步骤。

STEP 01 输入公式。在 B4:E9 单元格区域中分别输入对应的差旅费用，选中 F4 单元格，在编辑栏中输入"=B4+C4+D4+E4"，如图 7-42 所示。

STEP 02 复制公式。按下【Enter】键，将指针移至单元格右下角，按住鼠标左键拖动鼠标，当指针移至 F10 单元格右下角时释放鼠标左键，便可看见如图 7-43 所示的计算结果。

图 7-42　输入公式

图 7-43　复制公式

STEP 03 输入公式。选中 B10 单元格，在编辑栏中输入"=B4+B5+B6+B7+B8+B9"公式，如图 7-44 所示。

STEP 04 复制公式。按下【Enter】键，将指针移至 B10 单元格右下角，按住鼠标左键拖动鼠标至 F10 单元格，释放鼠标左键后可看见如图 7-45 所示的计算结果。

图 7-44　输入公式

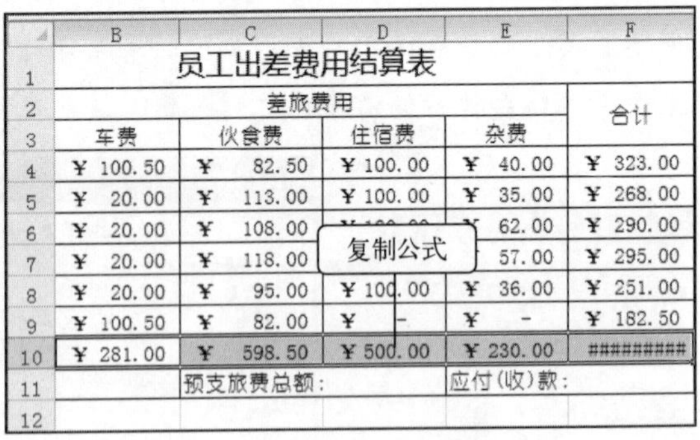

图 7-45　复制公式

STEP 05 输入公式。当发现 F10 单元格显示"#########"时，可能是由于列宽不足而造成的，将指针移至 F 列的最顶端，拖动鼠标调整列宽，调整后便可看见显示的费用金额，选中 F11 单元格，输入公式"=B11–D11"，如图 7-46 所示。

STEP 06 查看计算结果。按下【Enter】键后分别在 B11 和 D11 单元格中输入旅费总额和预支旅费总额，输完并按下【Enter】键后可看见 F11 单元格中计算的结果，如图 7-47 所示。

	B	C	D	E	F
1	员工出差费用结算表				
2	差旅费用				合计
3	车费	伙食费	住宿费	杂费	
4	¥ 100.50	¥ 82.50	¥ 100.00	¥ 40.00	¥ 323.00
5	¥ 20.00	¥ 113.00	¥ 100.00	¥ 35.00	¥ 268.00
6	¥ 20.00	¥ 108.00	¥ 100.00	¥ 62.00	¥ 290.00
7	¥ 20.00	¥ 118.00	¥ 100.00	¥ 57.00	输入
8	¥ 20.00	¥ 95.00	¥ 100.00	¥ 36.00	
9	¥ 100.50	¥ 82.00	¥ –	¥ –	¥ 182.50
10	¥ 281.00	¥ 598.50	¥ 500.00	¥ 230.00	¥ 1,609.50
11	预支旅费总额			应付(收)款	=B11-D11

图 7-46 输入公式

	A	B	C	D	E	F
1	员工出差费用结算表					
2	日期	差旅费用				合计
3		车费	伙食费	住宿费	杂费	
4	2011-6-2	¥ 100.50	¥ 82.50	¥ 100.00	¥ 40.00	¥ 323.00
5	2011-6-3	¥ 20.00	¥ 113.00	¥ 100.00	¥ 35.00	¥ 268.00
6	2011-6-4	¥ 20.00	¥ 108.00	¥ 100.00	¥ 62.00	¥ 290.00
7	2011-6-5	¥ 20.00	¥ 118.00	¥ 100.00	¥ 57.00	¥ 295.00
8	2011-6-6	¥ 20.00	¥ 95.00	¥ 100.00	¥ 36.00	¥ 251.00
9	2011-6-7	¥ 100.50	¥ 82.00	¥ –	¥ –	¥ 182.50
10	合计	¥ 281.00	¥ 598.50	¥ 500.00	¥ 230.00	¥ 1,609.50
11	旅费总额:	¥ 1,609.50	预支旅费总额:	¥1,500.00	应付(收)款	¥ 109.50
12						
13					计算结果	
14						

图 7-47 查看计算结果

差旅费用报销单据的要求

办公指导

出差的员工在回公司后一定要注意：并非出差过程中所有的费用单据都可以报销，其报销单据主要有以下三个要求。

一、住宿费票据应为盖有"财务专用章"或"发票专用章"由地方税务部门或财政部门审批统一印制的发票，并且票据中需有明确的住宿天数、房间及入住人数信息。

二、对于无法证明是用于招待客户的餐费票据，一律不予报销。

三、发票或原始收据等应填写清晰、完整，且正面一律不得写字及涂改。

第 8 章
员工薪资的计算核发

　　薪资是指公司支付给员工的劳动报酬，是公司成本费用的重要组成部分。薪资主要由基本薪资、业绩提成组成，并且还要扣除迟到、请假等应扣费用。员工薪资的计算可通过 Excel 2010 来实现，首先可以设计员工工资表，接着分别对业绩提成、考勤应扣费用进行计算，得出每位员工的实发薪资后便可进行核发。

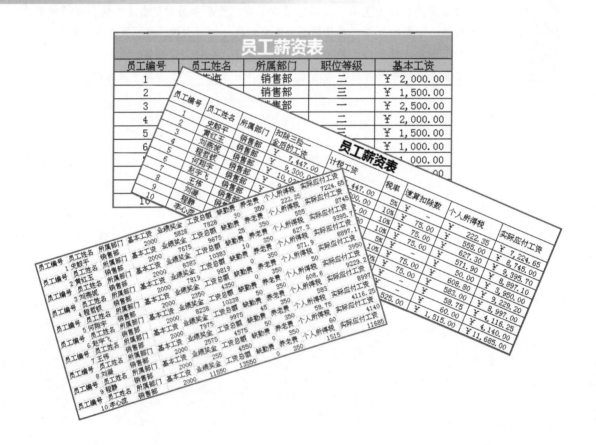

8.1 ⓒ 计算员工基本工资

　　员工的基本工资是员工薪资的重要组成部分之一，员工在公司的职位不同，其底薪可能就会不一样，因此可以在 Excel 2010 设计表格并利用函数来快速填充员工的基本工资。在设计该表格时，用户可以套用 Excel 提供的单元格样式和表格格式，为了使表格的外观具有专业水准，也可以将套用表格的单元格区域转换成普通区域。

原始文件：实例文件\第 8 章\原始文件\员工基本工资表.xlsx
最终文件：实例文件\第 8 章\最终文件\员工基本工资表.xlsx

8.1.1　套用单元格样式

　　Excel 2010 提供了大量的单元格样式，主要包括数据和模型、标题以及主标题单元格样式。如果对这些单元格样式不太满意，则可在这些默认样式的基础上进行修改，然后再套用修改后的单元格样式。这里以员工薪资表中的标题行为例介绍套用单元格样式的操作方法。

01 修改单元格样式

　　在员工薪资表中，用户可以将 Excel 2010 提供的单元格样式套用到单元格中。这些单元格样式并非固定不变，如果对某一单元格样式的字体、背景色不满意，则可以在该样式的基础上进行修改，具体的操作步骤如下。

STEP 01 **选择要修改的单元格样式**。打开随书光盘\实例文件\第 8 章\原始文件\员工基本工资表.xlsx，切换至"开始"选项卡下，单击"单元格样式"下三角按钮，在展开的下拉列表中选择要修改的单元格样式并右击，从弹出的快捷菜单中单击"修改"命令，如图 8-1 所示。

STEP 02 **单击"格式"按钮**。弹出"样式"对话框，此时可看见样式包括的内容，单击"格式"按钮，如图 8-2 所示。

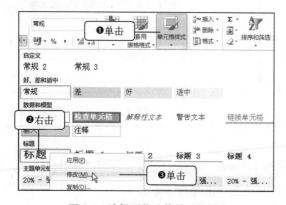

图 8-1　选择要修改的单元格样式

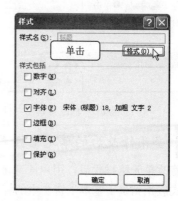

图 8-2　单击"格式"按钮

STEP 03 修改对齐方式。弹出"设置单元格格式"对话框，在"文本对齐方式"下方设置水平对齐为"居中"，垂直对齐为"居中"，在"文字方向"下拉列表中选择"根据内容"，如图 8-3 所示。

STEP 04 修改字体属性。切换至"字体"选项卡下，在"字体"列表框中选择所需的字体，例如选择"微软雅黑"，在"字形"列表框中单击"加粗"选项，在"字号"列表框中选择字号的大小，例如选择"18"，在"颜色"下拉列表中选择字体的颜色，例如选择"白色"，如图 8-4 所示。

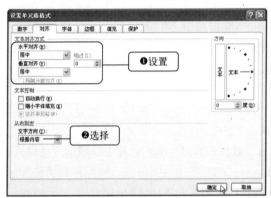

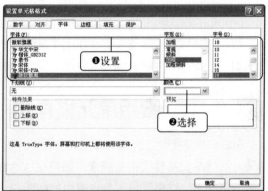

图 8-3　修改对齐方式　　　　　　　　　图 8-4　修改字体属性

STEP 05 修改背景色。切换至"填充"选项卡下，在"背景色"图形列表框中选择单元格的背景色，例如选择"浅绿色"，单击"确定"按钮，如图 8-5 所示。

STEP 06 保存修改的单元格样式。返回"样式"对话框，直接单击"确定"按钮保存修改的单元格样式，如图 8-6 所示。

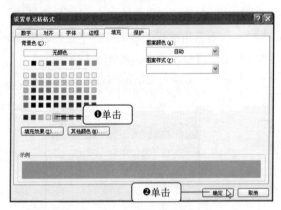

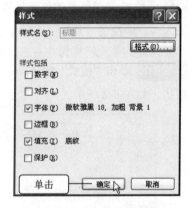

图 8-5　修改背景色　　　　　　　　　图 8-6　保存修改的单元格样式

02 套用修改后的单元格样式

　　修改单元格样式后，用户便可将其应用到对应的单元格中。这里将修改后的"标题"单元格样式应用到员工基本工资表中的标题行单元格，具体的操作步骤如下。

STEP 01 **套用修改后的单元格样式。**选中 A1 单元格，单击"单元格样式"下三角按钮，从展开的下拉列表中选择修改后的单元格样式，这里选择"标题"样式，如图 8-7 所示。

STEP 02 **查看套用后的显示效果。**执行上一步操作后可在薪资表中看见套用单元格样式后的显示效果，如图 8-8 所示。

图 8-7　套用修改后的单元格样式

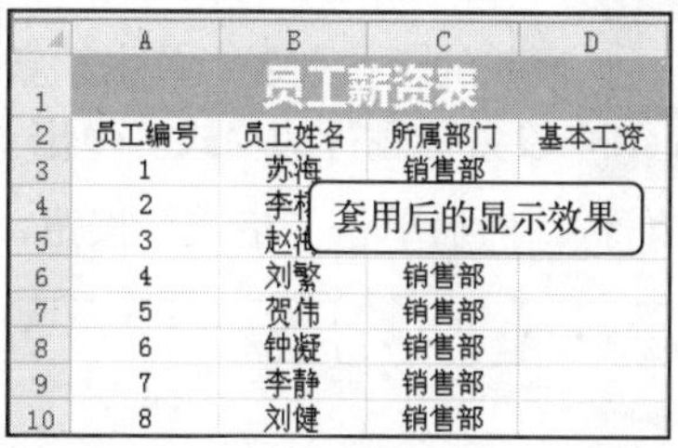

图 8-8　查看套用后的显示效果

技术拓展　合并单元格样式

当用户需要将当前工作簿中设置的单元格样式共享给其他工作簿时，则可以通过"合并单元格样式"来实现。这样可以提高用户的效率，不用在每个工作簿中创建或修改单元格样式。单击"单元格样式"下三角按钮，从展开的下拉列表中单击"合并样式"，如图 8-9 所示，弹出"合并样式"对话框，在"合并样式来源"列表框中选择工作簿，然后单击"确定"按钮即可，如图 8-10 所示。

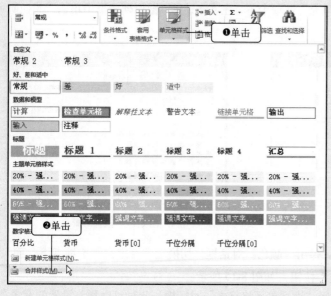

图 8-9　单击"合并样式"选项

图 8-10　合并样式

8.1.2　套用表格格式

设置了首行单元格后，接下来可以将其他单元格看做是一个表格，将 Excel 中预定义的表样式套用在表格中。如果对预定义的表样式不喜欢，用户可以自定义新的表样式，然后将其套用在表格中，具体的操作步骤如下。

STEP 01 单击"新建表样式"选项。切换至"开始"选项卡下，单击"套用表格格式"下三角按钮，从展开的下拉列表中单击"新建表样式"选项，如图 8-11 所示。

STEP 02 设置标题行的格式。弹出"新建表快速样式"对话框，在"表元素"列表框中选中"标题行"，然后单击"格式"按钮，如图 8-12 所示。

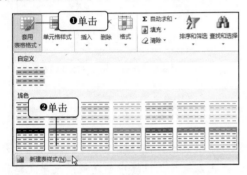

图 8-11　单击"新建表样式"选项

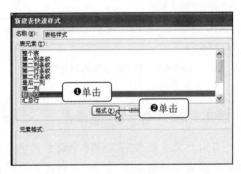

图 8-12　设置标题行的格式

STEP 03 设置边框。弹出"设置单元格格式"对话框，切换至"边框"选项卡下，选择边框样式，设置边框颜色为"黑色"，在"预置"下方单击"外边框"和"内部"按钮，如图 8-13 所示。

STEP 04 设置背景。切换至"填充"选项卡下，在"背景色"图形列表框中单击"其他颜色"按钮，如图 8-14 所示。

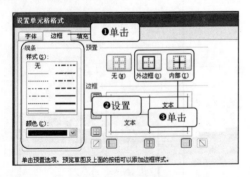

图 8-13　设置边框

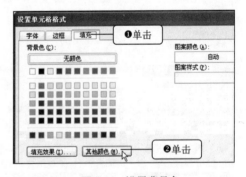

图 8-14　设置背景色

STEP 05 设置背景色的 RGB 值。弹出"颜色"对话框，切换至"自定义"选项卡下，输入标题行颜色的 RGB 值，单击"确定"按钮，如图 8-15 所示。

STEP 06 单击"确定"按钮。返回"设置单元格格式"对话框，此时可以预览设置的背景色，单击"确定"按钮，如图 8-16 所示。

STEP 07 设置整个表的格式。返回"修改表快速样式"对话框，此时可在右侧预览设置后的效果，在"表元素"列表框中选中"整个表"选项，单击"格式"按钮，如图 8-17 所示。

STEP 08 设置边框。弹出"设置单元格格式"对话框，切换至"边框"选项卡下，选择边框的样式和颜色，在"预置"下方单击"外边框"和"内部"按钮。如图 8-18 所示。

图 8-15　设置背景色的 RGB 值

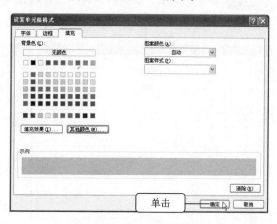

图 8-16　单击"确定"按钮

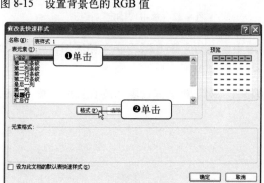

图 8-17　设置整个表的格式

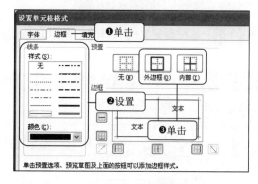

图 8-18　设置边框

STEP 09 设置背景色。切换至"填充"选项卡下，在"背景色"图形列表框中单击"其他颜色"按钮，如图 8-19 所示。

STEP 10 设置颜色的 RGB 值。弹出"颜色"对话框，切换至"自定义"选项卡下，输入颜色的 RGB 值，单击"确定"按钮，如图 8-20 所示。

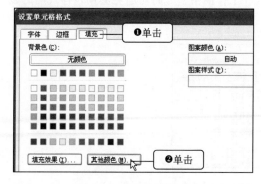

图 8-19　设置背景色

图 8-20　设置颜色的 RGB 值

STEP 11 **预览设置的背景色**。返回"设置单元格格式"对话框,在"示例"选项组中可以看到设置的背景色,单击"确定"按钮。如图 8-21 所示。

STEP 12 **单击"确定"按钮**。返回"修改表快速样式"对话框,在"预览"选项组中可以看到设置后的表样式效果,单击"确定"按钮,如图 8-22 所示。

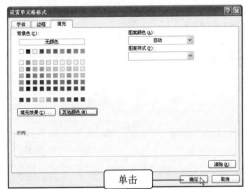

图 8-21 预览设置的背景色

图 8-22 单击"确定"按钮

STEP 13 **选择自定义的表样式**。返回 Excel 工作簿中,拖动选择 A2:I20 单元格区域,单击"套用表格格式"下三角按钮,从展开的库中选择自定义的表样式,如图 8-23 所示。

STEP 14 **保持默认的表数据来源**。弹出"套用表格式"对话框,保持默认的表数据来源,单击"确定"按钮,如图 8-24 所示。

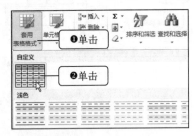

图 8-23 选择自定义的表样式

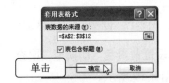

图 8-24 保持默认的表数据来源

STEP 15 **查看套用表样式后的显示效果**。返回 Excel 工作簿中,此时可看见套用表样式后的显示效果,如图 8-25 所示。

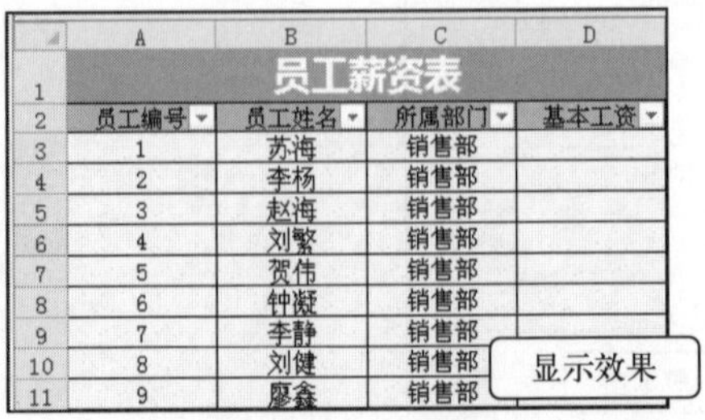

图 8-25 查看套用表样式后的显示效果

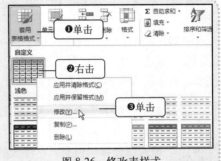

技术拓展　修改表样式

　　在 Excel 2010 中，默认的表样式是无法修改的，也无法删除，而自定义的表样式则不一样，用户可以随意删除和修改。

　　单击"套用表格格式"下三角按钮，在展开的库中选中需要修改的自定义的表样式并右击，从弹出的快捷菜单中单击"修改"命令即可进行修改，如图 8-26 所示。

图 8-26　修改表样式

 ## 8.1.3　将表格转换为普通区域

　　将员工薪资表套用表样式后会发现在功能区中出现了"表格工具-设计"标签，该标签就表示薪资表可以使用 Excel 附带的表格功能。如果用户只需要一种表样式，而不需要表格功能时，则可将表格转换为普通区域，这样既可以停止处理表格中的数据，又不会丢失套用的表样式。将表格转换为普通区域的常用方法是利用功能区实现转换，在功能区中，用户可以利用"表格工具-设计"选项卡下的"转换为普通区域"工具实现表格和普通区域的转换，具体的操作步骤如下。

STEP 01　单击"转换为区域"按钮。选中套用表样式的表格中任一单元格，切换至"表格工具-设计"选项卡下，单击"工具"组中的"转换为区域"按钮，如图 8-27 所示。
STEP 02　确认转换。弹出对话框，询问用户是否确定将表格转换为普通区域，单击"是"按钮，如图 8-28 所示。

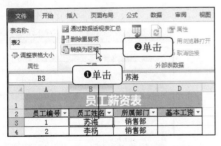

图 8-27　单击"转换为区域"按钮

图 8-28　确认转换

STEP 03　查看转换后的效果。转换后可发现功能区中的"表格工具-设计"标签消失了，即转换成功，如图 8-29 所示。

图 8-29　查看转换后的效果

8.1.4 使用 IF 嵌套函数获取基本工资

一般情况下，员工的基本工资不会发生很大的变动，这是因为员工的基本工资主要由员工的职位等级所决定，在获取员工基本工资时，用户可以员工职位等级为依据并利用 IF 嵌套函数获取，具体的操作步骤如下。

STEP 01 单击"插入"命令。右击工作表中的 D 列，从弹出的快捷菜单中单击"插入"命令，如图 8-30 所示。

STEP 02 输入职位等级信息。在插入的空白列中输入职位等级以及每位员工的职位等级信息，如图 8-31 所示。

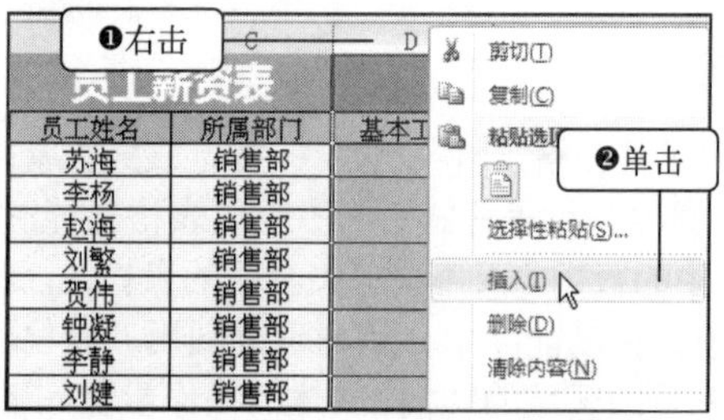

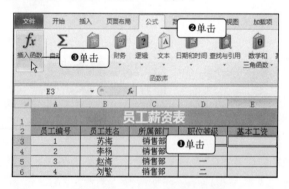

图 8-30 单击"插入"命令

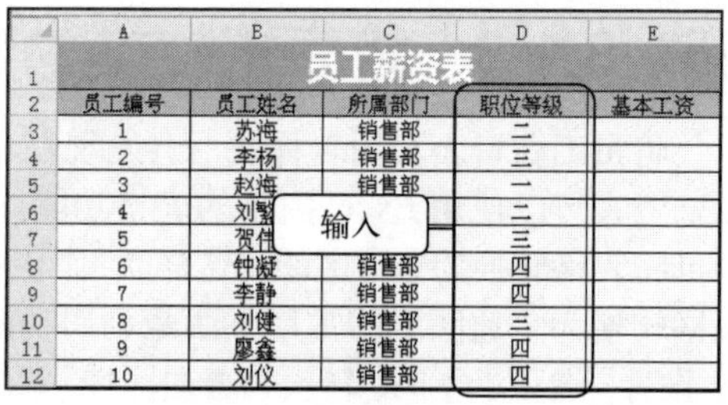

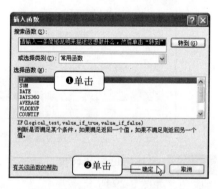

图 8-31 输入职位等级信息

STEP 03 单击"插入函数"按钮。选中 E3 单元格，切换至"公式"选项卡下，单击"函数库"中的"插入函数"按钮，如图 8-32 所示。

STEP 04 选择 IF 函数。弹出"插入函数"对话框，在"选择函数"列表框中选择 IF 函数，单击"确定"按钮，如图 8-33 所示。

图 8-32 单击"插入函数"按钮

图 8-33 选择 IF 函数

STEP 05 输入参数值。弹出"函数参数"对话框，在 Logical_test 文本框中输入'D3="一"'，在 Value_if_true 文本框中输入"2500"，在 Value_if_false 文本框中输入"IF(D3="二",2000,IF(D3="三",1500,IF(D3="四",1000,0)))"，输完后单击"确定"按钮，如图 8-34 所示。

STEP 06 复制公式。返回工作表中，此时可在 E3 单元格中看见计算的结果，将指针移至该单元格的右下角，拖动鼠标，指针向下方移动，如图 8-35 所示。

STEP 07 查看复制函数的结果。拖动至 E12 单元格处释放鼠标，在工作表中可看见复制 IF 函数后的计算结果，如图 8-36 所示。

STEP 08 设置单元格格式。选择 E3:E12 单元格区域，单击"数字"组中的下三角按钮，从展开的下拉列表中选择"会计专用"，如图 8-37 所示。

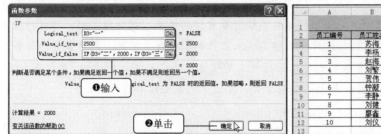

图 8-34 输入参数值

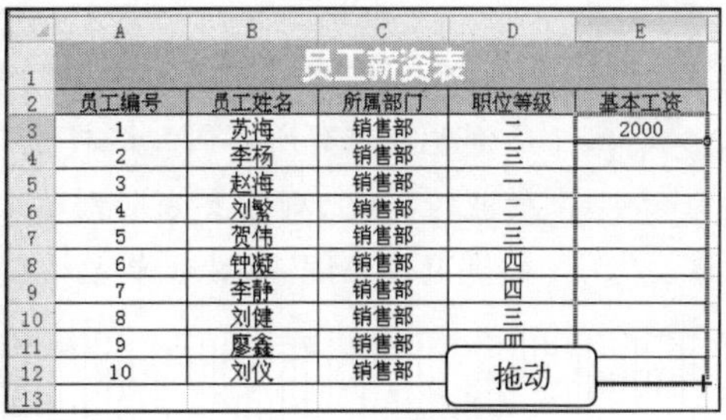

图 8-35 复制公式

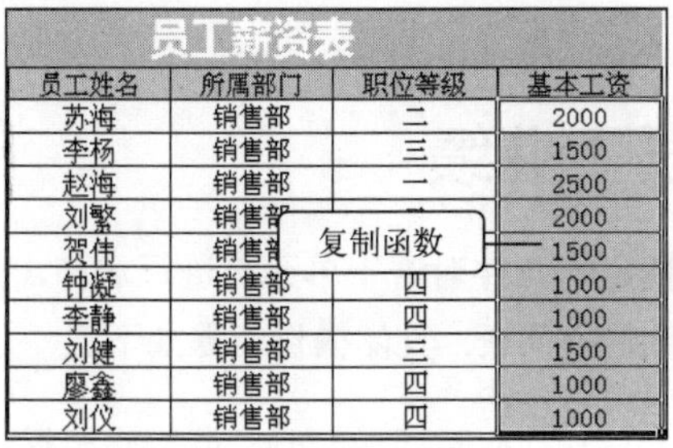

图 8-36 查看复制函数的结果

图 8-37 设置单元格格式

STEP 09 查看应用后的效果。此时可看见应用会计专用格式后的显示效果，如图 8-38 所示。

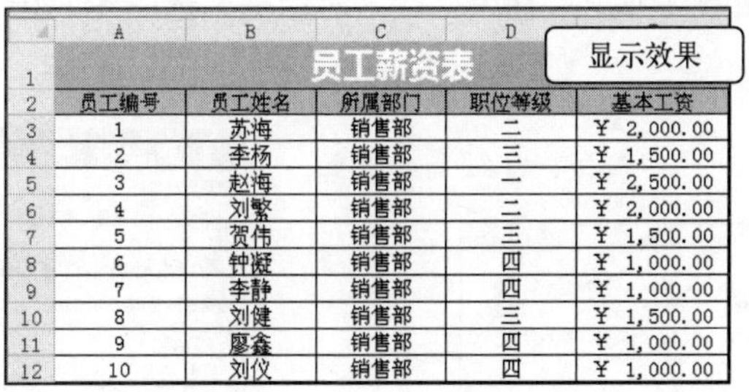

	A	B	C	D	E
1			员工薪资表		显示效果
2	员工编号	员工姓名	所属部门	职位等级	基本工资
3	1	苏海	销售部	二	￥ 2,000.00
4	2	李杨	销售部	三	￥ 1,500.00
5	3	赵海	销售部	一	￥ 2,500.00
6	4	刘繁	销售部	二	￥ 2,000.00
7	5	贺伟	销售部	三	￥ 1,500.00
8	6	钟凝	销售部	四	￥ 1,000.00
9	7	李静	销售部	四	￥ 1,000.00
10	8	刘健	销售部	三	￥ 1,500.00
11	9	廖鑫	销售部	四	￥ 1,000.00
12	10	刘仪	销售部	四	￥ 1,000.00

图 8-38 查看应用后的效果

薪资中的奖金组成

对于大部分公司而言，薪资中的奖金一般都会包括全勤奖金、绩效奖金、年终奖金三部分。

全勤奖金：每月除公司规定的休假日外，无请假、旷工、迟到、早退记录的员工都可以享有全勤奖金。

绩效奖金：也称一次性奖金，它是公司对业绩优秀的员工而给予的一笔奖金。

年终奖金：年终奖是指公司对员工一年来的工作业绩奖励，年终奖有多种发放方式，既可以是"双薪"，也可以是股票分红，同时也可以是提成。

除了前面介绍的三种奖金之外，部分公司还推出了个人奖金、团队奖金或对公司有特别贡献的奖金。

办公指导

8.2 ⓒ 计算员工业绩提成

　　员工的业绩提成与员工的销售业绩有着直接的关系，销售额不同，对应的提成比例也应该有所不同，这样才能提高员工工作的积极性。因此，用户若要计算员工的业绩提成，则需要分别列举出每位员工的销售业绩以及提成的比例，然后在 Excel 中使用 SUMIF 函数和单元格引用方式计算员工的总业绩和业绩提成。

原始文件：实例文件\第 8 章\原始文件\员工业绩提成表.xlsx
最终文件：实例文件\第 8 章\最终文件\员工业绩提成表.xlsx

8.2.1 使用 SUMIF 函数计算员工业绩

　　SUMIF 函数是条件求和函数，该函数可以根据用户指定的条件对若干单元格进行求和，在员工业绩提成表中，可以使用该函数计算每位员工的销售业绩总额，具体操作步骤如下。

STEP 01 单击"插入函数"按钮。打开随书光盘\实例文件\第 8 章\原始文件\员工业绩提成表.xlsx，在"员工业绩提成表"工作表中选中 B3 单元格，切换至"公式"选项卡下，单击"插入函数"按钮，如图 8-39 所示。

STEP 02 选择 SUMIF 函数。弹出"插入函数"对话框，选中 SUMIF 函数，然后单击"确定"按钮，如图 8-40 所示。

图 8-39　单击"插入函数"按钮

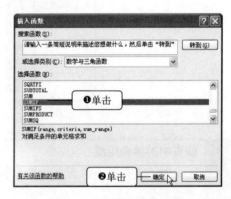

图 8-40　选择 SUMIF 函数

STEP 03 单击 Range 折叠按钮。弹出"函数参数"对话框，单击 Range 右侧的折叠按钮，如图 8-41 所示。

STEP 04 设置 Range 的值。单击"五月份销售业绩表"标签，拖动选择 C3:C11 单元格区域，如图 8-42 所示。

STEP 05 单击 Criteria 折叠按钮。单击折叠按钮还原"函数参数"对话框，单击 Criteria 右侧的折叠按钮，如图 8-43 所示。

STEP 06 设置 Criteria 的值。在"员工业绩提成表"中选中 A3 单元格，如图 8-44 所示。

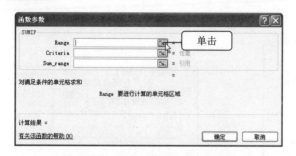

图 8-41　单击 Range 折叠按钮

图 8-42　设置 Range 的值

图 8-43　单击 Criteria 折叠按钮

图 8-44　设置 Criteria 的值

STEP 07 单击 Sum_range 折叠按钮。单击折叠按钮还原"函数参数"对话框，单击 Sum_range 右侧的折叠按钮，如图 8-45 所示。

STEP 08 设置 Sum_range 的值。单击"五月份销售业绩表"标签，拖动选择 B3:B11 单元格区域，如图 8-46 所示。

图 8-45　单击 Sum_range 折叠按钮

图 8-46　设置 Sum_range 的值

STEP 09 单击"确定"按钮。单击折叠按钮还原"函数参数"对话框，直接单击"确定"按钮，如图 8-47 所示。

STEP 10 更改 SUMIF 的参数值。返回员工业绩提成表，双击 B3 单元格，将 SUMIF 的参数值更改为"五月份销售业绩表!\$C\$3:\$C\$11,A3,五月份销售业绩表!\$B\$3:\$B\$11"，按下【Enter】键，如图 8-48 所示。

STEP 11 复制 SUMIF 函数。将指针移至 B3 单元格的右下角，拖动鼠标，使指针向下移动至 B6 单元格，如图 8-49 所示。

STEP 12 查看计算的结果。释放鼠标后可看见复制的 SUMIF 函数所计算的结果值，即每位销售员的五月份单月销售总额，如图 8-50 所示。

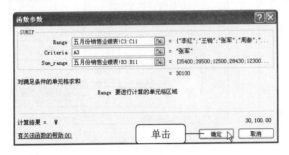

图 8-47 单击"确定"按钮

图 8-48 更改 SUMIF 的参数值

图 8-49 复制 SUMIF 函数

图 8-50 查看计算的结果

8.2.2 选择适当单元格引用方式计算业绩提成

单元格引用是 Excel 中的专业术语，它指的是单元格在工作表中地址的标识，单元格地址通常由该单元格所在的行号和列号组合而成，例如常见的 A2、B5 等等。单元格引用的方式又可根据单元格地址分为四种：相对引用、绝对引用、混合引用以及三维引用。

相对引用是 Excel 默认的单元格引用方式，相对引用的单元格地址会随着单元格的变化而变化。例如 C1 单元格中的公式为"=A1+B1"，如果将单元格 C1 中的相对引用复制到单元格 C2，则 C2 单元格中的公式为"=A2+B2"。

绝对引用与相对引用恰好相反，绝对引用的单元格地址不会随着单元格的变化而变化。绝对引用的单元格地址有一个很明显的标识，那就是其行号和列号的前面都会有一个美元符号，例如$A$2。

混合引用是指在一个单元格地址的引用中，既包含绝对地址引用，又包含相对地址引用，可以是绝对行相对列（例如 C$2），也可以是相对行绝对列（例如$C2）。

三维引用是指引用其他工作表中的单元格，三维引用的一般格式为：工作表! 单元格地址，工作表名后的"!"是 Excel 自动添加的。

下面利用业绩提成的计算来介绍怎样使用单元格引用。

STEP 01 输入公式。在员工业绩提成表中选中 C3 单元格，输入公式"=B3*"，如图 8-51 所示，其中"B3"可以直接输入，也可以在输入"="后单击 B3 单元格。

STEP 02 选择提成比例。单击"提成比例"工作表标签，在表中选择对应的提成比例，例如选择 B7 单元格，此时可在编辑栏中看见整个计算公式，如图 8-52 所示。

图 8-51　输入公式

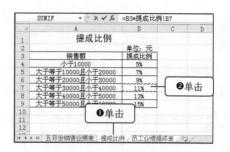

图 8-52　选择提成比例

STEP 03 查看计算的业绩提成。按下【Enter】键后可在员工业绩提成表中的 C3 单元格中看见计算的业绩提成，同时在编辑栏中可看见对应的公式，其中 B3 为相对引用，"提成比例!B7"为三维引用，如图 8-53 所示。

STEP 04 计算其他销售员的业绩提成。使用相同的方法计算其他销售员的业绩提成，计算后的显示效果如图 8-54 所示。

图 8-53　查看计算的业绩提成

图 8-54　计算其他销售员的业绩提成

8.3 计算缺勤应扣费用

考勤应扣费用主要是指员工因请假、迟到、早退和旷工而导致缺勤所扣除的费用，该笔费用会从每位员工的当月薪资中扣除，不同的缺勤原因有着不用的扣费标准。为了方便计算，用户可以在 Excel 中利用名称来计算缺勤应扣费用。

原始文件：实例文件\第 8 章\原始文件\员工缺勤明细表.xlsx
最终文件：实例文件\第 8 章\最终文件\员工缺勤明细表.xlsx

 ## 8.3.1 定义名称

名称是 Excel 工作簿中某些项目的标识符，用户在工作过程中可以为单元格、常量、图表、公式或工作表定义一个名称，已定义名称的单元格或单元格区域可以在公式或函数中直接引用。定义名称的方法有三种：利用名称框定义名称、根据选定内容定义名称、利用对话框定义名称，下面使用不同的实例分别介绍这三种方法的操作步骤。

01 利用名称框定义"事假天数"

名称框位于编辑栏的左侧，用户可直接利用名称框来定义单元格区域的名称，这里介绍利用名称框将 B3:B10 单元格区域定义为"事假天数"的具体操作步骤。

STEP 01 输入名称。打开随书光盘\实例文件\第 8 章\原始文件\员工缺勤明细表.xlsx，选中 B3:B10 单元格区域，在名称框里输入名称"事假天数"，如图 8-55 所示。

STEP 02 查看定义的名称。按下【Enter】键确认后，名称框会自动显示已定义的名称，如图 8-56 所示。

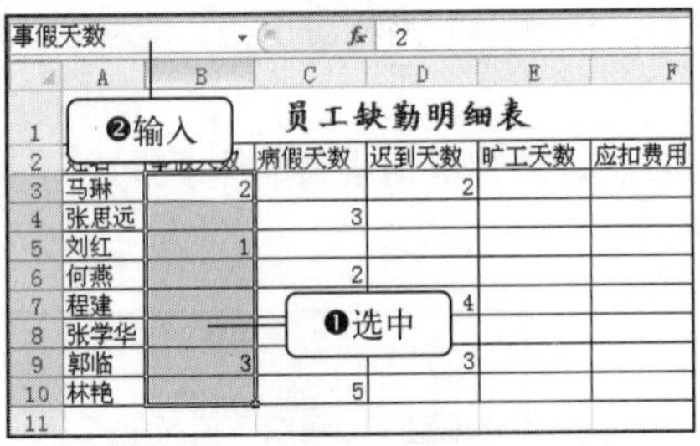

图 8-55　输入名称

图 8-56　查看定义的名称

技术拓展 **名称的命名规则**

用户在定义名称时一定要掌握其命名规则，这样才能确保定义名称时既快速，又准确。名称的命名规则主要有以下三点。

一、名称的第一个字母必须是字母、汉字或下划线。

二、名称不能与单元格名称相同，例如 C2、A4 等不能作为名称。

三、名称的长度不能超过 255 个字符；字母不区分大小写。

四、同一工作簿中定义的名称不能重复。

02 根据选定内容定义"病假天数"

根据选定内容定义名称是指 Excel 会根据用户所选择的单元格区域自动生成名称，该名称可以是选定单元格首行的内容，也可以是其他行或列的内容。下面介绍利用根据选定内容定义名称的方式定义"病假天数"的操作步骤。

STEP 01 根据所选内容定义名称。选择 C2:C10 单元格区域，切换至"公式"选项卡下，单击"根据所选内容创建"按钮，如图 8-57 所示。

STEP 02 以选定区域创建名称。弹出"以选定区域创建名称"对话框，勾选"首行"复选框，单击"确定"按钮，如图 8-58 所示。

STEP 03 查看定义后的显示名称。返回工作表，选择 C3:C10 单元格区域，此时可在名称框中看见该区域的名称为"病假天数"，如图 8-59 所示。

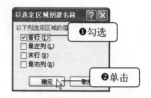

图 8-57　根据所选内容定义名称　　　　　　　　　　　　图 8-58　以选定区域创建名称

图 8-59　查看定义后的显示名称

03　利用对话框定义"迟到天数"

这里所说的对话框是指"新建名称"对话框，用户可以在该对话框中自定义名称、范围、备注和引用位置等信息。下面就介绍利用"新建名称"对话框定义"迟到天数"的操作步骤。

STEP 01　单击"定义名称"选项。切换至"公式"选项卡下，在"定义的名称"组中单击"定义名称"右侧的下三角按钮，从展开的下拉列表中单击"定义名称"选项，如图 8-60 所示。

STEP 02　设置名称和范围。弹出"新建名称"对话框，在"名称"文本框中输入名称"迟到天数"，设置范围为"工作簿"，单击"引用位置"右侧的折叠按钮，如图 8-61 所示。

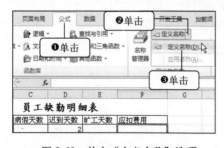

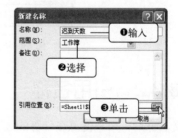

图 8-60　单击"定义名称"选项　　　　　　　　　　　　图 8-61　设置名称和范围

STEP 03　选择定义名称的单元格区域。将指针移至工作表中，拖动选择 B3:B10 单元格区域，如图 8-62 所示。

STEP 04　单击"确定"按钮。单击折叠按钮返回"新建名称"对话框，直接单击"确定"按钮，如图 8-63 所示。

图 8-62 选择定义名称的单元格区域

图 8-63 单击"确定"按钮

技术拓展 **名称的使用范围**

在设置名称的使用范围时，用户可以设置名称的使用范围为单个工作表，也可以设置为整个工作簿。

如果定义名称的使用范围为 Sheet1 工作表，则该名称在没有限定的情况下只能在 Sheet1 工作表中被识别；若想在其他工作表中识别该名称，则需要在名称前面加上工作表的名称来限定它，例如 Sheet1! 名称。

如果定义名称的使用范围为整个工作簿，则该名称在整个工作簿中都可识别，但对于其他任何工作簿中是不可识别的。

STEP 05 **查看定义名称后的显示效果**。返回工作表，选择 D3:D10 单元格区域，此时可在名称栏中看见定义的名称"迟到天数"，如图 8-64 所示，使用相同的方法将 E3:E10 单元格区域定义为"旷工天数"。

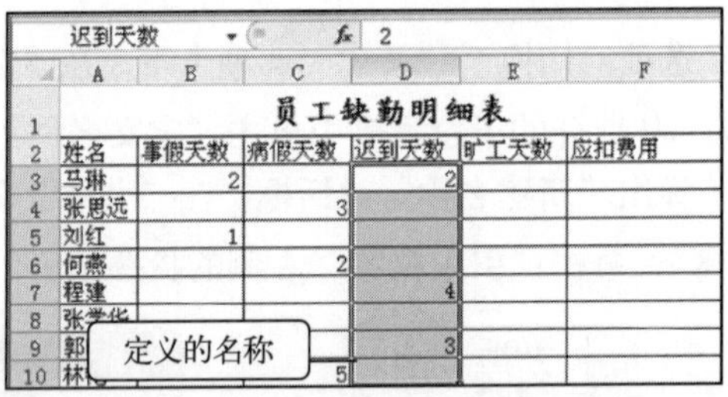

图 8-64 查看定义名称后的显示效果

8.3.2 引用名称

定义名称后，用户便可在计算的过程中引用名称进行计算，这里介绍引用定义的"事假天数"、"病假天数"、"迟到天数"和"旷工天数"来计算应扣费用的具体操作步骤。

STEP 01 **应用"事假天数"名称**。双击 F3 单元格，输入"="，切换至"公式"选项卡下，在"定义名称"组中单击"用于公式"下三角按钮，从展开的下拉列表中单击"事假天数"选项，如图 8-65 所示。

STEP 02 **应用"病假天数"名称**。在 F3 单元格中继续输入"*50+"单击"用于公式"下三角按钮，在展开的下拉列表中单击"病假天数"选项，如图 8-66 所示。

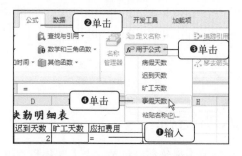

图 8-65 应用"事假天数"名称

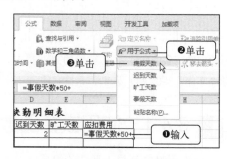

图 8-66 应用"病假天数"名称

STEP 03 应用其他名称。使用相同的方法应用其他名称，使得 F3 单元格中的公式为"=事假天数*50+病假天数*25+迟到天数*10+旷工天数*200"，如图 8-67 所示。

STEP 04 复制公式。按下【Enter】键后可看见公式的计算结果，将指针移至 F3 单元格右下角，拖动鼠标，当指针移至 F10 单元格处释放鼠标，此时即可看到复制公式后的计算结果，最后将 F3:F10 单元格应用会计专用格式，如图 8-68 所示。

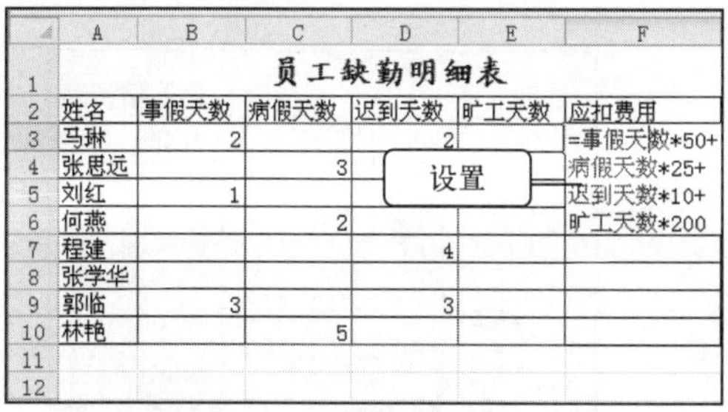

图 8-67 应用其他名称

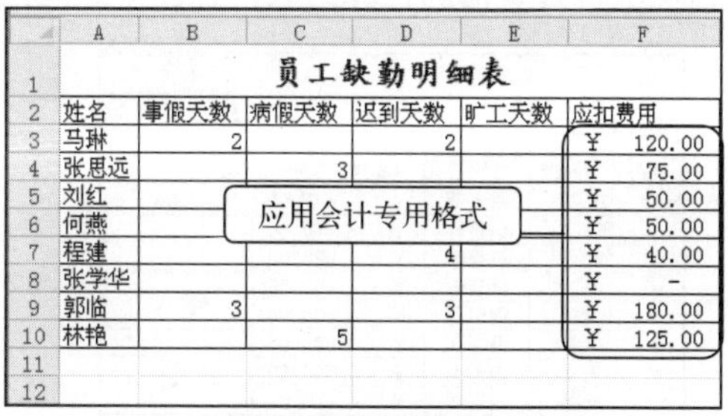

图 8-68 复制公式

技术拓展 管理定义的名称

在 Excel 2010 中，已经定义过的名称都被放置在名称管理器中，如图 8-69 所示。用户可在"名称管理器"对话框中新建名称，也可以对已经存在的名称进行删除和编辑，并且还可以根据一定的条件进行筛选。

图 8-69 名称管理器

8.4 计算员工实发工资

员工的实发工资是员工的总薪资减去缺勤、个人所得税等费用后所得到的薪资，其中个人所得税的计算较为复杂，它要根据员工的薪资来按照一定的比例进行计算，计算出所有应该扣除的费用后，便可利用公式计算出员工的实发工资。

原始文件：实例文件\第 8 章\原始文件\员工实发工资表.xlsx
最终文件：实例文件\第 8 章\最终文件\员工实发工资表.xlsx

8.4.1　使用嵌套函数计算个人所得税

个人所得税是员工薪资的组成部分，只不过该部分需要上缴给征税机关，个人所得税根据员工的薪资不同而有不同的计算方法，下面利用 Excel 中的嵌套函数来计算个人所得税。

STEP 01　**输入计税工资公式**。打开随书光盘\实例文件\第 8 章\原始文件\计算员工实发工资.xlsx，双击 E3 单元格，输入计税工资公式"=D3–3000⊖"，如图 8-70 所示。

STEP 02　**复制计税工资公式**。按【Enter】键后可计算其计税工资，将指针移至该单元格右下角，当指针呈十字状时，按住鼠标左键拖动鼠标，拖动至 E12 单元格处释放鼠标，此时即可看到复制计税工资公式后的计算结果，如图 8-71 所示。

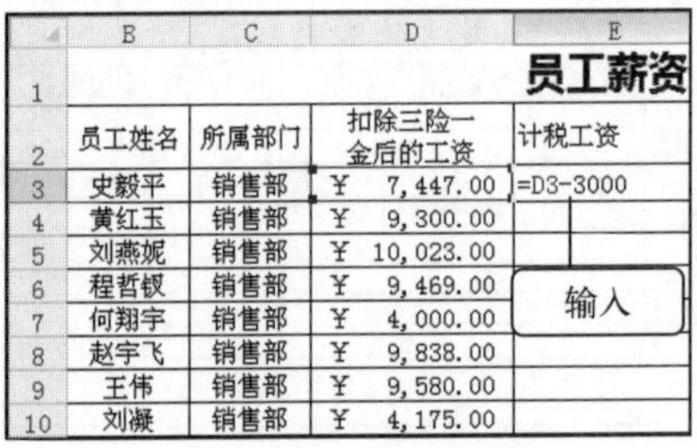

图 8-70　输入计税工资公式　　　　　　图 8-71　复制计税工资公式

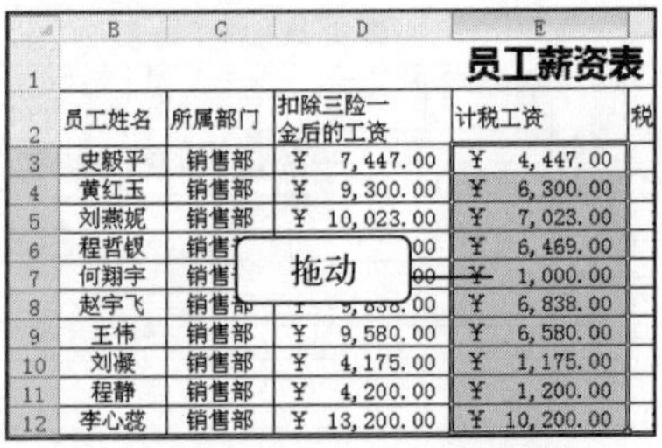

STEP 03　**插入计算税率的函数**。双击 F3 单元格，输入计算税率的 IF 函数，即=(IF(AND(E3>0, E3<4500),5%,IF(AND(E3>=4500,E3<7500),10%,IF(AND(E3>=7500,E3<=12000),20%,IF(AND(E3>= 12000,E3<=38000),25%,IF(AND(E3>=38000,E3<=58000),30%,IF(AND(E3>=58000,E3<=83000), 35%,IF(E3>83000,45%,0)))))))))，如图 8-72 所示。

STEP 04　**复制计算税率的函数**。按【Enter】键后可在 F3 单元格中看见计算的税率，将指针移至该单元格右下角，当指针呈十字状时，按住鼠标左键拖动鼠标，拖动至 F12 单元格处释放鼠标，此时即可看到复制计算税率函数后的计算结果，图 8-73 所示。

STEP 05　**插入计算速算扣除数的函数**。双击 G3 单元格，输入计算速算扣除数的 IF 函数，即 =IF(F3=5%,0,IF(F3=10%,75,IF(F3=20%,525,IF(F3=25%,975,IF(F3=30%,2725,IF(F3=35%,5475, IF(F3=45%,13475,0)))))))，如图 8-74 所示。

STEP 06　**复制计算速算扣除数的函数**。按【Enter】键后可在 G3 单元格中看见计算的速算扣除数结果，将指针移至该单元格右下角，当指针呈十字状时，按住鼠标左键拖动鼠标，拖动至 G12

⊖ 2011 年 9 月个人所得税起征点已上调至 3500，本节旨在讲述嵌套函数的应用，故未做更改。——编辑注单元格处释放鼠标，此时即可看到复制计算速算扣除数函数后的计算结果，如图 8-75 所示。

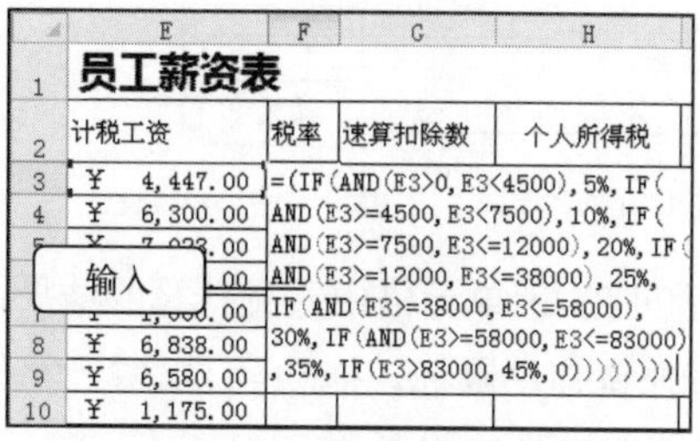

图 8-72　插入计算税率的函数

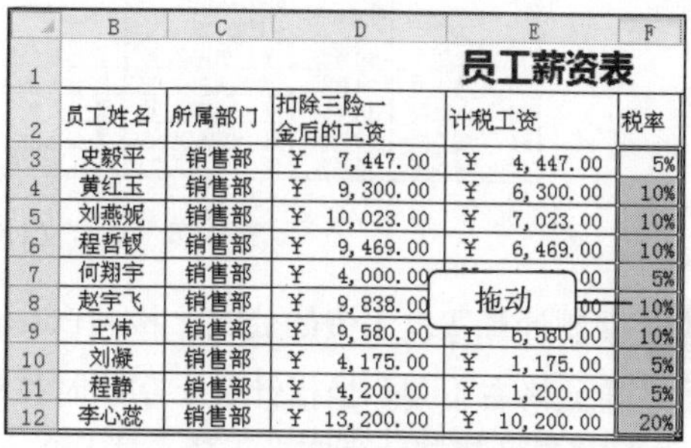

图 8-73　复制计算税率的函数

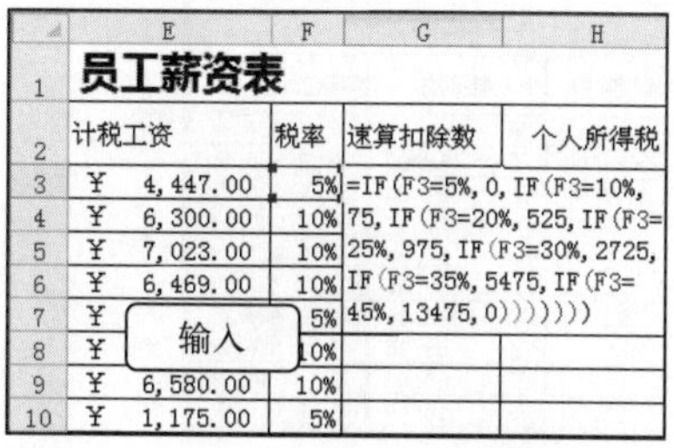

图 8-74　插入计算速算扣除数的函数

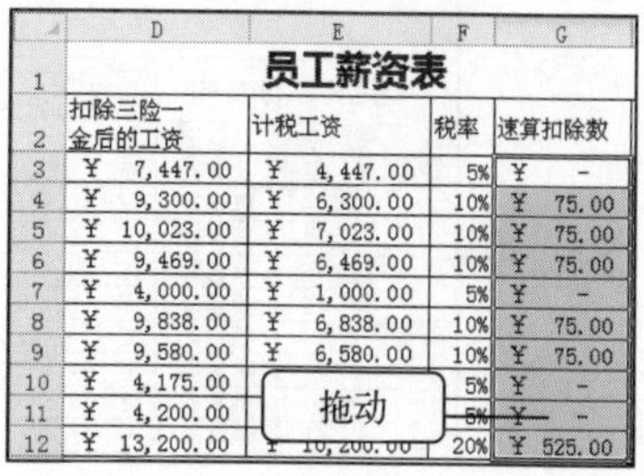

图 8-75　复制计算速算扣除数的函数

STEP 07 插入计算个人所得税的函数。双击 H3 单元格，插入计算个人所得税的 ROUND 函数并设置其参数，即"=ROUND(E3*F3−G3,2)"，如图 8-76 所示。

STEP 08 复制计算个人所得税的函数。按【Enter】键后可在 H3 单元格中看见计算的个人所得税结果，将指针移至该单元格右下角，当指针呈十字状时，按住鼠标左键拖动鼠标，拖动至 H12 单元格处释放鼠标，此时即可看到复制个人所得税后的计算结果，如图 8-77 所示。

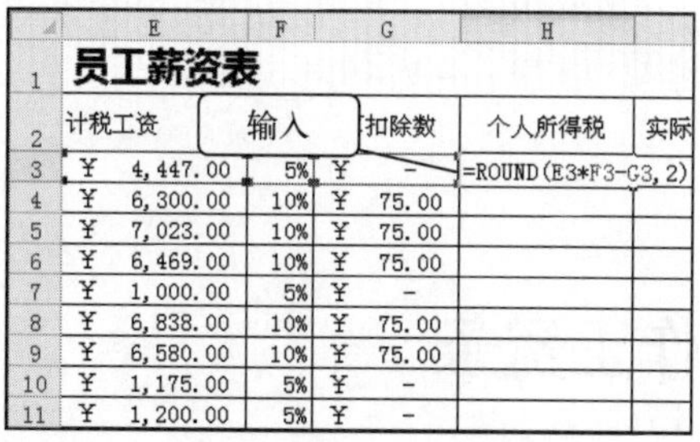

图 8-76　插入计算个人所得税的函数

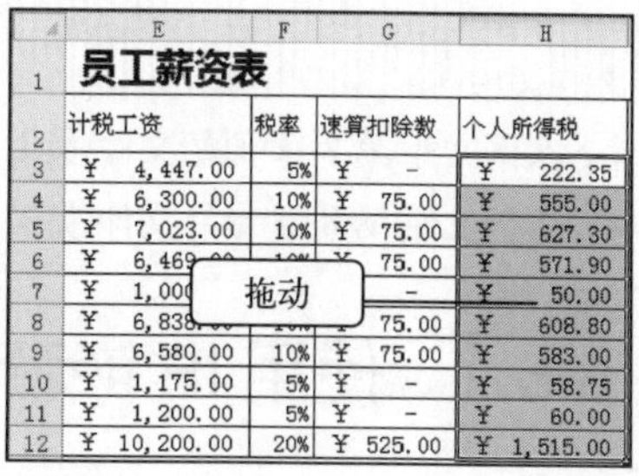

图 8-77　复制计算个人所得税的函数

8.4.2　自定义公式计算实发工资

计算出个人所得税后，就可以利用应缴个人所得税之前的工资减去扣除的个人所得税计算出实发工资，具体的操作步骤如下。

STEP 01 自定义计算实发工资的公式。双击 I3 单元格，输入计算实发工资的公式"=D3−H3"，如图 8-78 所示。

	B	C	D	E	F	G	H	I
1				**员工薪资表**				
2	员工姓名	所属部门	扣除三险一金后的工资	计税工资	税率	速算扣除数	个人所得税	实际应付工资
3	史毅平	销售部	￥ 7,447.00	￥ 4,447.00	5%	￥ —	￥ 222.35	=D3-H3
4	黄红玉	销售部	￥ 9,300.00	￥ 6,300.00	10%	￥ 75.00	￥ 555.00	
5	刘燕妮	销售部	￥ 10,023.00	￥ 7,023.00	10%	￥ 75.00	￥ 627.30	
6	程哲银	销售部	￥ 9,469.00	￥ 6,469.00	10%	￥ 75.00	￥ 571.90	
7	何翔宇	销售部	￥ 4,000.00	￥ 1,000.00	5%	￥ —	￥ 50.00	输入

图 8-78   自定义计算实发工资的公式

STEP 02 复制计算实发工资的公式。按【Enter】键后可在 I3 单元格中看见计算的结果，将指针移至 I3 单元格右下角，当指针呈十字状时按住鼠标左键拖动鼠标，拖动至 I12 单元格处释放鼠标，此时可看见复制计算实发工资公式后的计算结果，如图 8-79 所示。

	B	C	D	E	F	G	H	I
1				**员工薪资表**				
2	员工姓名	所属部门	扣除三险一金后的工资	计税工资	税率	速算扣除数	个人所得税	实际应付工资
3	史毅平	销售部	￥ 7,447.00	￥ 4,447.00	5%	￥ —	￥ 222.35	￥ 7,224.65
4	黄红玉	销售部	￥ 9,300.00	￥ 6,300.00	10%	￥ 75.00	￥ 555.00	￥ 8,745.00
5	刘燕妮	销售部	￥ 10,023.00	￥ 7,023.00	10%	￥ 75.00	￥ 627.30	￥ 9,395.70
6	程哲银	销售部	￥ 9,469.00	￥ 6,469.00	10%	￥ 75.00	￥ 571.90	￥ 8,897.10
7	何翔宇	销售部	￥ 4,000.00	￥ 1,000.00	5%	拖动	￥ 50.00	￥ 3,950.00
8	赵宇飞	销售部	￥ 9,838.00	￥ 6,838.00	10%		￥ 608.80	￥ 9,229.20
9	王伟	销售部	￥ 9,580.00	￥ 6,580.00	10%	￥ 75.00	￥ 583.00	￥ 8,997.00
10	刘嫒	销售部	￥ 4,175.00	￥ 1,175.00	5%	￥ —	￥ 58.75	￥ 4,116.25
11	程静	销售部	￥ 4,200.00	￥ 1,200.00	5%	￥ —	￥ 60.00	￥ 4,140.00
12	李心蕊	销售部	￥ 13,200.00	￥ 10,200.00	20%	￥ 525.00	￥ 1,515.00	￥11,685.00

图 8-79   复制计算实发工资的公式

8.5 ◎ 员工工资条制作与打印

在给员工发放工资时，一般需要将各员工的工资条一同发放，以便于员工了解自己的工资情况。制作员工工资条一般建议批量制作，在打印后进行裁剪即可。

原始文件：实例文件\第 8 章\原始文件\员工工资条.xlsx
最终文件：实例文件\第 8 章\最终文件\员工工资条.xlsx

 8.5.1 使用 IF 嵌套函数制作工资条

员工的工资条是将每位员工的工资情况以单独的形式显示，每条工资记录中都包含了对应的工资项目。在制作工资条时，用户可使用 IF()、MOD() 和 INDEX() 函数的嵌套来制作工资条，具体的操作步骤如下。

STEP 01 单击"插入函数"按钮。打开随书光盘\实例文件\第 8 章\原始文件\员工工资条.xlsx，单击"员工工资条"标签，选中 A1 单元格，切换至"公式"选项卡下，单击"插入函数"按钮，如图 8-80 所示。

STEP 02 选择 IF 函数。弹出"插入函数"对话框，在"或选择类别"下拉列表框中选择"常用函数"，在列表框中选择 IF 函数，单击"确定"按钮，如图 8-81 所示。

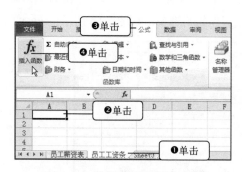

图 8-80 单击"插入函数"按钮

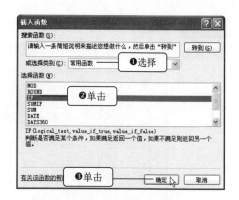

图 8-81 选择 IF 函数

STEP 03 设置 Logical_test 的值。弹出"函数参数"对话框,设置 Logical_test 的值,输入"MOD(ROW(),2)=0",如图 8-82 所示。

STEP 04 设置其他参数的值。接着设置 Value_if_true 和 Value_if_false 的值,在 Value_if_true 右侧的文本框中输入"INDEX(员工薪资表!\$A\$3:\$J\$12,INT(((ROW()+1)/2)),COLUMN())",在 Value_if_false 右侧的文本框中输入"员工薪资表!A\$2",输完后单击"确定"按钮,如图 8-83 所示。

图 8-82 设置 Logical_test 的值

图 8-83 设置其他参数的值

STEP 05 水平方向复制函数。返回工作表,此时可看见 A1 单元格显示了"员工编号",将指针移至该单元格右下角,当指针呈十字状时按住鼠标左键并拖动鼠标,如图 8-84 所示。

STEP 06 查看复制的结果。拖动至 J1 单元格处释放鼠标,此时可看见复制函数后的显示效果,如图 8-85 所示。

图 8-84 水平方向复制函数

图 8-85 查看复制的结果

STEP 07 **垂直方向复制函数**。将指针移至 J1 单元格右下角，当指针呈十字状时按住鼠标左键拖动鼠标，拖动至 J20 单元格处释放鼠标，此时可看见制作的工资条，如图 8-86 所示。

	A	B	C	D	E	F	G	H	I	J
1	员工编号	员工姓名	所属部门	基本工资	业绩奖金	工资总额	缺		税	实际应付工资
2	1	史毅平	销售部	2000	5828	7828		制作的工资条	35	7224.65
3	员工编号	员工姓名	所属部门	基本工资	业绩奖金	工资总额	缺勤费	养老费	个人所得税	实际应付工资
4	2	黄红玉	销售部	2000	7675	9675	25	350	555	8745
5	员工编号	员工姓名	所属部门	基本工资	业绩奖金	工资总额	缺勤费	养老费	个人所得税	实际应付工资
6	3	刘燕妮	销售部	2000	8383	10383	10	350	627.3	9395.7
7	员工编号	员工姓名	所属部门	基本工资	业绩奖金	工资总额	缺勤费	养老费	个人所得税	实际应付工资
8	4	程哲钗	销售部	2000	7819	9819	0	350	571.9	8897.1
9	员工编号	员工姓名	所属部门	基本工资	业绩奖金	工资总额	缺勤费	养老费	个人所得税	实际应付工资
10	5	何翔宇	销售部	2000	2350	4350	0	350	50	3950
11	员工编号	员工姓名	所属部门	基本工资	业绩奖金	工资总额	缺勤费	养老费	个人所得税	实际应付工资
12	6	赵宇飞	销售部	2000	8238	10238	50	350	608.8	9229.2
13	员工编号	员工姓名	所属部门	基本工资	业绩奖金	工资总额	缺勤费	养老费	个人所得税	实际应付工资
14	7	王伟	销售部	2000	7975	9975	45	350	583	8997
15	员工编号	员工姓名	所属部门	基本工资	业绩奖金	工资总额	缺勤费	养老费	个人所得税	实际应付工资
16	8	刘襄	销售部	2000	2575	4575	50	350	58.75	4116.25
17	员工编号	员工姓名	所属部门	基本工资	业绩奖金	工资总额	缺勤费	养老费	个人所得税	实际应付工资
18	9	程静	销售部	2000	255	4550	0	350	60	4140
19	员工编号	员工姓名	所属部门	基本工资	业绩奖金	工资总额	缺勤费	养老费	个人所得税	实际应付工资
20	10	李心蕊	销售部	2000	11550	13550	0	350	1515	11685

图 8-86　垂直方向复制函数

8.5.2　打印员工工资条

制作好员工工资条后便可开始打印操作了，在打印之前需要对页面的打印范围、纸张方向等属性进行设置，设置完毕后便可将其打印在纸张上。

STEP 01 **单击"文件"按钮**。拖动选择 A1:I20 单元格区域，单击"文件"按钮，如图 8-87 所示。

STEP 02 **设置打印范围**。在弹出的菜单中单击"打印"命令，单击"打印活动工作表"右侧的下三角按钮，从展开的下拉列表中单击"打印选定区域"选项，如图 8-88 所示。

图 8-87　单击"文件"按钮

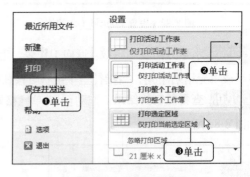

图 8-88　设置打印范围

STEP 03 **设置其他属性**。接着在下方设置纸张方向为"纵向"、纸张大小为"Envelope C5"，页边距为"窄边距"，如图 8-89 所示。

STEP 04 **打印工资条**。在"打印机"下拉列表中选择打印机，设置打印份数为"1"，最后单击"打印"按钮打印工资条，如图 8-90 所示。

图 8-89　设置其他属性

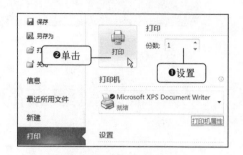

图 8-90　打印工资条

薪资设计要遵循的基本原则

　　薪资设计需要遵循公平、竞争、经济与合法的原则，只有这样才能使薪酬体系有效地实施。

　　公平原则：公平是薪酬设计的基础，只有在员工认为薪酬设计是公平的前提下，才可能产生认同感和满意度，对员工产生激励作用。

　　竞争原则：公司若想获得具有真正竞争力的优秀人才，必须制定出一套对人才具有吸引力，并在行业中具有竞争力的薪酬体系。如果企业制作的薪酬水平太低，则会造成优秀人才的流失。

　　经济原则：经济原则表面上好像与竞争原则是相互对立和矛盾的，竞争原则是提倡较高的薪酬水平，而经济原则则是提倡较低的薪酬水平。其实它们既不对立也不矛盾，它们是统一的，当两个原则同时作用于企业的薪酬体系时，竞争原则就受到经济原则的限制，这使公司不仅仅要考虑薪酬体系的竞争性，还会考虑公司承受能力的大小，利润和合理累计等问题。

　　合法原则：薪酬体系的合法性是必不可少的，合法是建立在遵守国家相关政策、法律法规和公司一系列管理制度的基础之上的，若公司的薪酬体系与现行的国家政策和法律法规、公司管理制度不相符合，则公司应该迅速进行改进，使其具有合法性。

第9章
产品销量数据的录入整理

当市场竞争已趋于同质化，销量数据的分析也成为一种趋势。为了在竞争中占据一席之地，公司常常会记录某一段时间的产品销量数据，通过对这些销量数据的排序和汇总来了解目前比较畅销的产品，也可以利用筛选的方式查看达到某些要求（例如销量数据、销量总额等）的产品，而对产品销量数据的记录、排序、汇总和筛选，都可以通过 Excel 2010 来实现。

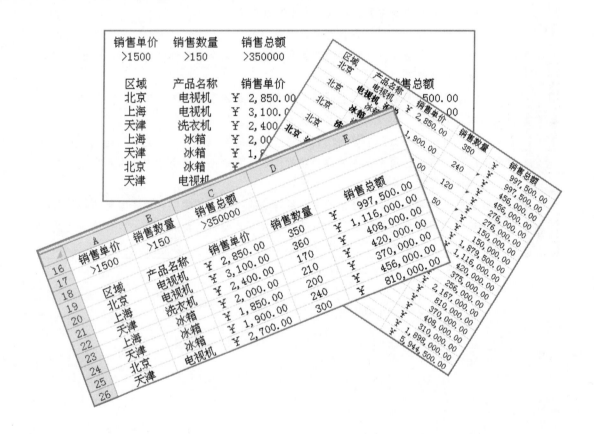

9.1 ◎ 产品销量数据快速登记

　　商业社会的激烈竞争，使得销量永远是公司较关注的焦点之一，它同时也是影响公司利润的关键因素。对于公司而言，若想提升产品的销量，首先需要对产品销量数据做好记录，以方便对该数据进行分析。

原始文件：实例文件\第 9 章\原始文件\无
最终文件：实例文件\第 9 章\最终文件\家用电器季度销量表.xlsx

9.1.1　限制输入数据的位数

　　在记录产品销量数据的过程中，用户可利用数据有效性来限制产品编号的位数，以提高输入的正确率，其具体的操作步骤如下。

STEP 01 **单击"数据有效性"选项**。新建 Excel 工作簿，选择 A2:A9 单元格区域，切换至"数据"选项卡下，单击"数据工具"组中"数据有效性"右侧的下三角按钮，在展开的下拉列表中单击"数据有效性"选项，如图 9-1 所示。

STEP 02 **设置有效性条件**。弹出"数据有效性"对话框，在"允许"下拉列表中单击"文本长度"选项，设置数据为"等于"，在"长度"下方的文本框中输入文本的长度值，例如输入"4"，如图 9-2 所示。

图 9-1　单击"数据有效性"选项

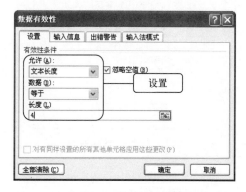

图 9-2　设置有效性条件

销售数据统计表的多种类型

　　销售数据统计表按照不同的标准可以进行不同类型的划分，以时间为标准可将销售数据统计表划分为日销售统计表、周销售统计表、月销售统计表、季度销售统计表和年销售统计表；以区域为标准可将销售表划分为东区销售表、南区销售表、西区销售表和北区销售表；而以具体的产品为标准可将销售表划分为电视机季度销售表、电冰箱季度销售表等。

办公指导

STEP 03 设置输入信息。切换至"输入信息"选项卡下，在"标题"文本框中输入显示信息的标题，例如输入"输入产品编号"，接着在"输入信息"文本框中输入具体的信息，例如输入"请输入 4 位数的产品编号！"文本，如图 9-3 所示。

STEP 04 设置出错警告。切换至"出错警告"选项卡下，选择样式为"停止"，输入标题为"输入值无效"，输入错误信息为"输入的产品编号位数不等于 4！"，单击"确定"按钮，如图 9-4 所示。

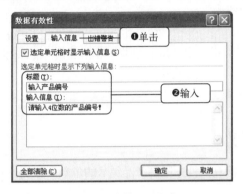

图 9-3　设置输入信息

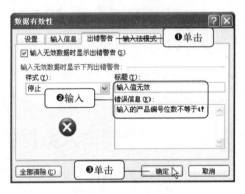

图 9-4　设置出错警告

STEP 05 输入产品编号。返回工作表界面，将指针移至 A2 单元格处可看见显示的输入信息，在 A2 单元格中输入产品编号，例如输入"0001"，如图 9-5 所示。

STEP 06 重设输入错误的单元格。若在产品编号下方的单元格中输入的数值位数不等于 4，在按【Enter】键后会弹出"输入值无效"对话框，提示用户输入的产品编号位数不等于 4，单击"重试"按钮，如图 9-6 所示。

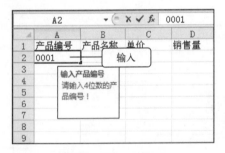

图 9-5　输入产品编号

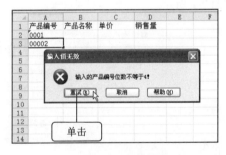

图 9-6　重设输入错误的单元格

技术拓展　确保单元格输入的内容与显示的内容一致

　　用户按照步骤 5 的操作在 A2 单元格中输入 0001 后按【Enter】键，却发现单元格显示为 1，这是由于单元格默认只能按常规数值显示。为了确保单元格显示的内容与输入内容一致，则可以将单元格格式设置为"文本"，选中要设置的单元格，单击"数字"组中的下三角按钮，在展开的文本框中单击"文本"选项，如图 9-7 所示。

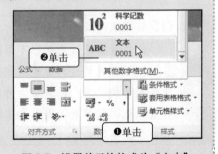

图 9-7　设置单元格格式为"文本"

STEP 07 **重新输入产品编号**。返回工作表界面，在 A3 单元格中重新输入 4 位数的产品编号，使用相同的方法在 A4:A9 单元格区域中输入对应的产品编号，接着在右侧输入产品编号对应的名称，如图 9-8 所示。

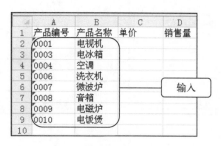

图 9-8　重新输入产品编号

9.1.2　限制销量数据的类型及范围

在销售表中输入销售量数据时，可以利用数据有效性来限制销售量数据的类型及范围，这样能提高销售量数据的输入准确性，具体的操作步骤如下。

STEP 01 **单击"数据有效性"选项**。拖动选中 D2:D9 单元格区域，切换至"数据"选项卡下，单击"数据工具"组中"数据有效性"右侧的下三角按钮，从展开的下拉列表中单击"数据有效性"选项，如图 9-9 所示。

STEP 02 **设置有效性条件**。弹出"数据有效性"对话框，在"允许"下拉列表中单击"整数"选项，设置数据为"介于"，设置最小值和最大值分别为"100"和"250"，如图 9-10 所示。

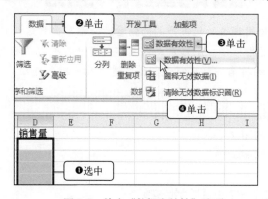

图 9-9　单击"数据有效性"选项

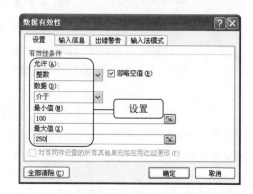

图 9-10　设置有效性条件

STEP 03 **设置输入信息**。切换至"输入信息"选项卡下，输入标题内容，例如输入"输入产品销售量"，接着在下方设置输入信息，例如输入"请输入 100 ~ 250 之间的整数"，如图 9-11 所示。

STEP 04 **设置出错警告**。切换至"出错警告"选项卡下，设置样式为"停止"，设置标题为"输入值无效"，设置错误信息为"输入的值大于 250 或小于 100"，单击"确定"按钮，如图 9-12 所示。

STEP 05 **输入各类产品的销售量**。返回工作表界面，在 D2:D9 单元格区域中按照输入信息的提示输入各类产品对应的销售量，如图 9-13 所示。

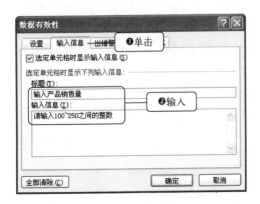
图 9-11　设置输入信息

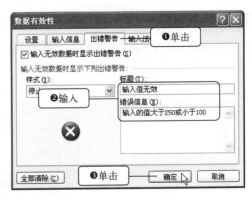
图 9-12　设置出错警告

图 9-13　输入各类产品的销售量

9.2 ⓒ 制作产品销量排行榜

　　在实际工作中，为了比较具有相同特性的同类产品的销量，经常需要对这些产品的销量进行排名，即制作产品销量排行榜。制作产品销量排行榜分两步，首先使用 RANK 函数获取各产品销量对应的排名，然后将这些排名进行升序排列即可。

原始文件：实例文件\第 9 章\原始文件\产品销量排行榜.xlsx
最终文件：实例文件\第 9 章\最终文件\产品销量排行榜.xlsx

9.2.1　使用 RANK 函数获取销量排名

　　RANK 函数是用于计算指定值在该值所在列表中的排位，用户可利用该函数来获取产品销量表中各类产品的排名，该函数的使用方法如下所示。

STEP 01 单击“插入函数”按钮。打开随书光盘\实例文件\第 9 章\原始文件\产品销量排行榜.xlsx，在 E1 单元格中输入“销量排名”，选中 E2 单元格，在“公式”选项卡下单击“插入函数”按钮，如图 9-14 所示。

STEP 02 搜索 RANK 函数。弹出"插入函数"对话框，在"搜索函数"文本框中输入 RANK，单击"转到"按钮，选中 RANK 函数，单击"确定"按钮，如图 9-15 所示。

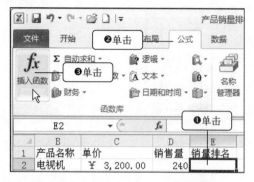

图 9-14　单击"插入函数"按钮

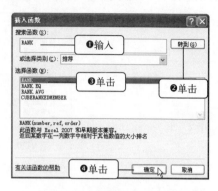

图 9-15　搜索 RANK 函数

STEP 03 设置 Number 的值。弹出"函数参数"对话框，在 RANK 选项组中的 Number 文本框中输入需要进行排名的销售量所对应的单元格地址，例如输入 D2，单击 Ref 右侧的折叠按钮，如图 9-16 所示。

STEP 04 选择单元格区域。将指针移至工作表中，拖动选择 D2:D9 单元格区域，如图 9-17 所示。

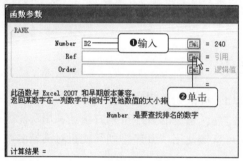

图 9-16　设置 Number 的值

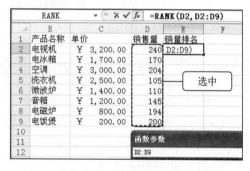

图 9-17　选择单元格区域

STEP 05 设置 Order 参数的值。单击折叠按钮后还原"函数参数"对话框，设置 Order 参数的值为"0"，单击"确定"按钮，如图 9-18 所示。

STEP 06 复制 RAND 函数。返回工作表，在 E2 单元格中可看见 RANK 函数计算出的值，将指针移至该单元格右下角，按住鼠标左键后拖动鼠标，如图 9-19 所示。

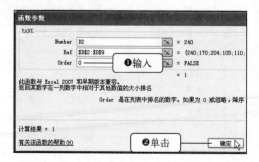

图 9-18　设置 Order 参数的值

图 9-19　复制 RAND 函数

STEP 07 查看各类产品的销量排名。拖动至 E9 单元格处释放鼠标，此时可看见各类产品所对应的销量排名，如图 9-20 所示。

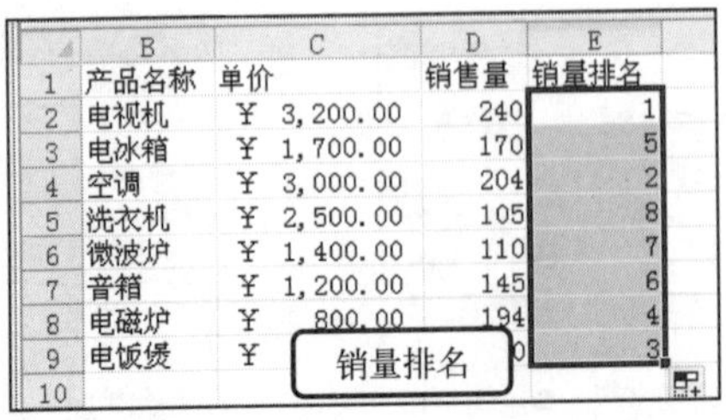

图 9-20　查看各类产品的销量排名

技术拓展　认识 RANK 函数

RANK 函数的功能是返回一个数字在它所在的数字列表中的排位。

该函数的语法为：RANK(Number，Ref，Order)

Number：该参数表示需要进行排位的数值；

Ref：该参数表示需要进行排位的数值所在的列表区域或数组；

Order：该参数用于指明数值的排位方式，如果 Order 的值为 0 或默认，则数字的排位是基于 Ref 为降序排列；如果 Order 的值不为 0，则数字的排位是基于 Ref 为升序排列。

9.2.2　按升序排列销量名次

获取产品的销量排名后，表格中的数据排列比较混乱，若想快速查看排名前三位的产品名称以及对应的销量，则可通过对该排名进行升序排列。常见的升序排列方法是利用功能区进行升序排列，在功能区的"数据"选项卡下，用户可直接使用"升序排列"按钮对销量名次进行升序排列，具体的操作步骤如下。

STEP 01 单击"升序"按钮。选中 E1 单元格，切换至"数据"选项卡下，在"排序和筛选"组中单击"升序"按钮 ，如图 9-21 所示。

STEP 02 查看升序排列后的效果。执行上一步操作后可在工作表中看见升序排列后的销量排名，排名前三的便是本季度销量最好的三类产品，如图 9-22 所示。

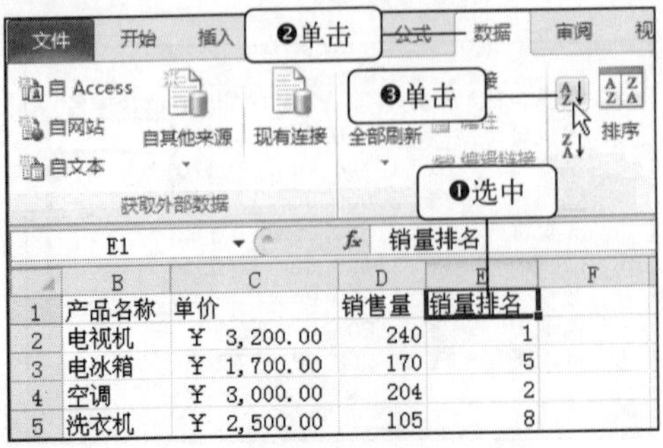

图 9-21　单击"升序"按钮

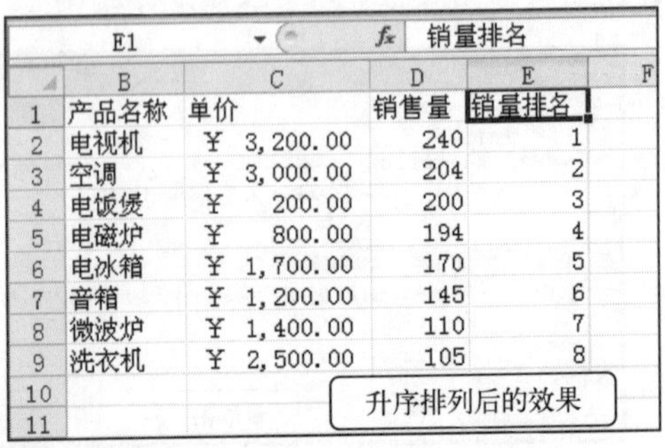

图 9-22　查看升序排列后的效果

提升销量的技巧

为了提高公司的销量，获得更多的销售利润，销售人员可以从以下八个方面做起。

一、寻找潜在顾客。很多情况下，销售人员必须拥有鉴定潜在顾客的能力，这些潜在顾客必须具备两个基本条件：愿意购买和拥有购买能力。

二、访前准备。销售人员应对他们的行业、公司产品或劳务、竞争对手和顾客等都非常熟悉，尤其是潜在顾客的个人商业信息活动。销售人员准备得越充分，成功的可能性就越大。

三、接近并与客户建立良好的关系：初次会面是销售人员与潜在顾客的首次真正会面，它也是销售过程中最重要的 30 秒，在这一阶段，销售人员需要进行大量的提问和倾听。提问有助于吸引顾客的注意力，销售人员聆听顾客的回答，可以在双方之间建立一种相互信任的关系，在倾听过程中，一旦发现问题，销售人员便可立即向顾客介绍解决问题的办法。

四、了解客户的需求。对客户的需求了解越多越细致，销售的结果就越能满足客户的要求。

五、描述产品。销售人员在与客户交流时，描述要针对客户的需求，一定要让客户知道为什么要听你讲，利益是什么，以及对他们有什么好处。

六、处理异议。销售人员必须要学会把异议视为销售过程中的正常部分，当顾客没有异议时，销售人员反而会焦虑不安，因为有异议正表明了顾客对产品是感兴趣的。

七、成交。在顾客满意的情况下完成销售，此时应该对顾客的合作表示真诚感谢。

八、回访。交易达成后继续保持与客户的联系，这对于重复销售和更大市场的开拓有着重要意义。确认客户对产品是否满意和巩固与客户的关系，对发展以后的业务是很关键的。

9.3　产品销量数据的汇总

在产品销量表中，经常会使用到分类汇总，它是对销量表中数据进行管理的重要工具，用户可以快速汇总各项数据，以方便对数据的分析。但是在汇总之前，用户需要对销量表进行排序。

原始文件：实例文件\第 9 章\原始文件\区域销量表.xlsx
最终文件：实例文件\第 9 章\最终文件\区域销量表.xlsx

 9.3.1　使用"排序"对话框排列数据

利用"排序"对话框既可以对销量表中的数据进行简单的升、降序排列，也可以进行复杂的多关键字排列。下面介绍使用"排序"对话框对销量表中的数据进行多关键字排列的操作步骤。

STEP 01 单击"排序"按钮。打开随书光盘\实例文件\第 9 章\原始文件\区域销量表.xlsx，选中数据区域中的任意单元格，切换至"数据"选项卡下，在"排序和筛选"组中单击"排序"按钮，如图 9-23 所示。

STEP 02 设置主要关键字。弹出"排序"对话框，在"主要关键字"下拉列表中选择"区域"，设置排序依据为"数值"，在"次序"下拉列表中单击"自定义序列"选项，如图 9-24 所示。

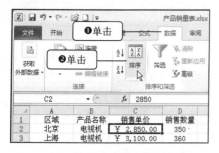

图 9-23　单击"排序"按钮

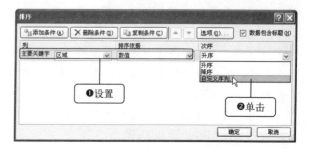

图 9-24　设置主要关键字

技术拓展　利用快捷菜单打开"排序"对话框

除了利用功能区打开"排序"对话框之外，用户还可以利用快捷菜单打开"排序"对话框，右击表格中任意单元格，在弹出的快捷菜单中依次执行"排序>自定义排序"命令即可打开"排序"对话框，如图 9-25 所示。

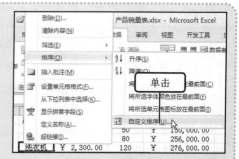

图 9-25　利用快捷菜单打开"排序"对话框

STEP 03 添加序列。弹出"自定义序列"对话框，在"输入序列"列表框中依次输入"北京、上海、天津"，单击"添加"按钮，如图 9-26 所示。

STEP 04 选中设置的序列。在"自定义序列"列表框中选中添加的序列，单击"确定"按钮，如图 9-27 所示。

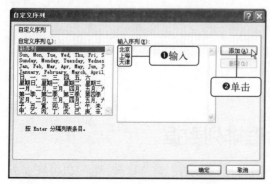

图 9-26　添加序列

图 9-27　选中设置的序列

STEP 05 **单击“添加条件”按钮**。在“排序”对话框的左上角单击“添加条件”按钮，如图 9-28 所示。

STEP 06 **设置次要关键字**。在“次要关键字”下拉列表中选择“销售单价”，设置排序依据为“数值”，在“次序”下拉列表中单击“升序”选项，如图 9-29 所示。

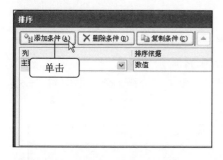

图 9-28　单击“添加条件”按钮

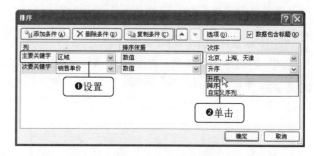

图 9-29　设置次要关键字

STEP 07 **单击“添加条件”按钮**。再次在“排序”对话框的左上角单击“添加条件”按钮，如图 9-30 所示。

STEP 08 **调整关键字顺序**。在“次要关键字”下拉列表中选择“销售总额”，设置排序依据为“数值”，在“次序”下拉列表中单击“升序”选项，选中含有“销售总额”的选项，单击“上移”按钮，如图 9-31 所示。

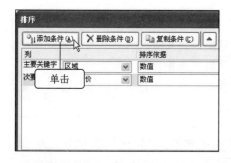

图 9-30　单击“添加条件”按钮

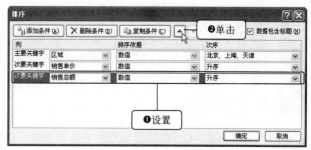

图 9-31　调整关键字顺序

STEP 09 **单击“确定”按钮**。此时可看见设置排序条件后的显示效果，单击“确定”按钮，如图 9-32 所示。

STEP 10 **查看排序后的销量表**。执行上一步操作后返回工作表界面，可看到应用排序条件后的显示效果，如图 9-33 所示。

图 9-32　单击“确定”按钮

	A	B	C	D	E
1	区域	产品名称	销售单价	销售数量	销售总额
2	北京	空调	￥ 3,000.00	50	￥ 150,000.00
3	北京	洗衣机	￥ 2,300.00	120	￥ 276,000.00
4	北京	冰箱	￥ 1,900.00	240	￥ 456,000.00
5	北京	电视机	￥ 2,850.00	350	￥ 997,500.00
6	上海	空调	￥ 3,200.00	80	￥ 256,000.00
7	上海	洗衣机	￥ 2,500.00	150	￥ 375,000.00
8	上海	冰箱	￥ 2,000.00	210	￥ 420,000.00
9	上海	电视机	￥ 3,100.00	360	￥ 1,116,000.00
10	天津	空调	￥ 3,100.00	100	￥ 310,000.00
11	天津	冰箱	￥ 1,850.00	200	￥ 370,000.00
			￥ 2,400.00	170	￥ 408,000.00
			￥ 2,700.00	300	￥ 810,000.00

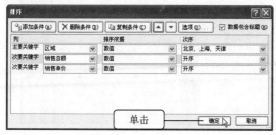

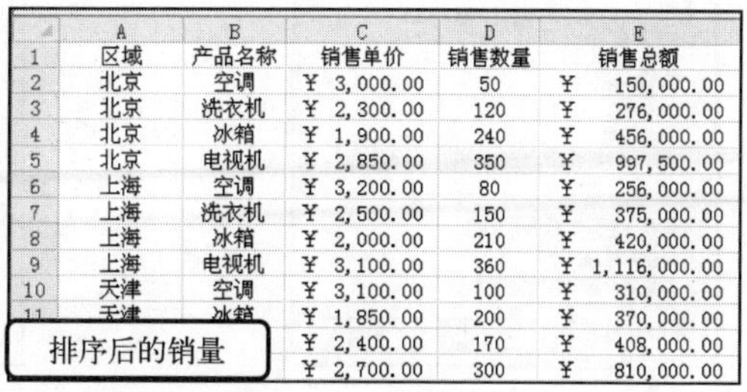

图 9-33　查看排序后的销量表

9.3.2　创建分类汇总

在对排序后的产品销量表进行分类汇总时，可以选择使用嵌套分类汇总。嵌套分类汇总是指使用多个条件进行多层分类汇总，例如在区域销量表中，用户可以在对区域汇总销售总额后，再对产品名称进行汇总，这就是所谓嵌套分类汇总。

STEP 01 设置销量表的排序。使用自定义序列的方法将产品名称按照"电视机、冰箱、洗衣机和空调"的顺序进行排列，然后选中 A1:E13 单元格，如图 9-34 所示。

STEP 02 单击"分类汇总"按钮。切换至"数据"选项卡下，单击"分级显示"组中的"分类汇总"按钮，如图 9-35 所示。

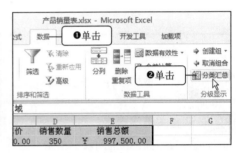

图 9-34　设置销量表的排序　　　　　图 9-35　单击"分类汇总"按钮

掌握增加产品销量的技巧

对于任何一家公司而言，单纯销量的提高并非是公司发展的长远计划，而扩大产品线，增加产品品种才会保证公司的长远发展。同时，还要做到渠道扩张，增加销售网点，内部整合，管理合理化和外部销售网点的整体提升。木桶效应是增加公司销量最根本的原理。

STEP 03 设置分类汇总。弹出"分类汇总"对话框，设置分类字段为"区域"，汇总方式为"求和"，在"选定汇总项"列表框中勾选"销售总额"复选框，单击"确定"按钮，如图 9-36 所示。

STEP 04 查看汇总后的显示效果。执行上一步操作后返回工作表界面，可看到对区域进行分类汇总后的显示效果，如图 9-37 所示。

图 9-36　设置分类汇总　　　　　　　　图 9-37　查看汇总后的显示效果

9.4 产品销量数据的快速查询

当用户需要产品销量表只显示某些特定条件下的数据时，则可以通过 Excel 的筛选功能来实现，对于不满足条件的数据，Excel 会自动将其隐藏。Excel 具有三种筛选方式：自动筛选、自定义筛选和高级筛选。

原始文件：实例文件\第 9 章\原始文件\区域销量表.xlsx
最终文件：实例文件\第 9 章\最终文件\自动筛选.xlsx、自定义筛选.xlsx、高级筛选.xlsx

9.4.1 自动筛选

自动筛选是 Excel 2010 筛选功能中最简单的一种筛选方法，只需指定需要显示的内容即可。下面介绍利用自动筛选功能筛选北京地区销量的操作步骤。

STEP 01 单击"筛选"按钮。打开随书光盘\实例文件\第 9 章\原始文件\区域销量表.xlsx，选中工作表中任意单元格，切换至"数据"选项卡下，单击"筛选"按钮，如图 9-38 所示。

STEP 02 筛选区域。单击"区域"字段右侧的下三角按钮，从展开的筛选列表中只勾选"北京"复选框，如图 9-39 所示。

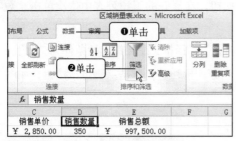

图 9-38　单击"筛选"按钮　　　　图 9-39　筛选区域

STEP 03 查看筛选区域后的显示效果。单击"确定"按钮返回工作表界面，此时可看见筛选区域后的显示效果，如图 9-40 所示。

STEP 04 筛选产品名称。单击"产品名称"筛选按钮，从展开的筛选列表中勾选"冰箱"和"电视机"复选框，如图 9-41 所示。

图 9-40　查看筛选区域后的显示效果　　　　图 9-41　筛选产品名称

STEP 05 **查看筛选产品名称后的显示效果。**单击"确定"按钮后返回工作表界面，此时可以看见自动筛选区域和产品名称后的显示效果，如图 9-42 所示。

图 9-42　查看筛选产品名称后的显示效果

9.4.2　自定义筛选

当用户想要查询某一特定条件下的销售数量和销售总额时，使用自动筛选就比较麻烦了，需要一个个地选择，此时就可以使用自定义筛选，只需设置筛选条件即可得出自定义筛选的结果，具体的操作步骤如下。

STEP 01 **设置销售数量的筛选条件。**打开随书光盘\实例文件\第 9 章\原始文件\区域销量表.xlsx，启用筛选功能，单击"销售数量"筛选按钮，在展开的下拉列表中依次单击"数字筛选>大于"选项，如图 9-43 所示。

STEP 02 **设置筛选条件。**弹出"自定义自动筛选方式"对话框，设置其起始条件为"大于 150"，单击选中"与"单选按钮，设置终止条件为"小于或等于 300"，单击"确定"按钮，如图 9-44 所示。

图 9-43　设置销售数量的筛选条件

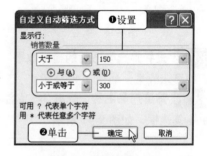

图 9-44　设置筛选条件

STEP 03 **查看筛选销售数量后的显示效果。**返回工作表界面，此时可看见筛选销售数据后的显示效果，如图 9-45 所示。

STEP 04 **筛选销售总额。**单击"销售总额"筛选按钮，从展开的筛选列表中依次单击"数字筛选>大于"选项，如图 9-46 所示。

STEP 05 **设置筛选条件。**弹出"自定义自动筛选方式"对话框，设置筛选条件为"大于400000"，单击"确定"按钮，如图 9-47 所示。

STEP 06 **查看筛选销售总额后的显示效果。**返回工作表界面，此时可看见筛选销售总额后的显示效果，如图 9-48 所示。

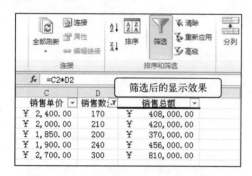

图 9-45　查看筛选销售数量后的显示效果

图 9-46　筛选销售总额

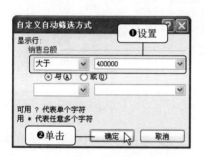

图 9-47　设置筛选条件

图 9-48　查看筛选销售总额后的显示效果

9.4.3　高级筛选

与自定义筛选相比，高级筛选的筛选条件设置更加灵活。高级筛选需要在工作表中无数据的地方指定一个区域用以存放筛选条件，这个区域也就是高级筛选中对应的条件区域。利用高级筛选筛选出的结果可以选择不显示在原数据所在的区域中，而将其存放在其他无数据区域。下面就来介绍利用高级筛选功能筛选区域销量表的操作步骤。

STEP 01 **设置筛选条件。**打开随书光盘\实例文件\第 9 章\原始文件\区域销量表.xlsx，在A16:C17 单元格区域中输入筛选条件，例如设置销售单价">1500"，销售数量">150"，销售总额">350000"，如图 9-49 所示。

STEP 02 **单击"高级"按钮。**单击"数据"标签，切换至"数据"选项卡下，在"排序和筛选"组中单击"高级"按钮，如图 9-50 所示。

STEP 03 **单击"列表区域"折叠按钮。**弹出"高级筛选"对话框，单击选中"将筛选结果复制到其他位置"单选按钮，单击"列表区域"右侧的折叠按钮，如图 9-51 所示。

STEP 04 选择列表区域。在工作表中拖动选中 A1:E13 单元格区域，单击"高级筛选-列表区域"对话框中的折叠按钮，如图 9-52 所示。

图 9-49　设置筛选条件

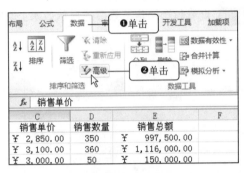

图 9-50　单击"高级"按钮

图 9-51　单击"列表区域"折叠按钮

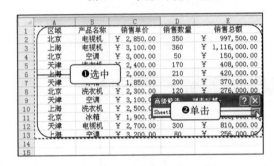

图 9-52　选择列表区域

STEP 05 单击"条件区域"折叠按钮。返回"高级筛选"对话框，单击"条件区域"右侧的折叠按钮，如图 9-53 所示。

STEP 06 选择条件区域。在工作表中选择筛选条件所在的区域，这里选中 A16:C17 单元格区域，单击"高级筛选-条件区域"对话框中的折叠按钮，如图 9-54 所示。

图 9-53　单击"条件区域"折叠按钮

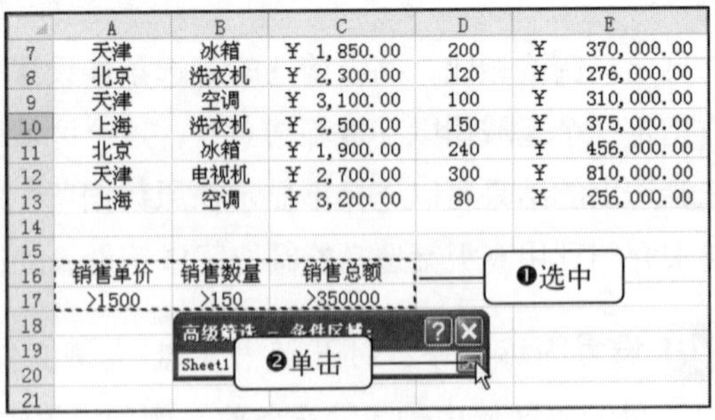

图 9-54　选择条件区域

STEP 07 单击"复制到"折叠按钮。返回"高级筛选"对话框，单击"复制到"右侧的折叠按钮，如图 9-55 所示。

STEP 08 选择粘贴筛选结果的区域。在工作表中拖动选中粘贴筛选结果的区域，这里选择 A19:E30 单元格区域，单击"高级筛选-复制到"对话框中的折叠按钮，如图 9-56 所示。

图 9-55 单击"复制到"折叠按钮

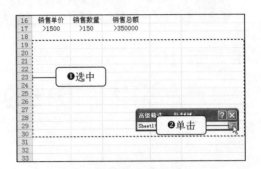

图 9-56 选择粘贴筛选结果的区域

STEP 09 单击"确定"按钮。返回"高级筛选"对话框，可看见设置的列表区域、条件区域和复制到的参数，单击"确定"按钮，如图 9-57 所示。

STEP 10 查看筛选的结果。返回工作表中，此时可看见经过高级筛选后显示的结果，其销售单价均大于 1500，销售数量均大于 150，销售总额均大于 350000，如图 9-58 所示。

图 9-57 单击"确定"按钮

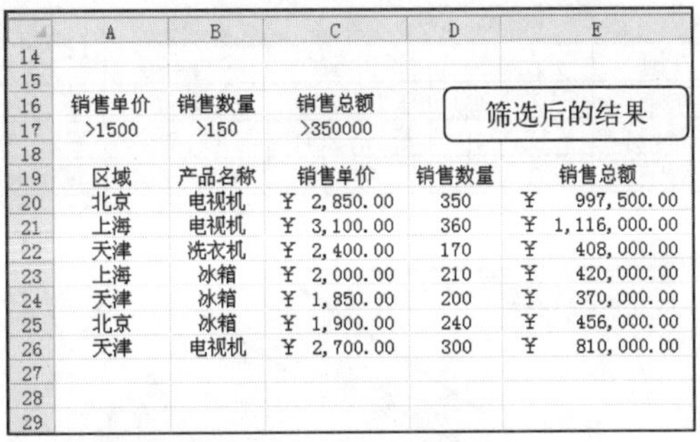

图 9-58 查看筛选的结果

第 10 章
产品销售额数据的图形分析

分析产品销售额数据是绝大部分公司或企业必须做的工作之一，对产品销售额数据的分析不仅能够反映在过去一段时间内产品的销售情况，而且还能总结出该产品的劣势和不足。在分析产品销售数据时，直接对工作表中的销量数据进行分析则比较浪费时间和精力，而对直观显示销售走势的图表分析则会轻松许多。

产品名称	1月份	2月份	3月份	4月份	5月份	6月份	迷你图
T恤	￥5,000	￥9,570	￥1,480	￥15,900	￥17,800	￥20,500	
衬衣	￥7,580	￥18,200	￥15,960	￥9,850	￥14,500	￥17,840	
牛仔裤	￥15,840	￥16,250	￥14,780	￥25,890	￥45,860	￥47,680	
休闲裤	￥8,450	￥6,890	￥7,580	￥4,870	￥3,900	￥5,400	
皮鞋	￥10,500	￥11,580	￥10,?80	￥12,540	￥13,650	￥24,560	
运动鞋	￥18,500	￥20,480		￥23,510	￥28,590	￥30,570	

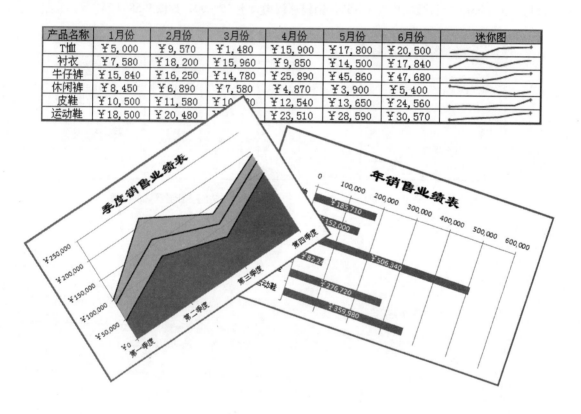

10.1 ◎ 制作产品月销售额折线图

　　在制作的产品月销售额表格中，用户通过记录的数据无法一眼就看出销量的走势，此时可以在该表格中创建折线图。通过该折线图，用户不仅可以一眼就看出每月的销量，而且还能从整体上掌握销量的走势，有利于对销量的分析。

原始文件：实例文件\第 10 章\原始文件\月销售业绩表.xlsx
最终文件：实例文件\第 10 章\最终文件\月销售业绩表.xlsx

10.1.1　创建迷你折线图

　　迷你图是 Excel 2010 中新增的一个功能，它适用于单元格中的微型图表。它以单元格为绘图区域，简单、便捷地为用户绘制出简明的数据小图表，直接将数据以小图的形式呈现在用户面前。下面介绍在月销售业绩表中创建迷你折线图的操作步骤。

STEP 01 **单击"折线图"按钮。** 打开随书光盘\实例文件\第 10 章\原始文件\月销售业绩表.xlsx，拖动选择 B2:G2 单元格区域，切换至"插入"选项卡下，在"迷你图"组中单击"折线图"按钮，如图 10-1 所示。

STEP 02 **单击"位置范围"折叠按钮。** 弹出"创建迷你图"对话框，可看见数据范围为选中的 B2:G2 单元格区域，单击"位置范围"右侧的折叠按钮，选择放置迷你图的位置，如图 10-2 所示。

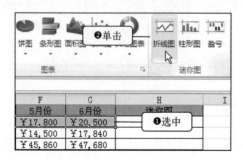

图 10-1　单击"折线图"按钮

图 10-2　单击"位置范围"折叠按钮

> **技术拓展**　**选择数据范围**
>
> 　　如果在创建迷你图之前未选择或未正确选择数据范围，则可在"创建迷你图"对话框中单击"数据范围"右侧的折叠按钮重新选择数据范围。

STEP 03 选择放置迷你图的单元格。在工作表中选择放置迷你折线图的单元格，这里选择 H2 单元格，单击折叠按钮，如图 10-3 所示。

STEP 04 单击"确定"按钮。返回"创建迷你图"对话框，可看见设置的位置范围为$H$2，单击"确定"按钮，如图 10-4 所示。

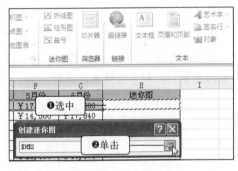

图 10-3　选择放置迷你图的单元格

图 10-4　单击"确定"按钮

STEP 05 查看创建的迷你折线图。返回工作表界面，此时可在 H2 单元格中看见创建的迷你折线图，如图 10-5 所示。

STEP 06 快速创建其他迷你折线图。将指针移至该单元格右下角，当指针呈十字状时，按住鼠标左键拖动鼠标，拖动至 H7 单元格处释放鼠标，此时可看见快速创建的 T 恤 1~6 月销售额迷你折线图，如图 10-6 所示。

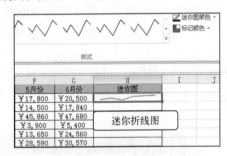

图 10-5　查看创建的迷你折线图

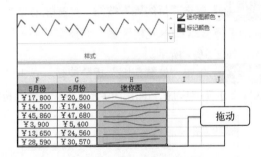

图 10-6　快速创建其他迷你折线图

10.1.2　突出显示高点与低点

刚刚创建的月销售额迷你折线图没有什么明显的标识，为了能突出显示 1~6 月中的最高销售额和最低销售额，用户可以通过突出显示该图的高点和低点来实现，具体的操作步骤如下。

STEP 01 勾选"高点"和"低点"复选框。选中任一迷你折线图，切换至"迷你图工具-设计"选项卡下，在"显示"组中勾选"高点"和"低点"复选框，如图 10-7 所示。

STEP 02 查看设置后的显示效果。此时可在工作表中看见突出显示高点和低点后的显示效果，如图 10-8 所示。

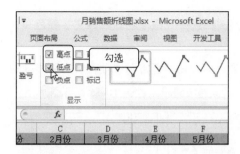

图 10-7 勾选"高点"和"低点"复选框

图 10-8 查看设置后的显示效果

 ## 10.1.3 设计迷你折线图样式

迷你折线图的样式并非一成不变，用户可以在"样式"库中选择满意的迷你图样式，然后设置其颜色、线条粗细以及高点、低点的标记颜色。接下来就介绍设计产品月销售额迷你折线图样式的具体操作步骤。

STEP 01 选择迷你图样式。选中任一迷你折线图，切换至"迷你图工具-设计"选项卡下，单击"样式"组中的快翻按钮，从展开的库中选择满意的迷你图样式，这里选择"迷你图样式强调文字颜色 3，深度 25%"样式，如图 10-9 所示。

STEP 02 单击"其他颜色"按钮。接着可在工作表中看见应用样式后的显示效果，单击"迷你图颜色"下三角按钮，可在展开的下拉列表选择迷你图线条的颜色，这里单击"其他颜色"选项，如图 10-10 所示。

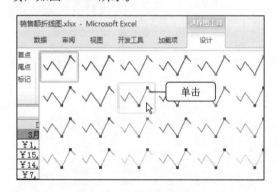

图 10-9 选择迷你图样式

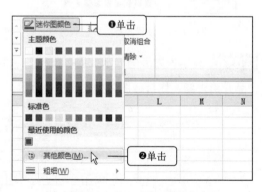

图 10-10 单击"其他颜色"按钮

STEP 03 设置线条颜色的 RGB 值。弹出"颜色"对话框，切换至"自定义"选项卡下，设置颜色样式为 RGB，在下方分别输入线条颜色的 RGB 值，输完后单击"确定"按钮，如图 10-11 所示。

STEP 04 设置线条的粗细。在"迷你图颜色"下拉列表中单击"粗细"选项，接着从右侧的列表中选择迷你图线条的粗细，这里选择 1.5 磅，如图 10-12 所示。

STEP 05 设置高点的标记颜色。单击"标记颜色"下三角按钮，从展开的下拉列表中单击"高点"选项，在右侧展开的颜色面板中选择合适的颜色，例如选择"橄榄色，强调文字颜色 3，深度 25%"，如图 10-13 所示。

STEP 06 设置低点的标记颜色。在"标记颜色"下拉列表中单击"低点"选项，从右侧展开的颜色面板中选择合适的颜色，例如选择"深蓝，文字 2，淡度 25%"，如图 10-14 所示。

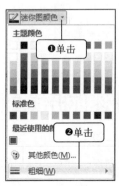

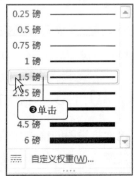

图 10-11　设置线条颜色的 RGB 值　　　　图 10-12　设置线条的粗细

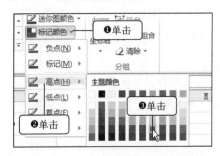

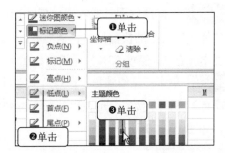

图 10-13　设置高点的标记颜色　　　　图 10-14　设置低点的标记颜色

STEP 07 查看设置后的显示效果。执行上一步操作后可在"迷你图"一列中看见设置样式后的产品月销售额迷你折线图，如图 10-15 所示。

	A	B	C	D	E	F	G	H
1	产品名称	1月份	2月份	3月份	4月份	5月份	6月份	迷你图
2	T恤	￥5,000	￥9,570	￥1,480	￥15,900	￥17,800	￥17,800	
3	衬衣	￥7,580	￥18,200	￥15,960	￥9,850	￥14,500		
4	牛仔裤	￥15,840	￥16,250	￥14,780	￥25,890	￥45,860	￥47,680	
5	休闲裤	￥8,450	￥6,890	￥7,580	￥4,870	￥3,900	￥5,400	
6	皮鞋	￥10,500	￥11,580	￥10,680	￥12,540	￥13,650	￥24,560	
7	运动鞋	￥18,500	￥20,480	￥22,570	￥23,510	￥28,590	￥30,570	

图 10-15　查看设置后的显示效果

技术拓展　调整迷你折线图的大小

创建的迷你折线图的大小并非是固定的，用户可以通过调整迷你折线图所在的列宽和行高来调整迷你折线图的大小。

10.2 创建产品季销售额粗边面积图

　　在使用图形分析产品季销售业绩表时，则可以选择使用粗边面积图，它是由折线图和面积图组成，其中面积图强调产品销量随时间而变化的程度，而折线图用于突出显示产品销量的走势，这两者结合而成的粗边面积图将显得更加专业。

原始文件：实例文件\第 10 章\原始文件\季度销售业绩表.xlsx
最终文件：实例文件\第 10 章\最终文件\季度销售业绩表.xlsx

10.2.1 创建面积图

　　Excel 2010 提供了二维和三维面积图两种，其中，由于二维面积图位于同一平面内而更适宜制作粗边曲面图，因此这里介绍在季度销售业绩表中创建二维面积图的操作步骤。

STEP 01 单击"插入"标签。打开随书光盘\实例文件\第 10 章\原始文件\季度销售业绩表.xlsx，选中 A1:E4 单元格区域，如图 10-16 所示。

STEP 02 选择堆积面积图。切换至"插入"选项卡下，在"图表"组中单击"面积图"下三角按钮，在展开的下拉列表中单击"堆积面积图"图标，如图 10-17 所示。

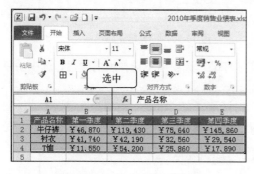

图 10-16　单击"插入"标签

图 10-17　选择堆积面积图

STEP 03 查看创建的面积图。返回工作表界面可看到创建的面积图，如图 10-18 所示。

10.2.2 设置数据系列格式

　　在季度销售业绩表中创建面积图后，用户可以通过设置数据格式来更换绘图区中代表不同产品季销售业绩的区域颜色，其具体的操作步骤如下。

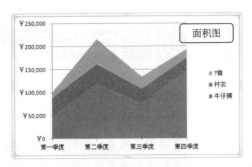

图 10-18　查看创建的面积图

STEP 01 单击"设置数据系列格式"命令。右击面积图中代表"T 恤"的区域，从弹出的快捷菜单中单击"设置数据系列格式"命令，如图 10-19 所示。

STEP 02 设置填充颜色。弹出"设置数据系列格式"对话框，单击"填充"选项，在"填充"选项面板中单击选中"纯色填充"单选按钮，单击"颜色"右侧的下三角按钮，从展开的下拉列表中单击"其他颜色"选项，如图 10-20 所示。

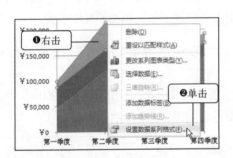

图 10-19　单击"设置数据系列格式"命令

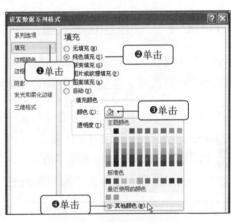

图 10-20　设置填充颜色

STEP 03 选择填充颜色。弹出"颜色"对话框，在"标准"选项卡下选择所需颜色，选中后单击"确定"按钮，如图 10-21 所示。

STEP 04 设置透明度。返回"设置数据系列格式"对话框，在"填充"选项面板中拖动"透明度"右侧的滑块，调整透明度，例如设置透明度为"6%"，如图 10-22 所示。

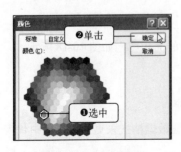

图 10-21　选择填充颜色

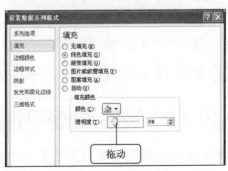

图 10-22　设置透明度

STEP 05　选择"衬衣"图形区域。切换至"图表工具-布局"选项卡下，在"当前所选内容"组中单击下三角按钮，从展开的下拉列表中单击"系列'衬衣'"选项，接着在图形中双击"衬衣"图形区域，如图 10-23 所示。

STEP 06　设置填充颜色。弹出"设置数据系列格式"对话框，单击"填充"选项，在"填充"选项面板中单击选中"纯色填充"单选按钮，设置填充颜色为"玫瑰红"（RGB 值分别为 255、124、128），利用微调按钮设置透明度为"6%"，图 10-24 所示。

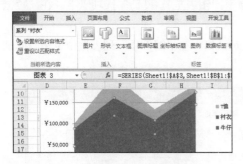

图 10-23　选择"衬衣"图形区域

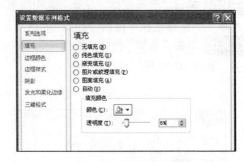

图 10-24　设置填充颜色

STEP 07　选择"牛仔裤"图形区域。单击"关闭"按钮后返回工作表界面，在"当前所选内容"组中设置显示"系列'牛仔裤'"，双击图形中的"牛仔裤"区域，如图 10-25 所示。

STEP 08　设置"牛仔裤"系列格式。弹出"设置数据系列格式"对话框，设置适当的填充颜色，接着设置颜色的透明度为"6%"，如图 10-26 所示。

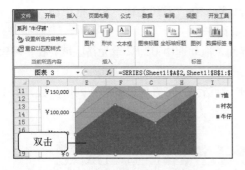

图 10-25　选择"牛仔裤"图形区域

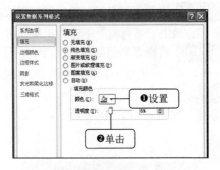

图 10-26　设置"牛仔裤"系列格式

STEP 09　查看设置后的显示效果。单击"关闭"按钮后返回工作表界面，此时可看见设置后的显示效果，如图 10-27 所示。

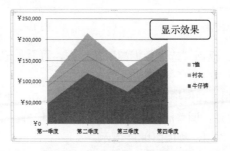

图 10-27　查看设置后的显示效果

10.2.3 追加数据系列

面积图制作完毕后，就要开始着手制作面积图的粗边。制作粗边包括两个阶段：第一阶段是追加数据系列；第二阶段是更改追加的数据系列图表类型并进行设置。本节将介绍第一阶段的操作——在季度销售业绩图表中追加衬衣、T恤和牛仔裤数据系列，具体操作如下。

STEP 01 单击"选择数据"按钮。选中图形，切换至"图表工具-设计"选项卡下，在"数据"组中单击"选择数据"按钮，如图 10-28 所示。

STEP 02 单击"添加"按钮。弹出"选择数据源"对话框，在"图例项"列表框中单击"添加"按钮，如图 10-29 所示。

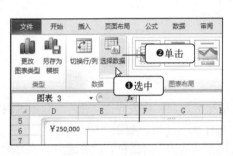

图 10-28 单击"选择数据"按钮

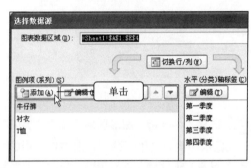

图 10-29 单击"添加"按钮

STEP 03 设置系列名称。弹出"编辑数据系列"对话框，在"系列名称"文本框中输入"牛仔裤 1"，单击"系列值"下方的折叠按钮，如图 10-30 所示。

STEP 04 选择系列值区域。将指针移至工作表主界面，拖动选中 B2:E2 单元格区域，在"编辑数据系列"对话框中单击折叠按钮，如图 10-31 所示。

STEP 05 单击"确定"按钮。还原"编辑数据系列"对话框，可看见设置的系列值参数，单击"确定"按钮，如图 10-32 所示。

图 10-30 设置系列名称

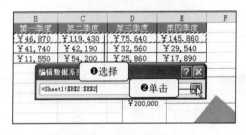

图 10-31 选择系列值区域

STEP 06 添加其他图例项。返回"选择数据源"对话框，可看见追加的"牛仔裤 1"，使用相同的方法追加"衬衣 1"和"T恤 1"，如图 10-33 所示。

STEP 07 排序图例项。使用"图例项"对话框中的"上移"和"下移"按钮调整"牛仔裤 1"、"衬衣 1"和"T恤 1"的位置，调整后的排列顺序应为"牛仔裤、牛仔裤 1、衬衣、衬衣 1、T恤、T恤 1"，单击"确定"按钮，如图 10-34 所示。

STEP 08 查看追加数据系列后的显示效果。返回工作表界面，此时可看见追加数据系列后的显示效果，如图 10-35 所示。

图 10-32 单击"确定"按钮

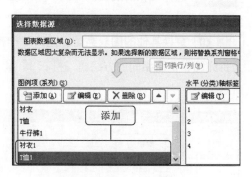

图 10-33 添加其他图例项

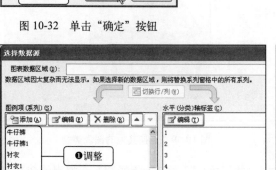

图 10-34 排序图例项

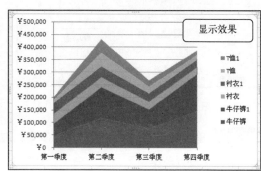

图 10-35 查看追加数据系列后的显示效果

10.2.4 更改数据系列图表类型

由于粗边面积图是由面积图和折线图组成，因此这里需要将追加的数据系列所对应的图形更换为折线图，然后设置其粗边线条属性，具体的操作步骤如下。

STEP 01 单击"系列'牛仔裤 1'"选项。选中面积图，切换至"图表工具-布局"选项卡下，单击"当前所选内容"组中的下三角按钮，从展开的下拉列表中单击"系列'牛仔裤 1'"选项，如图 10-36 所示。

STEP 02 单击"更改系列图表类型"命令。右击图形中选中的"牛仔裤 1"区域，从弹出的快捷菜单中单击"更改系列图表类型"命令，如图 10-37 所示。

图 10-36 单击"系列'牛仔裤 1'"选项

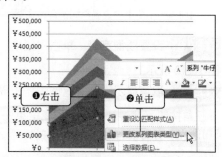

图 10-37 单击"更改系列图表类型"命令

STEP 03 选择堆积折线图。弹出"更改图表类型"对话框，单击左侧的"折线图"选项，在右侧的"折线图"子集中单击"堆积折线图"图标，选中后单击"确定"按钮，如图 10-38 所示。

STEP 04 更换其他的图表类型。返回工作表界面，此时可在图形中看见更换后的"牛仔裤 1"为折线图，使用相同的方法将"衬衣 1"和"T 恤 1"面积图更换为对应的折线图，如图 10-39 所示。

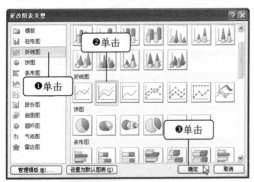

图 10-38　选择堆积折线图

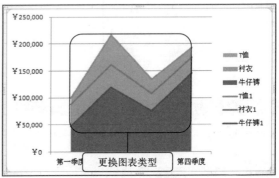

图 10-39　更换其他的图表类型

STEP 05 单击"设置数据系列格式"命令。右击图形中的"T 恤 1"折线图，在弹出的快捷菜单中单击"设置数据系列格式"命令，如图 10-40 所示。

STEP 06 设置线条颜色。弹出"设置数据系列格式"对话框，单击"线条颜色"选项，在"线条颜色"选项面板中单击选中"实线"单选按钮，接着单击"颜色"右侧的下三角按钮，从展开的颜色面板中选择线条的颜色，例如单击"黑色，文字 1"选项，如图 10-41 所示。

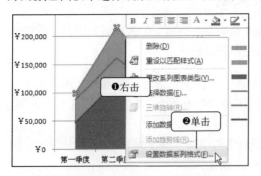

图 10-40　单击"设置数据系列格式"命令

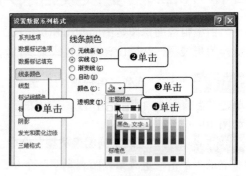

图 10-41　设置线条颜色

STEP 07 设置线型宽度。单击"线型"选项，在"线型"选项面板中设置宽度为"1.5 磅"，如图 10-42 所示。

STEP 08 取消显示图例。返回工作表界面，切换至"图表工具-布局"选项卡下，单击"图例"下三角按钮，从展开的下拉列表中单击"无"选项，如图 10-43 所示。

STEP 09 设置其他折线图的线条属性。此时可在图形中看见更换线条颜色和取消图例显示后的图表显示效果，使用相同的方法设置其他两条折线图的线条属性，如图 10-44 所示。

STEP 10 单击"设置坐标轴格式"命令。在图形中右击横坐标区域，从弹出的快捷菜单中单击"设置坐标轴格式"命令，如图 10-45 所示。

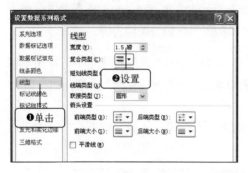

图 10-42　设置线型宽度

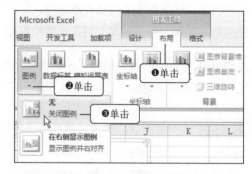

图 10-43　取消显示图例

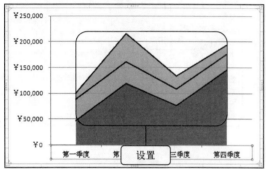

图 10-44　设置其他折线图的线条属性

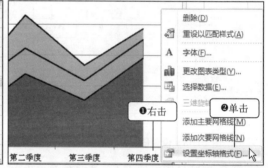

图 10-45　单击"设置坐标轴格式"命令

STEP 11 设置位置坐标轴。弹出"设置坐标轴格式"对话框，在"坐标轴选项"面板中的"位置坐标轴"下方单击选中"在刻度线上"单选按钮，如图 10-46 所示。

STEP 12 查看设置后的显示效果。单击"关闭"按钮后返回工作表主界面，此时可看见粗边面积图铺满了坐标系的横坐标轴，如图 10-47 所示。

图 10-46　设置位置坐标轴

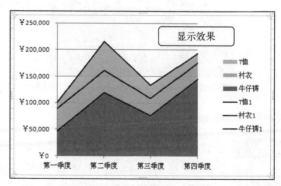

图 10-47　查看设置后的显示效果

10.2.5　添加图表标题

图表标题是图表的组成元素之一，它包含了该图表表示的含义，对于一个图表来说，图表标题是必不可少的。下面介绍在季度销售业绩图表中添加图表标题的操作步骤。

STEP 01 设置图表标题居中显示。选中图表，切换至"图标工具-布局"选项卡下，单击"标签"组中"图表标题"下三角按钮，从展开的下拉列表中单击"居中覆盖标题"选项，如图 10-48 所示。

STEP 02 选中绘图区。单击"当前所选内容"组中的下三角按钮，从展开的下拉列表中单击"绘图区"选项，选中绘图区，如图 10-49 所示。

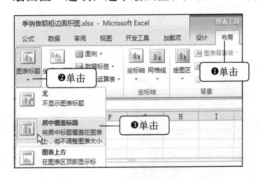

图 10-48　设置图表标题居中显示

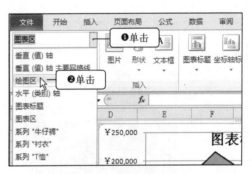

图 10-49　选中绘图区

STEP 03 调整绘图区的大小。此时可在工作表中看见选中的绘图区，将指针移至绘图区中顶端线的中间位置处，当指针呈十字状时拖动鼠标，调整绘图区的大小，如图 10-50 所示，拖动至合适位置处释放鼠标。

STEP 04 输入图表标题。将光标固定在"图表标题"文本框中，输入该图表的标题，例如输入"季度销售业绩表"，如图 10-51 所示。

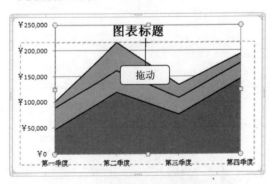

图 10-50　调整绘图区的大小

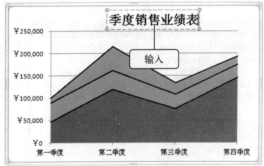

图 10-51　输入图表标题

STEP 05 设置标题的字体属性。切换至"开始"选项卡下，在"字体"组中设置标题字体的属性，例如设置为字体为"隶书"，字号为"20"，如图 10-52 所示。

STEP 06 查看添加图表标题后的显示效果。执行上一步操作后可在工作表界面中看见添加图表标题后的最终显示效果，如图 10-53 所示。

图 10-52　设置标题的字体属性

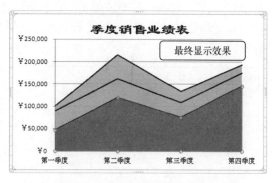

图 10-53　查看添加图表标题后的显示效果

10.3 ● 制作各产品年销售额条形图

在年销售业绩表中，用户可以利用求和公式计算每种产品的年销售额，并在年销售业绩表中通过更改图表的类型和数据源来制作产品销售额条形图，然后将制作出的图表纵坐标轴设置为逆序类别显示，以确保纵坐标值与表格中的数据系列值一致，最后便可添加数据标签显示具体的销量数据。

原始文件：实例文件\第 10 章\原始文件\年销售业绩表.xlsx
最终文件：实例文件\第 10 章\最终文件\年销售业绩表.xlsx

10.3.1　使用公式计算各产品年销售额

一般情况下，年销售业绩表都会记录该年内每个月的销售业绩，而获取该年的年销售额只需使用求和公式便可得到。

STEP 01 单击"插入函数"按钮。打开随书光盘\实例文件\第 10 章\原始文件\年销售业绩表.xlsx，选中 N2 单元格，切换至"公式"选项卡下，单击"函数库"组中的"插入函数"按钮，如图 10-54 所示。

STEP 02 选择 SUM 函数。弹出"插入函数"对话框，在"或选择类别"下拉列表中选择"数学与三角函数"，在"选择函数"列表框中选择 SUM 函数，单击"确定"按钮，如图 10-55 所示。

STEP 03 输入 Number1 参数。弹出"函数参数"对话框，在 Number1 文本框中输入"B2:M2"，如图 10-56 所示，用户也可以通过 Number 文本框右侧的折叠按钮来选择 B2:M2 单元格区域。

STEP 04 **复制公式**。单击"确定"按钮返回工作表界面，此时可看见计算出的衬衣年销售额为"￥185，710"，将指针移至该单元格右下角，当指针呈十字状时按住鼠标左键拖动鼠标，拖动至 N7 单元格处释放鼠标，此时可看见通过复制 SUM 函数所计算出的其他产品的年销售额，如图 10-57 所示。

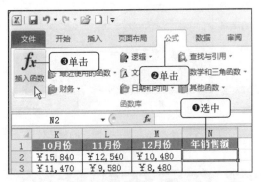

图 10-54　单击"插入函数"按钮

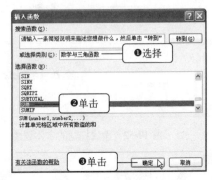

图 10-55　选择 SUM 函数

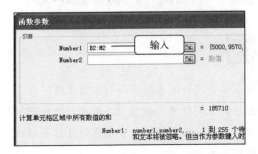

图 10-56　输入 Number1 参数

图 10-57　复制公式

10.3.2　复制图表

要创建各产品年销售额条形图，除了可以在 Excel 中利用功能区新建图表，还可以将其他工作表中已经制作好的图表复制到该工作表中进行修改。下面介绍将粗边面积图（10.2 节中制作的图形）复制到当前工作表的操作步骤。

STEP 01 **单击"打开"按钮**。单击"文件"按钮，在弹出的菜单中单击"打开"按钮，如图 10-58 所示。

STEP 02 **选择"季销售额粗边面积图"工作簿**。弹出"打开"对话框，在"查找范围"下拉列表中选择工作簿所在的文件夹，双击对应的工作簿图标，如图 10-59 所示。

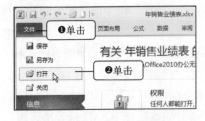

图 10-58　单击"打开"按钮

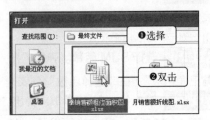

图 10-59　选择"季销售额粗边面积图"工作簿

STEP 03 **复制粗边面积图**。打开"季销售额粗边面积图"工作簿，选中粗边面积图，在"开始"选项卡下单击"复制"按钮，如图 10-60 所示。

STEP 04 **粘贴粗边面积图**。切换至"年销售业绩表"工作簿，单击"开始"选项卡下的"粘贴"按钮即可将粗边面积图复制到该工作簿中，如图 10-61 所示。

图 10-60　复制粗边面积图

图 10-61　粘贴粗边面积图

10.3.3　更改图表类型

将粗边面积图复制到年销售业绩表中以后，用户就可以根据图形要表达的效果，将面积图更换为其他适合分析产品年销售额情况的图形了，例如更换为条形图。下面介绍将"季度销售业绩表"粗边面积图更换为条形图的操作步骤。

STEP 01 **单击"更改图表类型"按钮**。选中工作表中的图形，切换至"图表工具-设计"选项卡下，单击"类型"组中的"更改图表类型"按钮，如图 10-62 所示。

STEP 02 **选择条形图**。弹出"更改图表类型"对话框，单击左侧的"条形图"选项，在右侧的"条形图"子集下方双击"簇状条形图"图标，如图 10-63 所示。

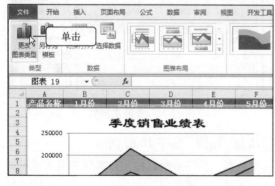
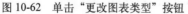

图 10-62　单击"更改图表类型"按钮

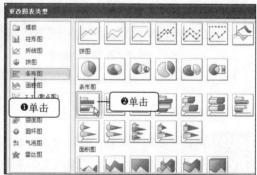

图 10-63　选择条形图

STEP 03 **查看更换后的条形图**。执行上一步操作后返回工作表主界面，此时可看见粗边面积图更换为条形图的效果，如图 10-64 所示。

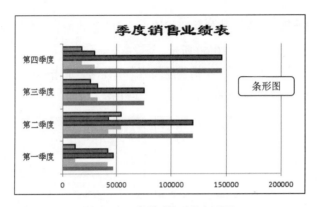

图 10-64　查看更换后的条形图

10.3.4　更改图表数据源

图表数据源反映了图表数据与工作表数据的链接。从"季度销售业绩表"中复制的图表所对应的工作表数据当然是"季度销售业绩表"中的数据，若想更换数据源为年销售额中的数据，则需要手动进行设置，具体的操作步骤如下。

STEP 01 单击"选择数据"按钮。选中条形图，切换至"图片工具-设计"选项卡下，在"数据"组中单击"选择数据"按钮，如图 10-65 所示。

STEP 02 删除图例项。弹出"选择数据源"对话框，在"图例项"列表框中显示了原粗边面积图所对应的图例项，连续单击"删除"按钮，如图 10-66 所示，将这些图例项全部删除。

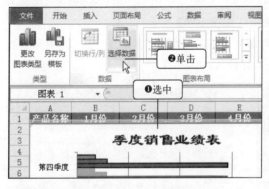

图 10-65　单击"选择数据"按钮

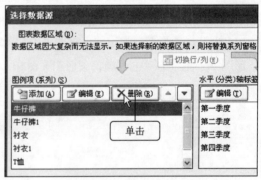

图 10-66　删除图例项

STEP 03 单击"添加"按钮。删除完毕后单击"添加"按钮，如图 10-67 所示。

STEP 04 输入系列名称。弹出"编辑数据系列"对话框，在"系列名称"文本框中输入"年销售额"，单击"系列值"下方的折叠按钮，如图 10-68 所示。

STEP 05 设置系列值的参数。将指针移至工作表中，拖动选中 N2:N7 单元格区域，单击"编辑数据系列"对话框中的折叠按钮，如图 10-69 所示。

STEP 06 单击"确定"按钮。还原"编辑数据系列"对话框，直接单击"确定"按钮，如图 10-70 所示。

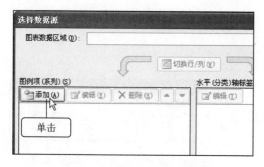

图 10-67　单击"添加"按钮

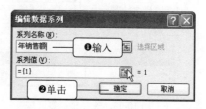

图 10-68　输入系列名称

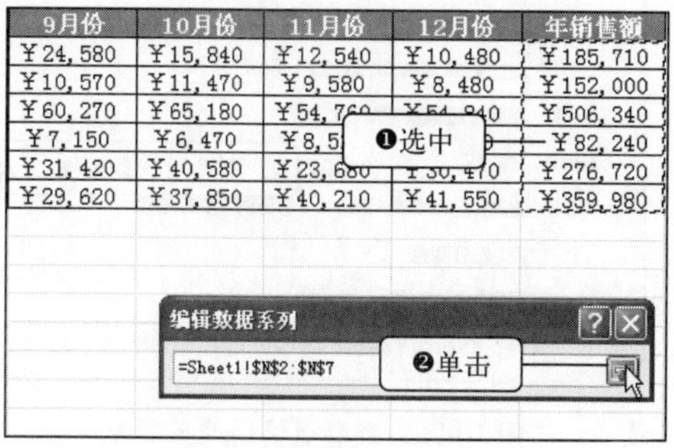

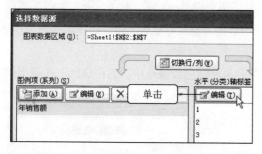

图 10-69　设置系列值的参数

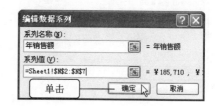

图 10-70　单击"确定"按钮

STEP 07 编辑水平轴标签。返回"选择数据源"对话框，在"水平（分类）轴标签"组中单击"编辑"按钮，如图 10-71 所示。

STEP 08 单击"轴标签区域"折叠按钮。弹出"轴标签"对话框，单击"轴标签区域"下方的折叠按钮，如图 10-72 所示。

图 10-71　编辑水平轴标签

图 10-72　单击"轴标签区域"折叠按钮

STEP 09 选择轴标签区域。将指针移至工作表中，拖动选中 A2:A7 单元格区域，单击"轴标签"对话框中的折叠按钮，如图 10-73 所示。

STEP 10 单击"确定"按钮。返回"轴标签"对话框，单击"确定"按钮，如图 10-74 所示。

STEP 11 单击"确定"按钮。返回"选择数据源"对话框，直接单击"确定"按钮，如图 10-75 所示。

STEP 12 查看更换后的条形图。返回工作表界面，此时可以看见更改图表数据源后的条形图，如图 10-76 所示。

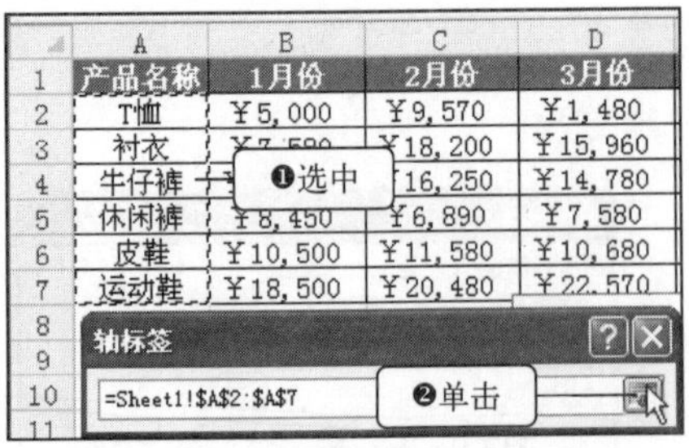

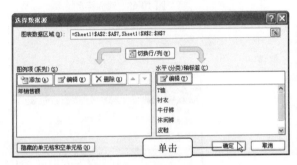

图 10-73　选择轴标签区域

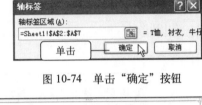

图 10-74　单击"确定"按钮

图 10-75　单击"确定"按钮

图 10-76　查看更换后的条形图

10.3.5　设置坐标轴以逆序显示

为了让图表中的纵坐标值与表格中"产品名称"列中的值顺序一致，则可以对图表中的纵坐标设置呈逆序显示，具体的操作步骤如下。

STEP 01　选择垂直（类别）轴。选中图表，切换至"图表工具-布局"选项卡下，单击"当前所选内容"组中的下三角按钮，从展开的下拉列表中单击"垂直（类别）轴"选项，如图 10-77 所示。

STEP 02　单击"设置坐标轴格式"命令。此时可看见垂直轴已经被选中，右击该轴，在弹出的快捷菜单中单击"设置坐标轴格式"命令，如图 10-78 所示。

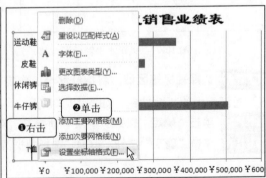

图 10-77　选择垂直（类别）轴

图 10-78　单击"设置坐标轴格式"命令

STEP 03 勾选"逆序类别"复选框。弹出"设置坐标轴格式"对话框，在"坐标轴选项"面板中勾选"逆序类别"复选框，如图 10-79 所示。

STEP 04 设置横坐标轴的格式。单击"确定"按钮返回工作表界面，选中顶部坐标轴并右击，从弹出的快捷菜单中单击"设置坐标轴格式"命令，如图 10-80 所示。

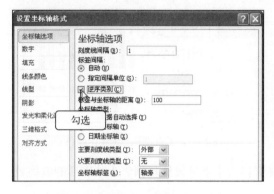

图 10-79　勾选"逆序类别"复选框　　　　图 10-80　设置横坐标轴的格式

STEP 05 设置数字显示。弹出"设置坐标轴格式"对话框，单击"数字"选项，在"数字"选项面板中的"类别"列表框单击"数字"选项，设置小数位数为"0"，如图 10-81 所示。

STEP 06 查看设置后的显示效果。使用 10.2.5 节中步骤 3 的方法调整该条形图中绘图区的大小，调整后可看见对应的显示效果，如图 10-82 所示。

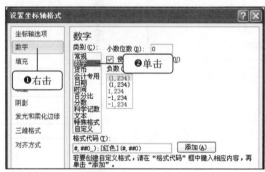

图 10-81　设置数字显示　　　　　　　图 10-82　查看设置后的显示效果

 ## 10.3.6　显示并设置数据标签

此时"年销售业绩表"图表已经设置完毕，为了让用户能从年销售业绩表中快速了解各产品的年销售额数据，则可以选择在"年销售业绩表"图表中添加显示销售额的数据标签，具体操作步骤如下。

STEP 01 设置数据标签居中显示。选中条形图，切换至"图表工具-布局"选项卡下，单击"数据标签"下三角按钮，从展开的下拉列表中单击"居中"选项，如图 10-83 所示。

STEP 02 设置数据标签的字体颜色。切换至"开始"选项卡下，单击"字体"组中"字体颜色"

下三角按钮，从展开的下拉列表中选择"白色"，如图 10-84 所示。

图 10-83　设置数据标签居中显示

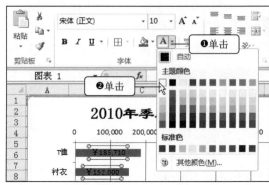

图 10-84　设置数据标签的字体颜色

STEP 03 **查看设置后的最终显示效果。**此时可在工作表中看见设置年销售业绩表后的最终效果，如图 10-85 所示。

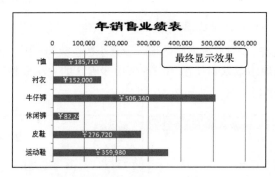

图 10-85　查看设置后的显示效果

第 11 章
公司日常费用的交互式统计

对于任何一家公司来说，日常费用支出都是不可避免的，但是公司可以通过对日常记录的费用支出进行汇总和动态分析，以找到降低公司日常费用的有效措施。对日常费用支付的汇总和动态分析可以通过 Excel 中的数据透视表和数据透视图来实现。

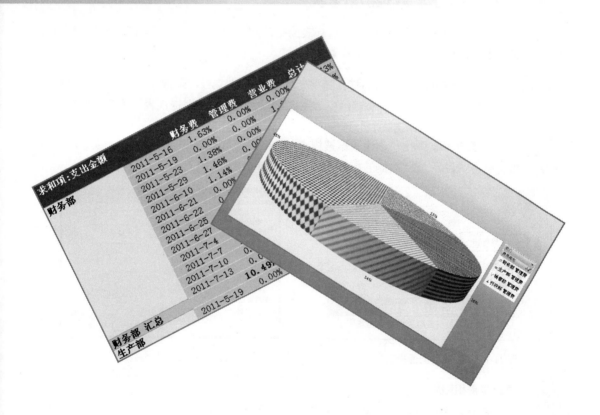

11.1 ◎ 日常支出费用动态汇总

　　日常支出费用的动态汇总可以通过数据透视表来实现，在创建的数据透视表中添加、移动和排列与汇总有关的字段，并对数据透视表中的汇总形式和值显示形式进行更改，就能直观显示汇总的数据，并通过这些数据进行简单的分析。

原始文件：实例文件\第 11 章\原始文件\日常费用统计表.xlsx
最终文件：实例文件\第 11 章\最终文件\日常费用支出汇总.xlsx

11.1.1　创建数据透视表

　　对日常支出费用的动态汇总是以数据透视表为基础的，因此用户首先需要利用日常费用的记录表来创建数据透视表，具体的操作步骤如下。

STEP 01　**单击"数据透视表"按钮。** 打开随书光盘\实例文件\第 11 章\原始文件\日常支出费用统计表.xlsx，切换至"插入"选项卡下，在"表格"组中单击"数据透视表"下三角按钮，从展开的下拉列表中单击"数据透视表"选项，如图 11-1 所示。

STEP 02　**单击折叠按钮。** 弹出"创建数据透视表"对话框，单击选中"选择一个表或区域"单选按钮，接着单击"表/区域"右侧的折叠按钮，如图 11-2 所示。

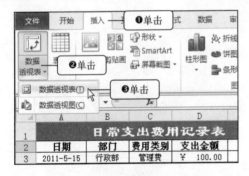

图 11-1　单击"数据透视表"按钮

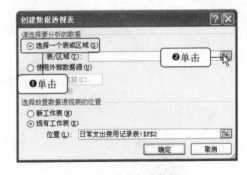

图 11-2　单击折叠按钮

> **办公指导**
>
> **公司日常费用明细**
>
> 　　公司的日常费用是指公司在销售产品、提供劳务等日常经营过程中发生的各项费用以及专设销售机构的各项经费。它主要包括办公费（公司日常办公所花费的费用）、招待费（公司经营需要进行应酬所花费的费用）、差旅费（公司员工因公出差所花费的费用）、广告费（在电视台、报纸、杂志等媒介上宣传公司所花费的费用）、租赁费（办公房屋租赁费、库房租赁费、场地租赁费等）以及水电费等。

STEP 03　**选择数据所在的区域。** 将指针移至工作表中，拖动选择 A2:E68 单元格区域，单击"创建数据透视表"对话框中的折叠按钮，如图 11-3 所示。

STEP 04 单击"确定"按钮。还原"创建数据透视表"对话框，单击选中"新工作表"单选按钮，然后单击"确定"按钮，如图 11-4 所示。

图 11-3 选择数据所在的区域　　　　图 11-4 单击"确定"按钮

STEP 05 查看创建的数据透视表。返回工作表，此时可在新工作表右侧看见"数据透视表字段列表"窗格，在"选择要添加到报表的字段"列表框中勾选"日期"、"部门"、"费用类别"和"支出金额"四个复选框，接着可在左侧看见创建的数据透视表，如图 11-5 所示。

图 11-5 查看创建的数据透视表

11.1.2 设计数据透视表字段布局

创建数据透视表后，用户就可以在该数据表中更改其字段布局，以不同的方式汇总，从不同角度对日常费用情况进行分析。

STEP 01 将"费用类别"移至列标签中。在底部的"行标签"区域中单击"费用类别"选项，从展开的列表中单击"移动到列标签"选项，如图 11-6 所示。

图 11-6 将"费用类别"移至列标签中

STEP 02 查看移动"费用列表"字段后的显示效果。此时可看见数据透视表中的费用类别（包括管理费、营业费等）由按行排列变成了按列排列，如图 11-7 所示。

图 11-7　查看移动"费用列表"字段后的显示效果

STEP 03 下移"日期"标签。在"行标签"区域中单击"日期"选项，从展开的下拉列表中单击"下移"选项，如图 11-8 所示。

STEP 04 查看数据透视表的显示效果。执行上一步操作后可在透视表中看见各部门在 2011 年 5 月 11 日至 7 月 18 日内的各种费用开支，如图 11-9 所示。

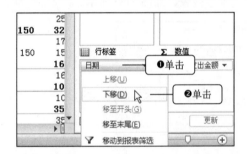

图 11-8　下移"日期"标签 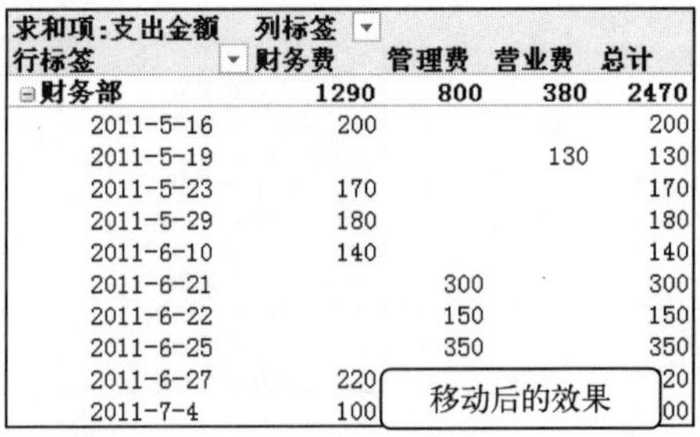　　　　　图 11-9　查看数据透视表的显示效果

技术拓展　**"字段设置"与"值字段设置"**

　　"Σ数值"区域中的字段被称为值字段，而其他三个区域中的字段被称为"字段"，因此，当对它们进行字段设置时，对话框会分别显示"字段设置"和"值字段设置"。字段的设置处理除可以更改字段的名称外，还可以设置字段的分类汇总和筛选、布局和打印等选项，而值字段的设置则包括值的汇总方式和显示方式，以及数字格式的设置。

11.1.3　设置数据透视表的外观和样式

　　对于 Excel 中的表格，用户都可以自行设置其外观和样式，数据透视表也不例外。用户可在数据透视表中设置其分类汇总、总计等属性，并应用 Excel 提供的透视表样式。

STEP 01 设置只显示字段列表。切换至"数据透视表工具-选项"选项卡下，单击"+/-按钮"和"字段标题"按钮，取消"+/-按钮"和"字段标题"的显示，如图 11-10 所示。

STEP 02 查看设置后的数据透视表效果。执行上一步操作后可在数据透视表中看见设置显示属性后的显示效果，如图 11-11 所示。

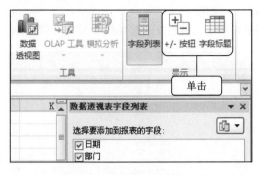

图 11-10　设置只显示字段列表

3	求和项:支出金额				
4		财务费	管理费	营业费	总计
5	财务部	1290	800	380	2470
6	2011-5-16	200			200
7	2011-5-19			130	130
8	2011-5-23	170			170
9	2011-5-29	180			180
10	2011-6-10	140			140
11	2011-6-21		300		300
12	2011-6-22		150		150
13	2011-6-25		350		350
14	2011-6-27	220			220
15	2011-7-4	100			100
16	2011-7-7	160			160

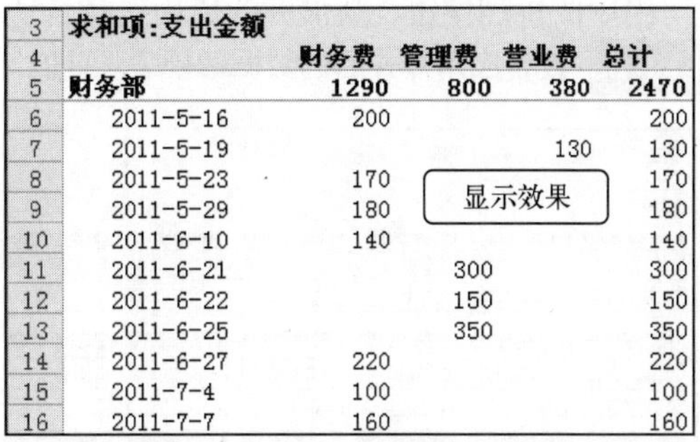

图 11-11　查看设置后的数据透视表效果

STEP 03 **设置分类汇总**。切换至“数据透视表工具-设计”选项卡下，单击“布局”组中的“分类汇总”下三角按钮，从展开的下拉列表中单击“在组的底部显示所有分类汇总”选项，如图 11-12 所示。

STEP 04 **设置总计**。在“布局”组中单击“总计”下三角按钮，从展开的下拉列表中单击“对行和列启用”选项，如图 11-13 所示。

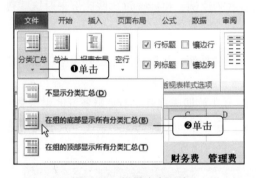

图 11-12　设置分类汇总

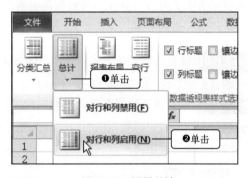

图 11-13　设置总计

STEP 05 **设置报表布局**。单击“报表布局”下三角按钮，从展开的下拉列表中单击“以表格形式显示”选项，如图 11-14 所示。

STEP 06 **查看设置后的显示效果**。在数据透视表中可看见设置后的效果，如图 11-15 所示。

图 11-14　设置报表布局

3	求和项:支出金额					
4			财务费	管理费	营业费	总计
5	财务部	2011-5-16	200			200
6		2011-5-19			130	130
7		2011-5-23	170			170
8		2011-5-29	180			180
9		2011-6-10	140			140
10		2011-6-21		300		300
11		2011-6-22		150		150
12		2011-6-25		350		350
13		2011-6-27	220			220
14		2011-7-4	100			100
15		2011-7-7	160			160
16		2011-7-10	120			120
17		2011-7-13			250	250
18	财务部 汇总		1290	800	380	2470

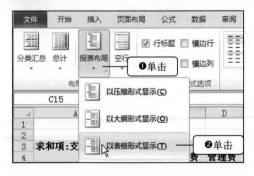

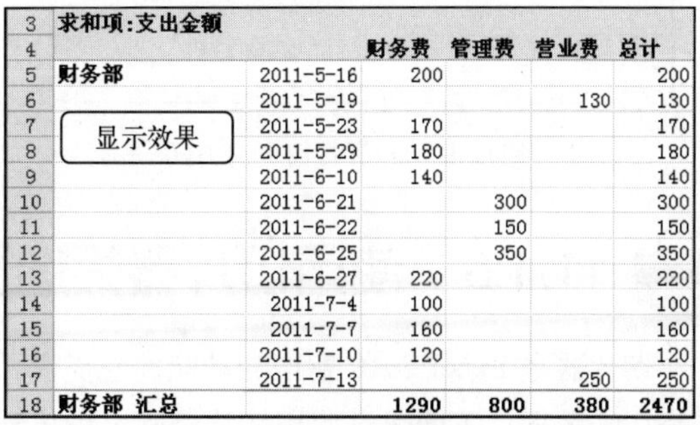

图 11-15　查看设置后的显示效果

STEP 07 选择数据透视表样式。切换至"数据透视表-设计"选项卡下，单击"数据透视表样式"组中的快翻按钮，从展开的库中选择合适的样式，如图 11-16 所示。

STEP 08 查看应用样式后的数据透视表。此时可看见应用样式后的数据透视表，如图 11-17 所示。

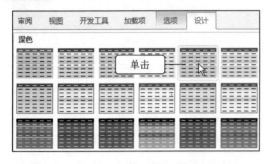

图 11-16　选择数据透视表样式

图 11-17　查看应用样式后的数据透视表

11.1.4　更改值显示方式

数据透视表中的值显示方式有多种，例如总计的百分比、行/列汇总的百分比等，用户可将值显示方式为总计百分比，既可直接查看各类费用所占的比例，也能通过这些比例来对这些费用进行进一步的分析。

STEP 01 设置按值汇总方式。单击"值显示方式"下三角按钮，从展开的下拉列表中单击"总计的百分比"选项，如图 11-18 所示。

STEP 02 查看各类费用占总费用的百分比情况。此时可在数据透视表中看见财务部的财务费、管理费和营业费占总费用的百分比，如图 11-19 所示，向下滑动右侧的滚动条还可查看其他部门的财务费、管理费和营业费占总费用的百分比。

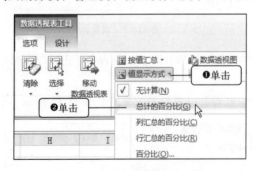

图 11-18　设置按值汇总方式

图 11-19　查看各类费用占总费用的百分比情况

11.1.5　使用切片器筛选数据

切片器是 Excel 2010 新增的功能，它提供了一种可视性极强的筛选方式，用以筛选数据透视表中的数据。下面通过使用切片器筛选销售部的费用支出为例来介绍使用切片器筛选数据的操作方法。

STEP 01　单击"插入切片器"选项。单击"数据透视表工具"上下文选项卡下的"选项"标签，在"排序和筛选"组中单击"插入切片器"下三角按钮，从展开的下拉列表中单击"插入切片器"选项，如图 11-20 所示。

STEP 02　选择字段。弹出"插入切片器"对话框，在列表框中勾选"部门"复选框，单击"确定"按钮，如图 11-21 所示。

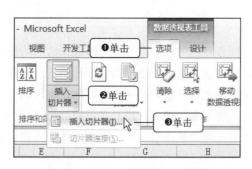

图 11-20　单击"插入切片器"选项

图 11-21　选择字段

STEP 03　选择部门。弹出"部门"窗格，在窗格中选择要查看费用支出情况的部门，例如单击"销售部"选项，如图 11-22 所示。

STEP 04　查看销售部的费用支出。此时可在数据透视表中看见销售部的费用支出情况，如图 11-23 所示。

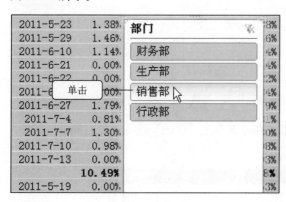

图 11-22　选择部门

图 11-23　看销售部的费用支出

11.2 日常支出费用图表动态分析

　　通过数据透视表对日常支出费用进行汇总之后，就可以通过数据透视图来实现动态分析。在数据透视图中添加图表元素和字段，然后设置字段筛选条件，通过设置不同的筛选条件来查看数据关系，以便于动态分析。

原始文件：实例文件\第 11 章\原始文件\无
最终文件：实例文件\第 11 章\最终文件\日常费用支出动态分析.xlsx

11.2.1 创建数据透视图

　　数据透视图是另一种数据表现形式，与数据透视表不同的地方在于它可以选择适当的图形来更直观地描述数据的特性。创建数据透视图有两种方法：第一种是根据数据透视表创建数据透视图；第二种是根据数据创建数据透视图。由于之前创建了数据透视表，因此这里可以利用数据透视表来创建数据透视图。为了比较不同部门的费用支出情况，用户在创建数据透视图时可以选择饼图，图表类型为饼图的数据透视图能够更直观地显示不同部门的费用支出占总费用支出的比例。

STEP 01 单击"数据透视图"按钮。选中数据透视表，切换至"数据透视表工具-选项"选项卡下，单击"数据透视图"按钮，如图 11-24 所示。

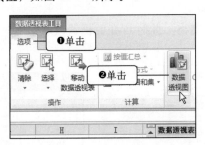

图 11-24　单击"数据透视图"按钮

STEP 02 选择饼图。弹出"插入图表"对话框，在左侧单击"饼图"选项，在右侧的"饼图"子集中单击"三维饼图"图标，如图 11-25 所示。

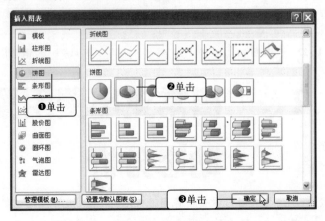

图 11-25　选择饼图

STEP 03 **查看创建的数据透视图**。返回工作表主界面，可看见创建的数据透视图，在"选择要添加到报表的字段"区域中勾选"部门"和"支出金额"复选框，此时可在数据透视图中看到四个部门的费用支出占总费用支出的比例，如图 11-26 所示。

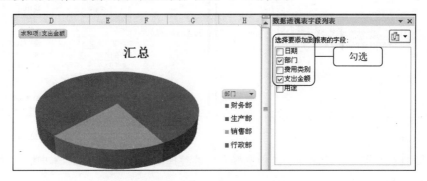

图 11-26　查看创建的数据透视图

11.2.2　设置图表元素

数据透视图包含了图表标题、数据标签、图例等图表元素。在创建的数据透视图中，用户可以重命名图表标题，让人快速了解该图表的含义，同时还可以设置显示数据标签，让数据透视图显示更多的图表信息。下面就介绍在图表中设置图表标题、数据标签和图例三种图表元素的操作步骤。

STEP 01 **设置图表标题的字体格式**。在数据透视图中的图表标题框中输入"日常费用支出汇总"，单击"开始"标签，切换至"开始"选项卡下，在"字体"组中设置字体为"楷体_GB2312"，设置字号为"20"，单击"加粗"按钮，如图 11-27 所示。

STEP 02 **选择其他图例选项**。单击"标题"组中的"图例"下三角按钮，从展开的下拉列表中单击"其他图例选项"选项，如图 11-28 所示。

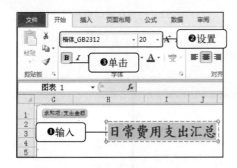

图 11-27　设置图表标题的字体格式

图 11-28　选择其他图例选项

STEP 03 **设置图例选项**。弹出"设置图例格式"对话框，在"图例选项"选项面板中单击选中"右上"单选按钮，如图 11-29 所示。

STEP 04 **设置填充选项**。在左侧单击"填充"选项，在"填充"选项面板中单击选中"图片或纹理填充"单选按钮，单击"纹理"右侧的下三角按钮，如图 11-30 所示。

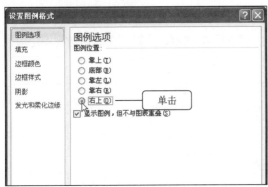
图 11-29 设置图例选项

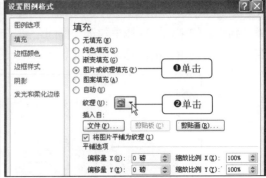
图 11-30 设置填充选项

STEP 05 选择纹理图案。从展开的库中选择合理的纹理图案，例如选择"羊皮纸"，如图 11-31 所示，单击"关闭"按钮。

STEP 06 选择其他数据标签选项。返回工作表界面，可在数据透视图中看见应用纹理的图例，单击"标签"组中"数据标签"下三角按钮，从展开的下拉列表中单击"其他数据标签选项"选项，如图 11-32 所示。

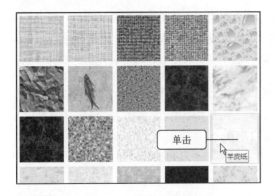
图 11-31 选择纹理图案

图 11-32 选择其他数据标签选项

STEP 07 设置标签选项。弹出"设置数据标签格式"对话框，在"标签选项"面板中勾选"百分比"复选框，在"标签位置"下方单击选中"数据标签外"单选按钮，如图 11-33 所示。

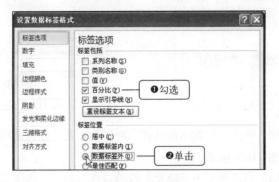
图 11-33 设置标签选项

STEP 08 查看设置图表元素后的数据透视图效果。单击"关闭"按钮返回工作表界面，此时可看见添加图表元素后的日常费用支出汇总数据透视图效果。如图 11-34 所示。

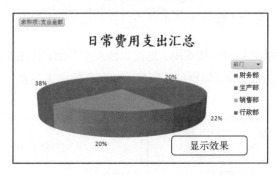

图 11-34　查看设置图表元素后的数据透视图效果

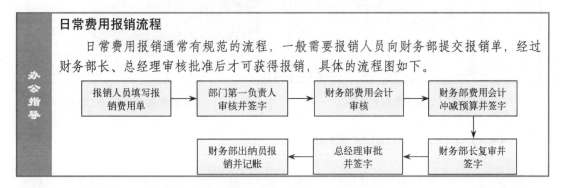

日常费用报销流程

　　日常费用报销通常有规范的流程，一般需要报销人员向财务部提交报销单，经过财务部长、总经理审核批准后才可获得报销，具体的流程图如下。

11.2.3　设置数据系列格式

　　设置图表的数据系列格式包括设置数据系列的填充、边框颜色、边框样式等选项。在"日常费用支出汇总"图表中，用户可以通过设置图表中代表四个部门的区域填充选项来美化数据透视图，本节将介绍使用图案填充数据系列区域的操作步骤。

STEP 01 单击"设置数据点格式"命令。右击数据透视图中"销售部"数据系列，从弹出的快捷菜单中单击"设置数据点格式"命令，如图 11-35 所示。

STEP 02 选择图案填充。弹出"设置数据点格式"对话框，在左侧单击"填充"选项，在"填充"选项面板中单击选中"图案填充"单选按钮，如图 11-36 所示。

图 11-35　单击"设置数据点格式"命令

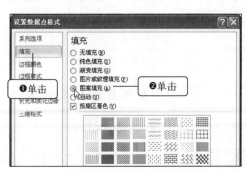

图 11-36　选择图案填充

STEP 03 设置图案及前景色。接着在"图案"列表框中选择合适的图案，例如单击"宽上对角线"图案，并设置前景色为"淡绿色"，背景色为"白色"，然后单击"关闭"按钮，如图 11-37 所示。

STEP 04 查看添加图案填充后的最终效果。返回工作表主界面，使用相同的方法为代表"财务部"、"生产部"和"行政部"的区域添加不同样式和颜色的图案填充，添加后的最终显示效果如图 11-38 所示。

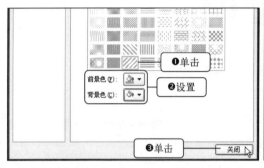

图 11-37　设置图案及前景色

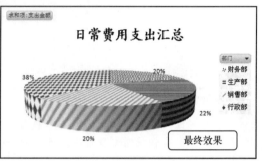

图 11-38　查看添加图案填充后的最终效果

11.2.4　设置图表背景

在"日常费用支出汇总"透视表中，图表背景默认是白色，为了让图表更加美观，用户可以利用 Excel 提供的形状样式和渐变样式来更换图表背景色，具体的操作步骤如下。

STEP 01 选中绘图区。选中数据透视图，切换至"数据透视图工具-格式"选项卡下，单击"当前所选内容"组中"图表元素"右侧下三角按钮，从展开的下拉列表中单击"绘图区"选项，如图 11-39 所示。

STEP 02 选择形状样式。单击"形状样式"组中快翻按钮，从展开的库中选择所需的形状样式，例如选择"细微效果-橄榄色，强调颜色 3"样式，如图 11-40 所示。

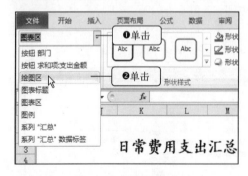

图 11-39　选中绘图区

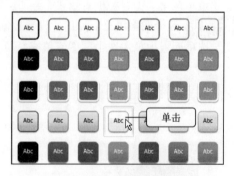

图 11-40　选择形状样式

STEP 03 选中图表区。此时可在工作表界面中看见绘图区应用形状样式后的效果，接着在数据透视图中单击选中"图表区"，如图 11-41 所示。

STEP 04 单击"其他渐变"选项。单击"形状样式"组中"形状填充"下三角按钮，从展开的下拉列表中单击"渐变"选项，在右侧的列表中单击"其他渐变"选项，如图 11-42 所示。

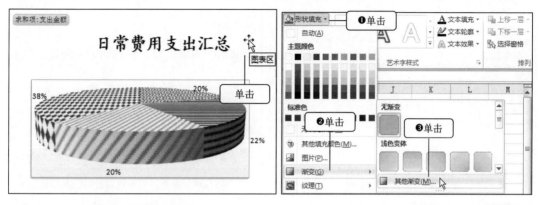

图 11-41　选中图表区　　　　　　　　　　图 11-42　单击"其他渐变"选项

STEP 05 选择渐变颜色。弹出"设置图表区格式"对话框，在"填充"选项面板中单击选中"渐变填充"单选按钮，单击"预设颜色"下三角按钮，从展开的库中选择"雨后初晴"样式，如图 11-43 所示。

STEP 06 设置渐变方向。单击"方向"下三角按钮，从展开的库中选择"线性向上"样式，如图 11-44 所示。

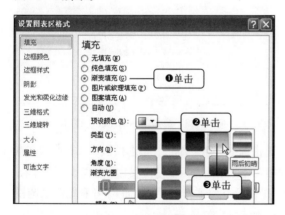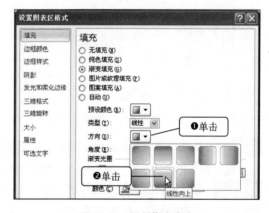

图 11-43　选择渐变颜色　　　　　　　　　　图 11-44　设置渐变方向

STEP 07 设置边框线条。单击"关闭"按钮返回工作表界面，单击"形状轮廓"下三角按钮，从展开的下拉列表中单击"粗细"选项，接着在右侧展开的列表中选择边框线条的粗细，例如单击"1.5 磅"选项，如图 11-45 所示。

STEP 08 查看设置图表背景后的显示效果。执行上一步操作后可在数据透视图中看见图表区应用背景后的显示效果，如图 11-46 所示。

11.2.5　移动图表至新工作表

利用数据透视表创建的"日常费用支出汇总"数据透视图与该数据透视表同在一个工作表

中，为了便于筛选数据和查看数据关系，用户可以将"日常费用支出汇总"数据透视图移至新工作表中，具体的操作步骤如下。

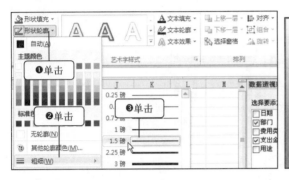

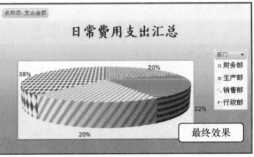

图 11-45　设置边框线条　　　　　　　　　图 11-46　查看设置图表背景后的显示效果

STEP 01 **单击"设计"标签。** 选中数据透视图，切换至"数据透视图-设计"选项卡下，如图 11-47 所示。

STEP 02 **单击"移动图表"按钮。** 在"位置"组中单击"移动图表"按钮，如图 11-48 所示。

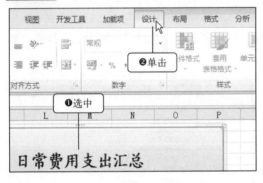

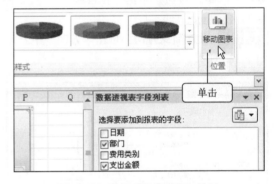

图 11-47　单击"设计"标签　　　　　　　　图 11-48　单击"移动图表"按钮

STEP 03 **移动图表。** 弹出"移动图表"对话框，单击选中"新工作表"单选按钮，在右侧的文本框中输入新工作表的名称，例如输入"数据表透视图"，输完后单击"确定"按钮，如图 11-49 所示。

STEP 04 **查看移动后的数据透视图。** 执行上一步操作后返回工作表界面，此时可看见数据透视图已经被移至新建的"数据表透视图"工作表中，如图 11-50 所示。

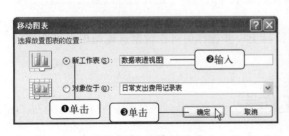

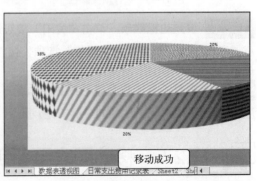

图 11-49　移动图表　　　　　　　　　　图 11-50　查看移动后的数据透视图

11.2.6 通过字段按钮筛选查看数据关系

数据透视图具有自动筛选的功能，用户可以通过添加不同的字段，然后对这些字段进行筛选。例如，可以通过筛选费用类别和用途来查看不同部门同一类费用的支出情况。下面就介绍在数据透视图中筛选费用类别和用途的具体操作步骤。

STEP 01 设置显示坐标轴字段按钮。选中数据透视图，切换至"数据透视图工具-分析"选项卡下，单击"字段按钮"下三角按钮，从展开的下拉列表中勾选"显示坐标轴字段按钮"选项，如图 11-51 所示。

STEP 02 添加**"费用类别"**字段。在"数据透视表字段列表"窗格中的"选择要添加到报表的字段"组中勾选"费用类别"复选框，接着可在左侧的数据透视图中看见"费用类别"字段按钮，如图 11-52 所示。

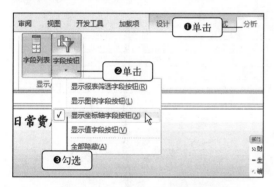

图 11-51 设置显示坐标轴字段按钮

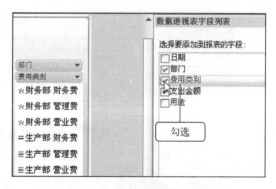

图 11-52 添加"费用类别"字段

STEP 03 设置**"费用类别"**筛选条件。在数据透视图中单击"费用类别"字段按钮，在展开的下拉列表中设置筛选条件，例如勾选"管理费"复选框，如图 11-53 所示。

STEP 04 查看筛选后的数据透视图。单击"确定"按钮后可在数据透视图中看见公司四个部门的日常管理费用支出情况，如图 11-54 所示。

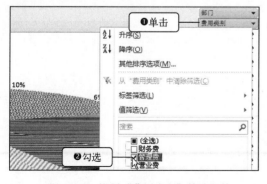

图 11-53 设置"费用类别"筛选条件

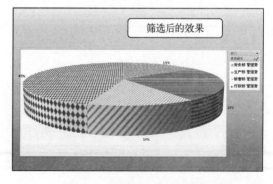

图 11-54 查看筛选后的数据透视图

第12章
公司成本与利润的分析预测

产品的生产成本和利润对于公司而言是非常重要的，通过对成本的分析可以有效地控制生产成本，从而增大利润空间，而对利润的分析既可以为产品再生产所投入的成本做好规划，同时也能获取该产品市场占有率的相关信息。

月份	用散点图和趋势线预测	用线性函数预测	用指数函数预测	用回归分析法预测	平均值
7月	￥ 42,287.05	￥ 42,286.92	￥ 43,060.38	￥ 42,286.92	￥ 42,480.32
8月	￥ 40,687.99	￥ 40,687.86	￥ 41,077.51	￥ 40,687.86	￥ 40,785.31
9月	￥ 38,129.50	￥ 38,129.38	￥ 38,093.08	￥ 38,129.38	￥ 38,120.33
10月	￥ 37,649.78	￥ 37,649.66	￥ 37,558.12	￥ 37,649.66	￥ 37,626.81
11月	￥ 35,171.24	￥ 35,171.	￥ 34,91?.58	￥ 35,171.12	￥ 35,106.27
12月	￥ 33,332.32			￥ 33,332.21	￥ 33,266.50

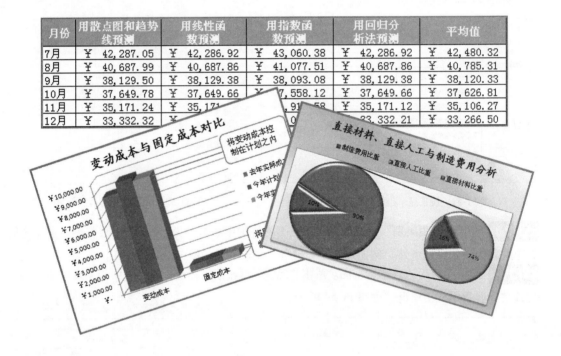

12.1 变动成本与固定成本对比分析

生产成本由变动成本和固定成本组成，在生产的过程中，企业必须对这两类成本进行对比分析，通过对它们的分析来达到有效控制成本的目的。对变动成本和固定成本的分析可通过 Excel 2010 中的柱形图来实现。

原始文件：实例文件\第 12 章\原始文件\生产成本表.xlsx
最终文件：实例文件\第 12 章\最终文件\生产成本表.xlsx

12.1.1 创建柱形图

若使用图表来分析变动成本与固定成本，则可选择柱形图，这是因为柱形图能够直接反映变动成本与固定成本在不同时间段内的情况。下面介绍创建柱形图的具体操作步骤。

STEP 01 选取要创建表格的数据源。打开随书光盘\实例文件\第 12 章\原始文件\生产成本表.xlsx，选择 A2:D3 单元格区域，按住【Ctrl】键不放，继续选择 A7:D7 单元格区域，如图 12-1 所示。

STEP 02 选择三维簇状柱形图。切换至"插入"选项卡下，单击"图表"组中的"柱形图"下三角按钮，从展开的下拉列表中选择"三维簇状柱形图"图标，如图 12-2 所示。

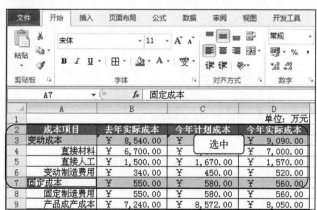

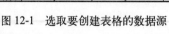

图 12-1　选取要创建表格的数据源

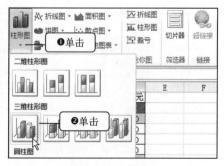

图 12-2　选择三维簇状柱形图

STEP 03 查看创建的柱形图。执行上一步操作后，在工作表界面中可看见创建的初始柱形图，如图 12-3 所示，从该图表中可以知道去年实际成本、今年计划和实际成本各自所包含的固定成本和变动成本费用。

固定成本和变动成本的概念

　　公司的生产成本由固定成本和变动成本两大部分组成，其中固定成本是指成本总额在一定时期和一定业务范围内，不会随着业务量的增减变动而变动的成本。固定成本的固定性是相对的，而这里所说的一定范围叫做相关范围，如果业务量的变动超过这个范围，固定成本就会发生变动。而变动成本与固定成本相反，是指那些成本的总额在相关范围内随着业务量的变动而呈现线型变动的成本。

STEP 04 **切换图表的行/列数据**。选中图表，切换至"图表工具-设计"选项卡下，单击"数据"组中的"切换行/列"按钮，如图 12-4 所示。

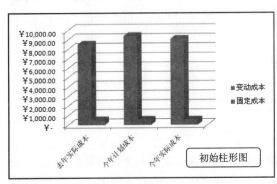

图 12-3　查看创建的柱形图　　　　　　　　　图 12-4　切换图表的行/列数据

STEP 05 **查看切换行/列后的柱形图**。此时可看见切换后的显示效果，如图 12-5 所示，从该柱形图中不仅可以了解到去年实际成本、今年计划和实际成本各自包含的固定成本和变动成本费用，而且还能直接对这三类成本中各自包含的固定成本和变动成本进行比较。

STEP 06 **设置图表标题居中**。选中柱形图，切换至"图表工具-布局"选项卡下，单击"标签"组中的"图表标题"下三角按钮，从展开的下拉列表中单击"居中覆盖标题"选项，如图 12-6 所示。

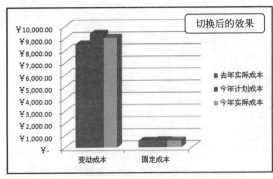
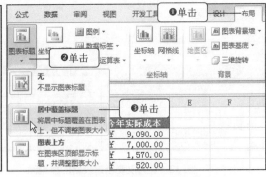

图 12-5　查看切换行/列后的柱形图　　　　　　图 12-6　设置图表标题居中

STEP 07 **输入图表标题**。选中绘图区，调整绘图区的大小，然后在顶部的标题文本框中输入图表标题，例如输入"变动成本与固定成本对比"，如图 12-7 所示。

STEP 08 设置标题的字符格式。选中图表标题，设置其字体为"楷体_GB2312"、字号为"18"、字形为"加粗"，如图 12-8 所示。

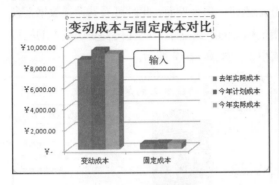

图 12-7　输入图表标题

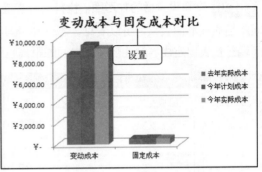

图 12-8　设置标题的字符格式

12.1.2　设置数据系列间距

在"变动成本与固定成本对比"柱形图中，设置数据系列间距包括设置系列间距和设置分类间距，其中系列间距是指代表去年实际成本、今年计划和实际成本的柱子与横坐标轴之间的距离，分类间距是指柱形图中代表变动成本的柱子与代表固定成本的柱子之间的距离。

在 Excel 2010 中，系列间距和分类间距值都是显示的百分比值，该值的计算公式为：间距值÷柱子宽度值×100%。通过调整该值可以使柱形图中各组成部分的比例显得更加匀称，整体效果更加美观。设置数据系列间距的具体操作步骤如下。

STEP 01 选择数据系列。选中柱形图，切换至"图片工具-布局"选项卡下，在"当前所选内容"组中单击"图表区"右侧下三角按钮，从展开的下拉列表中选择任意数据系列，例如单击"系列'去年实际成本'"选项，如图 12-9 所示。

STEP 02 单击"设置数据系列格式"选项。在柱形图中右击选中的数据系列，从弹出的快捷菜单中单击"设置数据系列格式"命令，如图 12-10 所示。

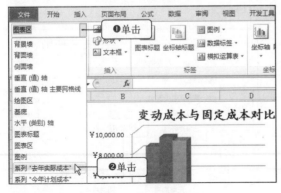

图 12-9　选择数据系列

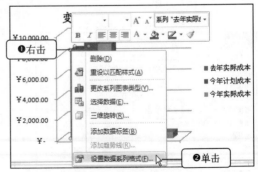

图 12-10　单击"设置数据系列格式"选项

STEP 03 设置系列选项。弹出"设置数据点格式"对话框，在"系列选项"面板中通过拖动滑块来设置系列间距和分类间距，例如设置系列间距和分类间距均为 45%，如图 12-11 所示，单击"关闭"按钮。

STEP 04 查看设置后的柱形图。执行上一步操作后返回工作表界面，此时可看见设置数据系列间距后的柱形图效果，可以看见，不仅柱子与横坐标轴的距离缩小，而且代表变动成本的柱形区域与代表固定成本的柱形区域之间的距离也缩小了，如图 12-12 所示。

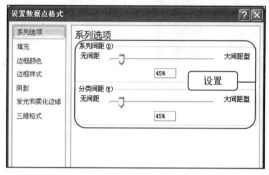

图 12-11　设置系列选项

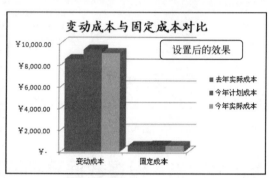

图 12-12　查看设置后的柱形图

12.1.3　设置坐标轴的刻度单位和最值

在"变动成本与固定成本对比"柱形图中，其纵坐标轴的刻度单位和最大值默认为 2000 和 10000，这样的设置使得用户无法从柱形图中掌握去年实际成本、今年计划和实际成本所对应的精确值，在分析数值时造成较大的误差。为了避免这种情况，用户可以手动设置纵坐标轴的刻度单位和最值，以降低分析数据所带来的误差，设置的具体操作步骤如下。

STEP 01 选择垂直（值）轴。选中柱形图，切换至"图片工具-布局"选项卡下，在"当前所选内容"组中单击"图表元素"右侧下三角按钮，从展开的下拉列表中单击"垂直（值）轴"选项，如图 12-13 所示。

STEP 02 单击"设置坐标轴格式"命令。在柱形图中右击选中的垂直（值）轴边缘，从弹出的快捷菜单中单击"设置坐标轴格式"命令，如图 12-14 所示。

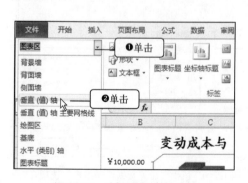

图 12-13　选择垂直（值）轴

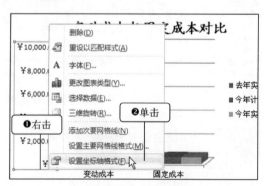

图 12-14　单击"设置坐标轴格式"命令

STEP 03 设置坐标轴选项。弹出"设置坐标轴格式"对话框，在"坐标轴选项"面板中设置最小值为"0.0"，最大值为"10000.0"，主要刻度单位为"1000.0"，如图 12-15 所示。

STEP 04 查看设置后的柱形图效果。单击"关闭"按钮返回工作表界面，此时可看见设置后的柱形图效果，这样的柱形图将会有利于对成本的分析，如图 12-16 所示。

图 12-15 设置坐标轴选项　　　　　　　图 12-16 查看设置后的柱形图效果

12.1.4 绘制自选图形辅助说明图表意图

用户可以在创建的图表中添加自选图形，用于对图表中某一部分进行补充说明。下面以"变动成本与固定成本对比"柱形图为例介绍添加自选图形辅助说明的操作步骤。

STEP 01 选择直线。切换至"插入"选项卡下，在"插图"组中单击"形状"下三角按钮，从展开的下拉列表中单击"直线"图标，如图 12-17 所示。

STEP 02 绘制直线。当指针呈十字状时，将指针移至柱形图中，选择绘制直线的始点，按住鼠标左键不放，拖动鼠标绘制直线，拖动至合适位置处释放鼠标左键，如图 12-18 所示。

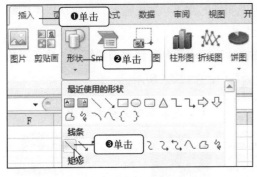

图 12-17 选择直线　　　　　　　　　图 12-18 绘制直线

STEP 03 单击"设置对象格式"命令。右击绘制的直线，从弹出的快捷菜单中单击"设置对象格式"命令，如图 12-19 所示。

STEP 04 设置线条颜色。弹出"设置形状格式"对话框，单击"线条颜色"选项，在右侧的"线条颜色"面板中单击选中"实线"单选按钮，单击"颜色"下三角按钮，从展开的颜色面板中选择"浅蓝"颜色，如图 12-20 所示。

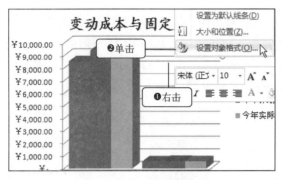

图 12-19　单击"设置对象格式"命令

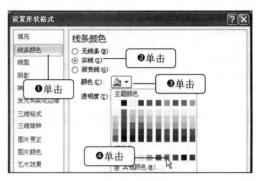

图 12-20　设置线条颜色

STEP 05 设置线条宽度。单击"线型"选项，在右侧的"线型"选项面板中调整线条的宽度，例如设置线条宽度为"1.5 磅"，如图 12-21 所示。

STEP 06 绘制圆角矩形。使用相同的方法绘制圆角矩形，设置其填充属性为"无填充"、线型宽度为"1.5 磅"，如图 12-22 所示。

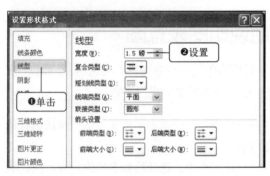

图 12-21　设置线条宽度

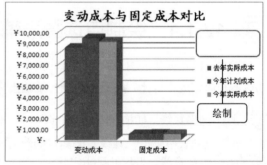

图 12-22　绘制圆角矩形

STEP 07 输入说明文本。在绘制的圆角矩形中输入说明性的文本，这里输入"将变动成本控制在计划之内"，如图 12-23 所示。

STEP 08 继续添加自选图形。使用相同的方法继续在柱形图中添加直线和圆角矩形，并在圆角矩形中输入说明性文本"将固定成本控制在计划之内"，如图 12-24 所示。

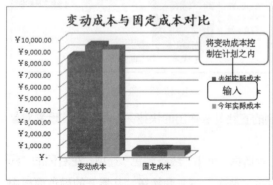

图 12-23　输入说明文本

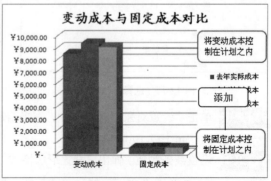

图 12-24　继续添加自选图形

12.2 直接材料、直接人工与制造费用占有率分析

　　直接材料、直接人工与制造费用是生产成本的重要组成部分,生产成本包括各项直接支出和制造费用,其中直接支出包括直接材料、直接人工和其他直接支出费用(如福利费),而制造费用是指企业内的分厂、车间为组织和管理生产所发生的各项费用(包括管理费、折旧费和维修费等),通过对它们在生产成本中占有率的分析,可得知对生产成本起着决定性作用的因素,本节将介绍如何通过 Excel 中的复合饼图来分析直接材料、直接人工与制造费用的占有率。

原始文件:实例文件\第 12 章\原始文件\直接材料、直接人工与制造费用.xlsx
最终文件:实例文件\第 12 章\最终文件\直接材料、直接人工与制造费用.xlsx

12.2.1 创建复合饼图

　　复合饼图是用于分析直接材料、直接人工与制造费用的最佳选择,这是因为通过创建的复合饼图中不仅可以看到直接支出与制造费用各自所占制造成本的比例,而且还能够从第二绘图区中查看直接人工与直接材料各自所占的比例。本节将介绍创建复合饼图的操作步骤。

STEP 01 **选取要创建表格的数据源。**打开随书光盘\实例文件\第 12 章\原始文件\直接材料、直接人工与制造费用.xlsx,利用【Ctrl】键选择 A2:D2 和 A7:D9 单元格区域,如图 12-25 所示。

STEP 02 **选择复合饼图。**切换至"插入"选项卡下,单击"图表"组中的"饼图"下三角按钮,从展开的下拉列表中单击"复合饼图"选项,如图 12-26 所示。

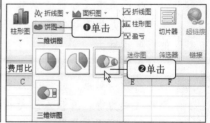

图 12-25　选取要创建表格的数据源　　　　　　图 12-26　选择复合饼图

STEP 03 查看创建的复合饼图。执行上一步操作后可在工作表界面中看见创建的复合饼图，如图 12-27 所示。

STEP 04 选择图表布局。选中复合饼图，切换至"图表工具-设计"选项卡，在"图表布局"组中单击快翻按钮，从展开的库中选择所需的图表布局，例如选择"布局 2"样式，如图 12-28 所示。

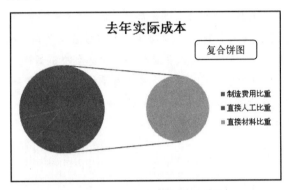

图 12-27　查看创建的复合饼图

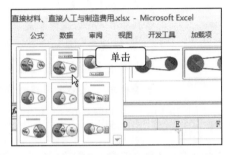

图 12-28　选择图表布局

STEP 05 查看设置后的复合饼图。此时可在工作表中看见设置后的复合饼图，重新输入图表标题，并设置字体为"楷体_GB2312"，字号为"16"，字形为"加粗"，其设置后的显示效果如图 12-29 所示。

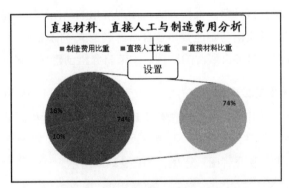

图 12-29　查看设置后的复合饼图

生产成本的概念

　　生产成本又称制造成本，是指企业生产活动的成本，即企业为生产而发生的成本，生产成本是生产过程中各种资源利用情况的货币表示，它是衡量企业技术和管理水平的重要指标。

　　生产成本由直接材料、直接人工和制造费用三部分组成。直接材料是指在生产过程中的劳动对象，通过加工使之成为半成品或成品，直接材料包括原材料、辅助材料、燃料及动力等；直接人工是指生产过程中所耗费的人力资源、可用工资额和福利费计算；制造费用是指除直接材料和直接人工以外的其余一切成产成本，主要包括企业各个生产单位（车间、分厂）为组织和管理生产所发生的一切费用。

办公指导

12.2.2 设置第二绘图区数据项

由于直接人工与直接材料均属于直接支出，因此可以将这两个数据系列设置为显示在第二绘图区中，这样既可以了解直接人工与直接材料之间的比例，同时也可以了解直接支出与制造费用之间的比例。设置第二绘图区数据项的操作步骤如下。

STEP 01 选择"去年实际成本"区域。选中复合饼图，切换至"图表工具-布局"选项卡下，在"图表元素"下拉列表中单击"系列'去年实际成本'"选项，如图 12-30 所示。

STEP 02 单击"设置数据系列格式"标签。此时可看见复合饼图中的所有数据系列都被选中，右击任一数据系列，从弹出的快捷菜单中单击"设置数据系列格式"命令，如图 12-31 所示。

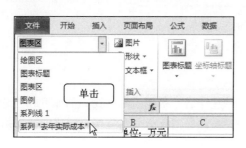

图 12-30 选择"去年实际成本"区域

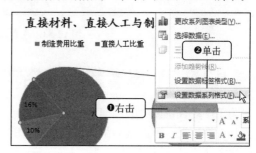

图 12-31 单击"设置数据系列格式"标签

STEP 03 设置第二绘图区选项。弹出"设置数据系列格式"对话框，在"系列选项"面板中设置第二绘图区包含的值为"2"，接着设置第二绘图区大小为"67%"，如图 12-32 所示。

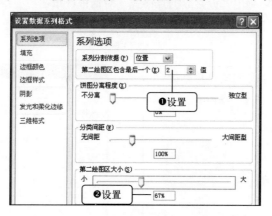

图 12-32 设置第二绘图区选项

用对比分析法分析生产成本

对比分析法是将不同时期的实际成本指标进行对比来揭示差异，分析差异产生原因的一种方法。

在对比分析中，可将实际指标与计划指标对比，本期实际生产成本与上期实际生产成本对比，本期实际生产成本指标与国内外同类型先进企业的生产成本指标进行对比等形式。通过对比分析，可了解企业成本的升降情况以及发展趋势，查明原因，找出差距，进而提出有效的改进措施。

STEP 04 **查看设置后的显示效果**。单击"关闭"按钮返回工作表，此时可看见直接人工与直接材料之间的占用率，同时也可看出制造费用与直接支出之间的占用率，如图 12-33 所示。

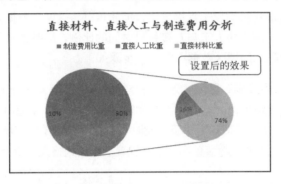

图 12-33　查看设置后的显示效果

12.2.3　设置数据点格式

为了让复合饼图中的数据项更加美观，可以设置该图中各个数据点的格式，例如可以为它们添加三维效果。下面就介绍为复合饼图中的代表制造费用、直接人工和直接材料扇形区域添加三维效果的具体操作步骤。

STEP 01 **单击"设置数据点格式"命令**。右击复合饼图中的"制造费用比重"数据点，从弹出的快捷菜单中单击"设置数据点格式"命令，如图 12-34 所示。

STEP 02 **设置顶端效果**。弹出"设置数据点格式"对话框，单击"三维格式"标签，在"三维格式"选项面板中单击"顶端"下三角按钮，从展开的"棱台"库中选择"圆"样式，如图 12-35 所示。

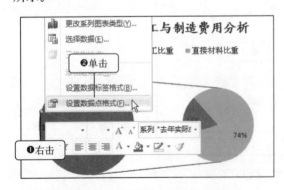

图 12-34　单击"设置数据点格式"命令

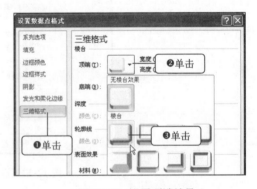

图 12-35　设置顶端效果

STEP 03 **设置底端和表面效果**。接着设置棱台的底端为"圆"，材料为"硬边缘"，照明为"柔和"，如图 12-36 所示。

STEP 04 **双击紫色区域**。在工作表主界面中可以看见设置后的"制造费用比重"数据点显示效果，选中第一绘图区中的"直接材料+直接人工"数据点，如图 12-37 所示。

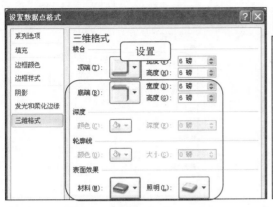

图 12-36　设置底端和表面效果

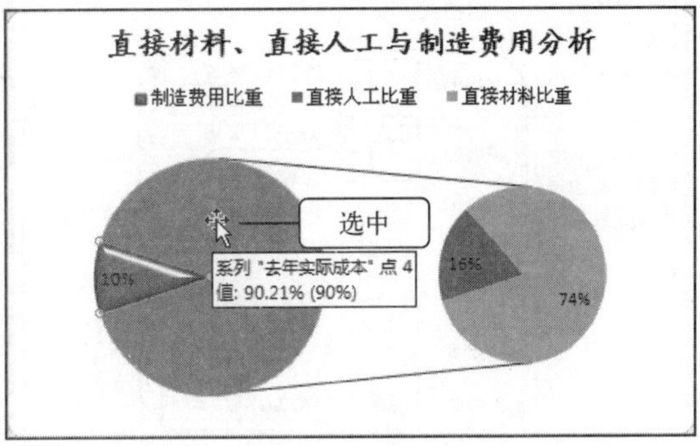

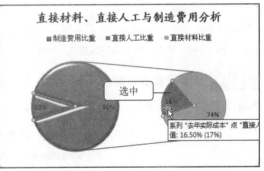

图 12-37　双击紫色区域

STEP 05 设置三维格式。在"设置数据点格式"对话框中设置棱台的顶端和底端均为"圆"，材料为"硬边缘"，照明为"三点"，如图 12-38 所示。

STEP 06 选择"直接人工比重"区域。在工作表主界面中选中"直接人工比重"数据点，如图 12-39 所示。

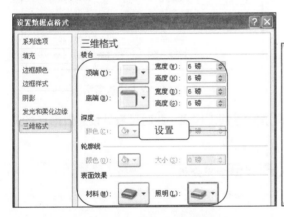

图 12-38　设置三维格式

图 12-39　选择"直接人工比重"区域

STEP 07 设置三维格式。在"设置数据点格式"对话框中的"三维格式"选项面板中设置棱台顶端和底端均为"圆"，材料为"硬边缘"，照明为"强烈"，如图 12-40 所示。

STEP 08 设置"直接材料比重"区域。选中"直接材料比重"数据点，在"设置数据点格式"对话框中的"三维格式"选项面板中设置棱台顶端和底端均为"圆"，材料为"硬边缘"，照明为"三点"，如图 12-41 所示。

STEP 09 单击"设置系列线格式"命令。在复合饼图中右击系列线，从弹出的快捷菜单中单击"设置系列线格式"命令，如图 12-42 所示。

STEP 10 设置线条宽度。弹出"设置系列线格式"对话框，单击"线型"选项，在"线型"选项面板中设置线条宽度为"1.5 磅"，如图 12-43 所示。

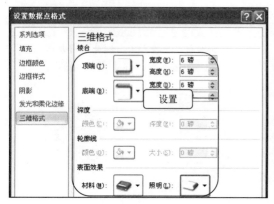

图 12-40　设置三维格式　　　　　　　　图 12-41　选择"直接材料比重"区域

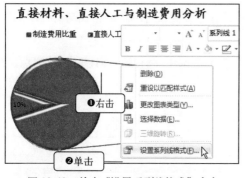

图 12-42　单击"设置系列线格式"命令

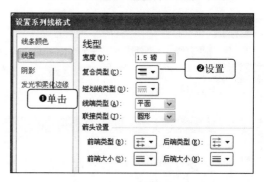

图 12-43　设置线条宽度

STEP 11 查看设置后的复合饼图。单击"关闭"按钮返回工作表，此时可看见设置数据点格式和系列线后的显示效果，如图 12-44 所示。

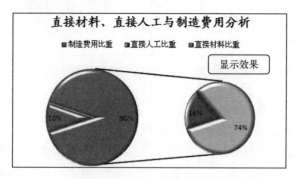

图 12-44　查看设置后的复合饼图

12.2.4　设置图表背景

在 Excel 2010 中创建的图表背景均默认为白色，而白色的背景无法使图表显得精美，此时就需要对复合饼图的图表背景进行设置。本节将介绍对复合饼图的图表区添加渐变填充和对绘图区应用形状样式的操作步骤。

STEP 01 选择图表区。选中复合饼图，切换至"图表工具-布局"选项卡下，单击"当前所选内容"组中的下三角按钮，从展开的下拉列表中单击"图表区"选项，如图 12-45 所示。

STEP 02 单击"其他渐变"选项。切换至"图表工具-格式"选项卡下，单击"形状样式"组中的"形状填充"下三角按钮，从展开的下拉列表中单击"渐变"选项，接着在右侧的列表中单击"其他渐变"选项，如图 12-46 所示。

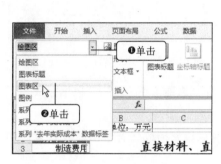

图 12-45　选择图表区

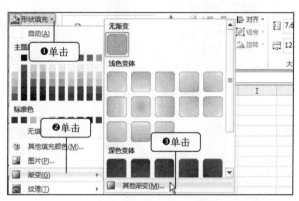

图 12-46　单击"其他渐变"选项

STEP 03 选择渐变颜色。弹出"设置图表区格式"对话框，在"填充"选项面板中单击选中"渐变填充"单选按钮，单击"预设颜色"下三角按钮，从展开的库中选择"麦浪滚滚"样式，如图 12-47 所示。

STEP 04 设置渐变方向。设置渐变类型为"线性"，单击"方向"下三角按钮，从展开的库中选择"线性对角-左下到右上"样式，如图 12-48 所示。

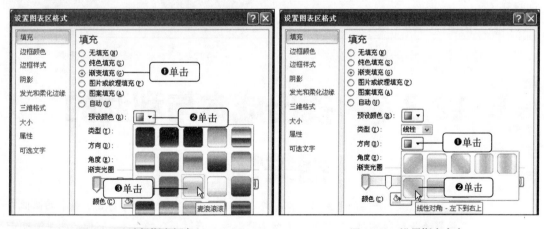

图 12-47　选择渐变颜色　　　　　　　　　　图 12-48　设置渐变方向

STEP 05 选中绘图区。单击"关闭"按钮返回工作表，可看见填充渐变色的图表区，之后选中绘图区，如图 12-49 所示。

STEP 06 应用形状样式。切换至"图表工具-格式"选项卡下，单击"形状样式"组中的快翻按钮，从展开的库中选择形状样式，例如选择"细微效果，水绿色，强调颜色 5"样式，如

图 12-50 所示。

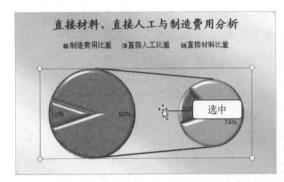
图 12-49　选中绘图区

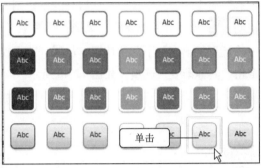
图 12-50　应用形状样式

STEP 07 设置数据标签居中显示。切换至"图表工具-布局"选项卡下，单击"数据标签"下三角按钮，从展开的下拉列表中单击"居中"选项，如图 12-51 所示。

STEP 08 查看设置后的最终效果。此时可在工作表中看见设置后的复合饼图最终效果，如图 12-52 所示。

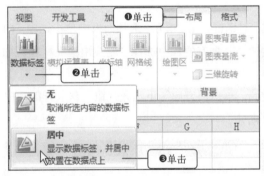
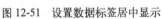
图 12-51　设置数据标签居中显示

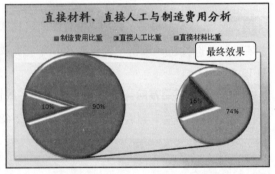
图 12-52　查看设置后的最终效果

12.3 （（ 找出成本与利润的相关性

　　一直以来，产品的成本与利润始终都是企业十分关心的两个方面，成本的高低将直接影响获利的多少，而获利的多少又将影响生产时投入的成本，它们之间具有相关性，而这种相关性则可以利用函数和数据分析工具来体现。

12.3.1 使用函数计算相关系数进行判断

CORREL 函数是一个用于计算两个数据项相关系数的函数，在寻找商品成本与利润的相关性时，可以直接使用该函数计算它们之间的相关系数，系数越接近 1，就证明两者的相关性越大。下面介绍使用 CORREL 函数计算成本与利润相关性的操作步骤。

STEP 01 单击"插入函数"按钮。打开随书光盘\实例文件\第 12 章\原始文件\2011 年上半年销售表.xlsx，在 B11 单元格中输入"销售成本与销售利润的相关系数"文本，选中 C11 单元格，切换至"公式"选项卡下，单击"函数库"组中的"插入函数"按钮，如图 12-53 所示。

STEP 02 搜索 CORREL 函数。弹出"插入函数"对话框，在"搜索函数"文本框中输入 CORREL，单击"转到"按钮，在"选择函数"列表框中选中 CORREL 函数，单击"确定"按钮，如图 12-54 所示。

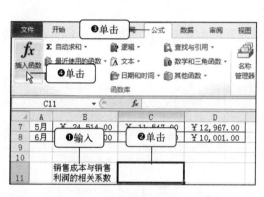

图 12-53 单击"插入函数"按钮

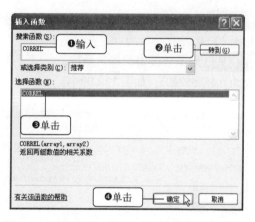

图 12-54 搜索 CORREL 函数

STEP 03 单击 Array1 折叠按钮。弹出"函数参数"对话框，单击 Array1 右侧的折叠按钮，如图 12-55 所示。

STEP 04 选中 C3:C8 单元格区域。当指针呈十字状时，在工作表中拖动选择 C3:C8 单元格区域，如图 12-56 所示。

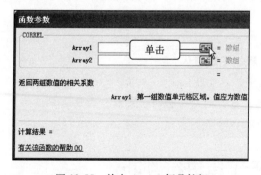

图 12-55 单击 Array1 折叠按钮

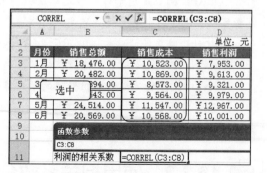

图 12-56 选中 C3:C8 单元格区域

STEP 05 单击 Array2 折叠按钮。单击折叠按钮还原"函数参数"对话框，此时可看见 Array1

的参数，单击 Array2 右侧的折叠按钮，如图 12-57 所示。

STEP 06 选择 D3:D8 单元格区域。当指针呈十字状时，在工作表中拖动选中 D3:D8 单元格区域，如图 12-58 所示。

图 12-57　单击 Array2 折叠按钮 　　　　　　　　图 12-58　选择 D3:D8 单元格区域

STEP 07 单击"确定"按钮。单击折叠按钮还原"函数参数"对话框，直接单击"确定"按钮，如图 12-59 所示。

STEP 08 查看计算出的相关系数。此时可在 C11 单元格中看见销售成本与销售利润的相关系数为 0.485552407，如图 12-60 所示。

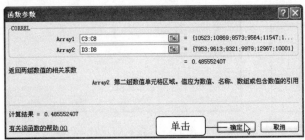 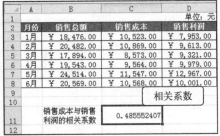

图 12-59　单击"确定"按钮 　　　　　　　　图 12-60　查看计算出的相关系数

技术拓展　认识 CORREL 函数

　　CORREL 函数是用于计算单元格区域 Array1 和 Array2 之间的相关系数，计算出的相关系数可以确定这两个单元格区域之间的关系。

　　CORREL 函数的语法为：CORREL(Array1，Array2)

　　Array1：该参数是指第一组数值的单元格区域，不能默认。

　　Array2：该参数是指第二组数值的单元格区域，不能默认。

　　如果引用的参数包含文本、逻辑值或空白单元格，则这些值将被忽略；但包含零值的单元格将被计算在内。

 ## 12.3.2　使用相关系数分析工具进行判断

　　分析成本与利润相关性的方法除了使用函数之外，还可以使用 Excel 2010 提供的数据分析工具来进行判断。数据分析工具一般都是处于隐藏状态，用户若想使用相关系数分析工具进行分析，则需要设置显示数据分析工具，然后进行相关性分析。

STEP 01 单击"文件"按钮。打开随书光盘\实例文件\第 12 章\原始文件\2011 年上半年销售表.xlsx，单击"文件"按钮，如图 12-61 所示。

STEP 02 单击"选项"按钮。在弹出的菜单中单击"选项"按钮，如图 12-62 所示。

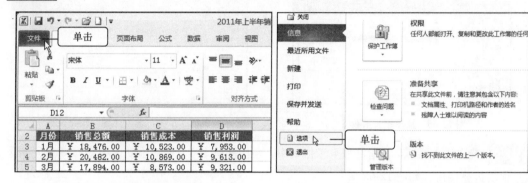

图 12-61　单击"文件"按钮　　　　　　　图 12-62　单击"选项"按钮

STEP 03 单击"转到"按钮。弹出"Excel 选项"对话框，单击"加载项"选项，接着在右侧单击"管理"右侧的"转到"按钮，如图 12-63 所示。

STEP 04 加载分析工具库。弹出"加载宏"对话框，在"可用加载宏"复选框中勾选"分析工具库"复选框，单击"确定"按钮，如图 12-64 所示，此时，可以调出数据分析工具。

图 12-63　单击"转到"按钮　　　　　　　图 12-64　加载分析工具库

STEP 05 单击"数据分析"按钮。返回 Excel 工作簿主界面，切换至"数据"选项卡下，单击"分析"组中的"数据分析"按钮，如图 12-65 所示。

图 12-65　单击"数据分析"按钮

STEP 06 选择相关系数。 弹出"数据分析"对话框，在"分析工具"列表框中单击"相关系数"选项，单击"确定"按钮，如图 12-66 所示。

STEP 07 单击"输入区域"折叠按钮。 弹出"相关系数"对话框，在"输入"组中单击"输入区域"右侧的折叠按钮，如图 12-67 所示。

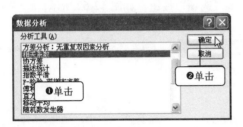

图 12-66　选择相关系数

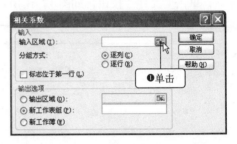

图 12-67　单击"输入区域"折叠按钮

STEP 08 选择输入区域。 将指针移至工作表中，当指针呈十字状时，拖动选中 C2:D8 单元格区域，单击折叠按钮，如图 12-68 所示。

STEP 09 单击"输出区域"折叠按钮。 还原"相关系数"对话框，在"输出选项"组中单击选中"输出区域"单选按钮，接着单击右侧的折叠按钮，如图 12-69 所示。

图 12-68　选择输入区域

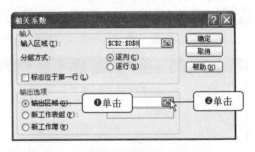

图 12-69　单击"输出区域"折叠按钮

STEP 10 选择输入单元格。 将指针移至工作表中，当指针呈十字状时，拖动选中 B14 单元格，单击折叠按钮，如图 12-70 所示。

STEP 11 单击"确定"按钮。 还原"相关系数"对话框，勾选"标志位于第一行"复选框，单击"确定"按钮，如图 12-71 所示。

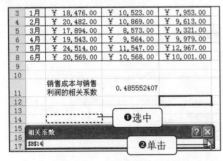

图 12-70　选择输入单元格

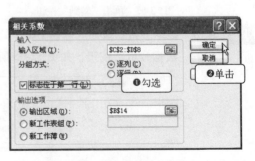

图 12-71　单击"确定"按钮

STEP 12 查看计算出的相关系数。返回工作表界面，此时可在 C16 单元格中看见计算出的销售成本与销售利润相关系数，如图 12-72 所示。

	B	C	D
	G27		f_x
9			
10			
11	销售成本与销售利润的相关系数	0.485552407	
12			
13			
14		销售成本	相关系数
15	销售成本		
16	销售利润	0.485552407	1
17			

图 12-72　查看计算出的相关系数

技术拓展　认识"相关系数"对话框参数

　　"相关系数"对话框包含 6 个参数，即输入区域、分组方式、标志位于第一行/标志位于第一列、输出区域、新工作表组和新工作簿。

　　输入区域：用于输入待分析数据区域的单元格引用，该引用必须由两个或两个以上按列或按行排列的单元格组成。

　　分组方式：用于指示输入区域中的数据是按行还是按列排列。

　　标志位于第一行/标志位于第一列：如果输入区域的第一行中包含标志项，则勾选"标志位于第一行"复选框，如果输入区域的第一列包含标志项，则勾选"标志位于第一列"复选框。Excel 将在输出表中生成对应的数据标志。

　　输出区域：用于指定输出区域的左上角单元格，Excel 只填写输出表的一半，因为两个数据区域的相关性与区域的处理次序无关，输出表中具有相同行和列坐标的单元格包含数值 1，因为每个数据集与自身完全相同。

　　新工作表组：用于指定输出表位于当前工作簿的新工作表中，并从新工作表中的 A1 单元格开始粘贴计算结果，若要为新工作表命名，则在右侧的文本框中输入工作表名称。

　　新工作簿：用于指定输出表位于 Excel 自动创建的新工作簿中，计算出的结果将自动粘贴到新建的工作簿中。

12.4 产品利润预测

　　由于产品的利润会在一定程度上影响公司或企业的发展前景和再生产，因此对产品利润的预测也就是对公司或企业前景的预测。预测产品利润的方法有多种，既可以使用散点图和趋势线进行预测，也可以使用线性函数、指数函数进行预测。但是，无论哪种方法预测出的产品利润值，都会存在误差，用户可以对使用不同方法计算出的预测值求平均值以降低误差。

原始文件：实例文件\第 12 章\原始文件\2011 年上半年销量利润表.xlsx
最终文件：实例文件\第 12 章\最终文件\2011 年上半年销量利润表.xlsx

12.4.1　使用散点图与趋势线预测

使用散点图与趋势线预测产品利润主要是通过在散点图中添加趋势线，并利用趋势线对应的公式来计算产品利润的预测值，具体的操作步骤如下。

STEP 01 选择要创建图表的数据源。打开随书光盘\实例文件\第 12 章\原始文件\2011 年上半年销量利润表.xlsx，在"2011 年上半年销量利润表"工作表中选中 B1:B7 和 C1:C7 单元格区域，如图 12-73 所示。

STEP 02 选择散点图。切换至"插入"选项卡下，在"图表"组中单击"散点图"下三角按钮，从展开的库中选择"仅带数据标记的散点图"图标，如图 12-74 所示。

图 12-73　选择要创建图表的数据源

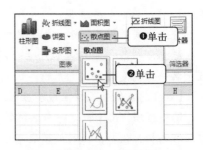

图 12-74　选择散点图

STEP 03 更改图表标题和坐标轴刻度。此时可在工作表中看见创建的散点图，将其标题更改为"2011 年上半年销量与利润"，将横坐标轴的最小值设为 400，主要刻度值设为 50，如图 12-75 所示。

STEP 04 选择图表样式。切换至"图表工具-设计"选项卡下，单击"图表样式"组中的快翻按钮，从展开的库中选择满意的样式，例如选择"样式 19"，如图 12-76 所示。

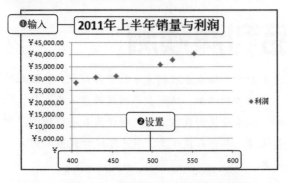

图 12-75　更改图表标题和坐标轴刻度

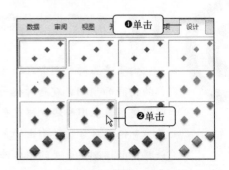

图 12-76　选择图表样式

STEP 05 单击"添加趋势线"命令。右击图表中的系列图标,在弹出的快捷菜单中单击"添加趋势线"命令,如图 12-77 所示。

STEP 06 选择线性趋势线。弹出"设置趋势线格式"对话框,在"趋势线选项"面板中单击选中"线性"单选按钮,如图 12-78 所示。

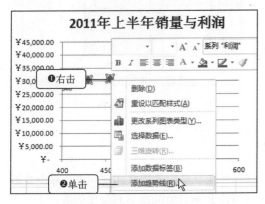

图 12-77 单击"添加趋势线"命令

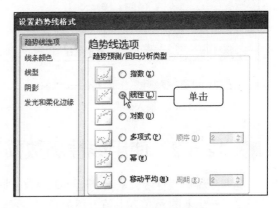

图 12-78 选择线性趋势线

STEP 07 显示公式。接着在下方勾选"显示公式"和"显示 R 平方值"复选框,单击"关闭"按钮,如图 12-79 所示。

STEP 08 查看显示公式的散点图。返回工作表,此时可在散点图中看见添加的趋势线以及对应的公式,如图 12-80 所示。

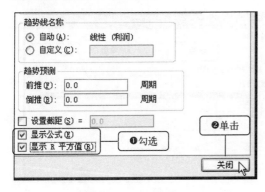

图 12-79 显示公式

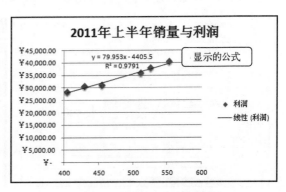

图 12-80 查看显示公式的散点图

技术拓展 显示一元线性回归方程与 R^2

　　由于在"设置趋势线格式"对话框中勾选了"显示公式"和"显示 R 平方值"复选框,因此可在图表中看见显示的公式 $y=79.953x-4405.5$ 和 R 的平方值 0.9791,其中 R 平方值非常接近 1,说明建立回归模型可信度很高,也就是利用回归趋势线得到的预测误差值比较小。

STEP 09 输入公式。将 Sheet2 工作表重命名为"使用散点图和趋势线预测",在工作表中输入相应的数据,选中 C2 单元格,在编辑栏中输入"=79.953*B2-4405.5",如图 12-81 所示。

STEP 10 复制公式。按下【Enter】键后可看见根据销量预测的 7 月份利润，将指针移至该单元格右下角，当指针呈十字状时拖动鼠标，复制该公式，如图 12-82 所示。

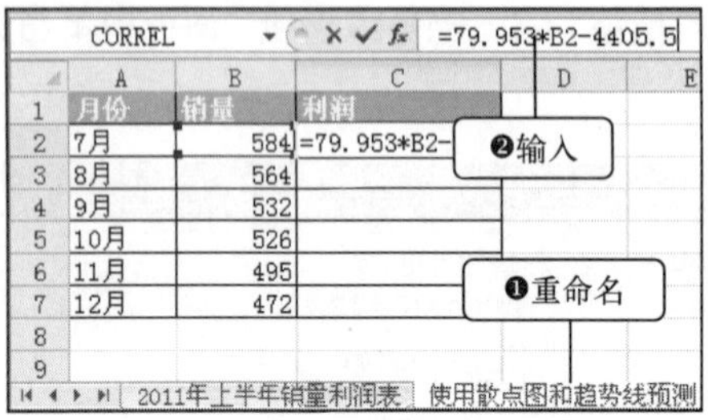

图 12-81　输入公式

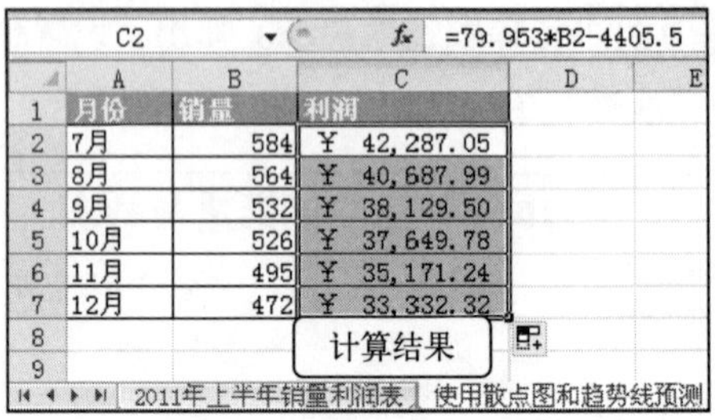

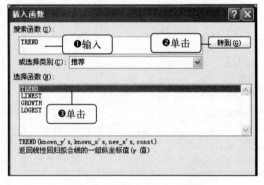

图 12-82　复制公式

12.4.2　使用线性函数预测

这里所说的线性函数是指 TREND 函数，该函数能够通过给出的销量和利润值计算出关系表达式 y=mx+b 的 m 值和 b 值，然后利用该表达式计算出其他月份的产品利润预测值。

STEP 01 单击"插入函数"按钮。将 sheet3 工作表重命名为"使用线性函数预测"，输入相应的数据，选中 C2 单元格，切换至"公式"选项卡下，单击"函数库"组中的"插入函数"按钮，如图 12-83 所示。

STEP 02 选择 TREND 函数。弹出"插入函数"对话框，在"搜索函数"文本框中输入 TREND，单击"转到"按钮，接着在"选择函数"列表框中选择 TREND 函数，如图 12-84 所示。

图 12-83　单击"插入函数"按钮

图 12-84　选择 TREND 函数

STEP 03 单击 Known_y's 折叠按钮。单击"确定"按钮后弹出"函数参数"对话框，单击 Known_y's 右侧的折叠按钮，如图 12-85 所示。

STEP 04 设置 Known_y's 参数值。切换至"2011 年上半年销量利润表"中，拖动选中 C2:C7 单元格区域，如图 12-86 所示。

STEP 05 单击 Known_x's 折叠按钮。单击折叠按钮还原"函数参数"对话框，单击 Known_x's 右侧的折叠按钮，如图 12-87 所示。

STEP 06 设置 Known_x's 参数值。切换至"2011 年上半年销量利润表"中，拖动选中 B2:B7 单元格区域，如图 12-88 所示。

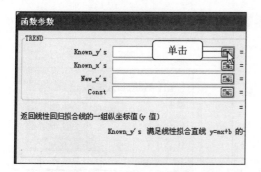

图 12-85　单击 Known_y's 折叠按钮　　　　　图 12-86　设置 Known_y's 参数值

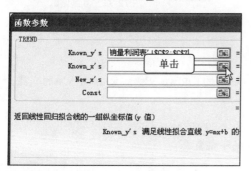

图 12-87　单击 Known_x's 折叠按钮　　　　　图 12-88　设置 Known_x's 参数值

STEP 07 单击 **New_x's 折叠按钮**。单击折叠按钮还原"函数参数"对话框，单击 New_x's 右侧的折叠按钮，如图 12-89 所示。

STEP 08 设置 **New_x's 参数值**。切换至"使用线性函数预测"工作表中，拖动选中 B2:B7 单元格区域，如图 12-90 所示。

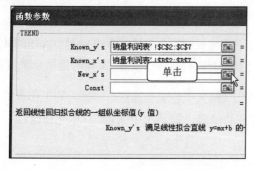

图 12-89　单击 New_x's 折叠按钮　　　　　图 12-90　设置 New_x's 参数值

STEP 09 单击**"确定"按钮**。单击折叠按钮返回"函数参数"对话框，直接单击"确定"按钮，如图 12-91 所示。

STEP 10 复制函数。返回"使用线性函数预测"工作表，此时可看见根据销量预测出 7 月的利润结果，将指针移至该单元格右下角，当指针呈十字状时，拖动鼠标至 C7 单元格，释放鼠标左键后可看到复制函数的计算结果，如图 12-92 所示。

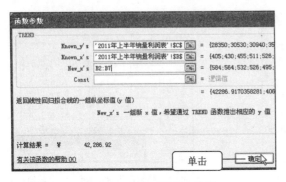

图 12-91 单击"确定"按钮

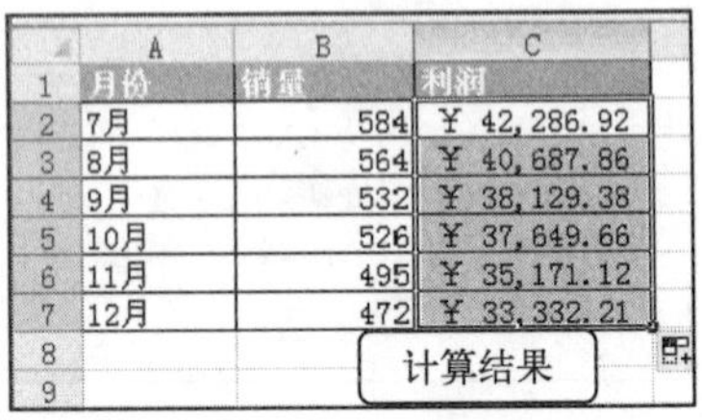

图 12-92 复制函数

认识 TREND 函数

TREND 函数可以用最小二乘法找到适合已知数组 Known_y's 和 Known_x's 的直线，并返回指定数组 New_x's 在直线上对应的值。

TREND 函数的语法为：TREND(Known_y's, Known_x's, New_x's, Const)

Known_y's：是关系表达式 y=mx+b 中已知的 y 值集合；

Known_x's：是关系表达式 y＝mx＋b 中已知的可选 x 值集合；

New_x's：是指需要 TREND 函数返回对应 y 值的新 x 值；

Const：该参数值为一逻辑值，用于指定是否将关系表达式中的常量 b 设置为 0。

如果 Const 为 TRUE 或省略，b 将按正常计算。

如果 Const 为 FALSE，b 将被设为 0，将通过调整 m 值，使得 y＝mx。

12.4.3 使用指数函数预测

函数 GROWTH 能够根据已知的产品销量和利润得出回归拟合曲线关系式 $y=b*m^x$ 中的 b 值和 m 值，然后利用该关系式和给出的产品销量来计算出对应的利润预测值，具体的操作步骤如下。

STEP 01 选择 GROWTH 函数预测数据区域。单击"插入工作表"按钮，将插入的工作表重命名为"使用指数函数预测"，在工作表中输入相应的内容，拖动选中 C2:C7 单元格区域，如图 12-93 所示。

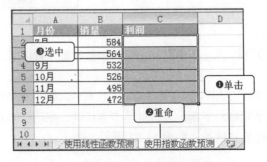

图 12-93 选择 GROWTH 函数预测数据区域

STEP 02 **单击"插入函数"按钮。** 切换至"公式"选项卡下，单击"函数库"组中的"插入函数"按钮，如图 12-94 所示。

STEP 03 **选择 GROWTH 函数。** 弹出"插入函数"对话框，在"或选择类别"下拉列表中单击选择"统计"选项，在"选择函数"列表框中选中 GROWTH 函数，单击"确定"按钮，如图 12-95 所示。

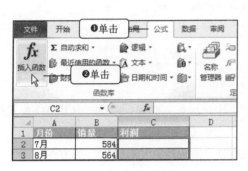

图 12-94 单击"插入函数"按钮

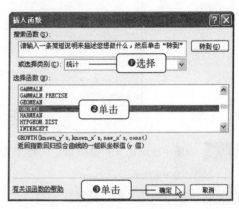

图 12-95 选择 GROWTH 函数

STEP 04 **单击 Known_y's 折叠按钮。** 弹出"函数参数"对话框，单击 Known_y's 右侧的折叠按钮，如图 12-96 所示。

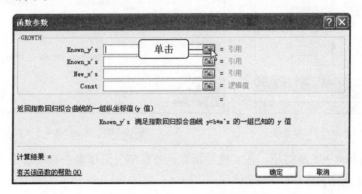

图 12-96 单击 Known y's 折叠按钮

STEP 05 **设置 Known_y's 参数值。** 切换至 2011 年上半年销量利润表，拖动选中 C2:C7 单元格区域，如图 12-97 所示。

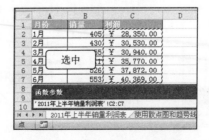

图 12-97 设置 Known_y's 参数值

STEP 06 单击 Known_x's 折叠按钮。单击折叠按钮还原"函数参数"对话框，单击 Known_x's 右侧的折叠按钮，如图 12-98 所示。

图 12-98　单击 Known_x's 折叠按钮

STEP 07 设置 Known_x's 参数值。切换至 2011 年上半年销量利润表，拖动选中 B2:B7 单元格区域，如图 12-99 所示。

STEP 08 单击 New_x's 折叠按钮。单击折叠按钮还原"函数参数"对话框，单击 New_x's 右侧的折叠按钮，如图 12-100 所示。

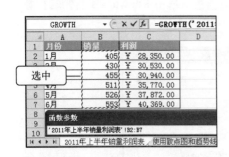

图 12-99　设置 Known_x's 参数值

图 12-100　单击 New_x's 折叠按钮

STEP 09 设置 New_x's 参数值。在"使用指数函数预测"工作表中拖动选中 B2:B7 单元格区域，如图 12-101 所示。

STEP 10 设置 Const 参数值。单击折叠按钮还原"函数参数"对话框，在 Const 右侧的文本框中输入 TRUE，然后按下【Ctrl+Shift+Enter】组合键，如图 12-102 所示。

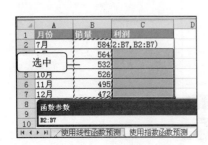

图 12-101　设置 New_x's 参数值

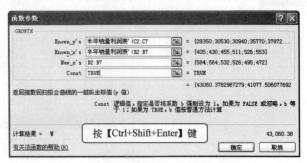

图 12-102　设置 Const 参数值

STEP 11 查看计算出的预测值。返回工作表界面，此时可看见计算出的利润预测值，如图 12-103 所示。

图 12-103 查看计算出的利润预测值

12.4.4 使用回归分析法预测

使用回归分析法预测产品利润值需要计算出已知产品销量与利润之间的相关系数，并算出其包含的线性方程中的斜率 m 和截距 b，然后利用关系式 y=mx+b 计算出产品利润预测值。

STEP 01 新建"使用回归分析法预测"工作表。单击"插入工作表"按钮，将新建的工作表重命名为"使用回归分析法预测"，输入相应的数据，如图 12-104 所示。

图 12-104 新建"使用回归分析法预测"工作表

STEP 02 单击"插入函数"按钮。选中 E5 单元格，单击编辑栏中的"插入函数"按钮，如图 12-105 所示。

STEP 03 选择 CORREL 函数。弹出"插入函数"对话框，在"选择函数"列表框中选择 CORREL 函数，单击"确定"按钮，如图 12-106 所示。

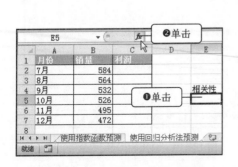

图 12-105 单击"插入函数"按钮

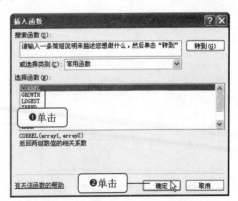

图 12-106 选择 CORREL 函数

STEP 04 设置 CORREL 函数的参数值。弹出"函数参数"对话框，设置 Array1 与 Array2 的参数值，单击"确定"按钮，如图 12-107 所示。

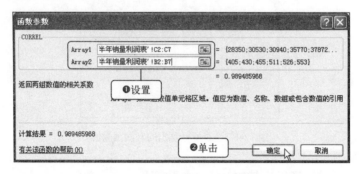

图 12-107　设置 CORREL 函数参数值

STEP 05 查看计算出的相关系数。返回工作表界面，此时可看见计算出的相关系数，如图 12-108 所示。

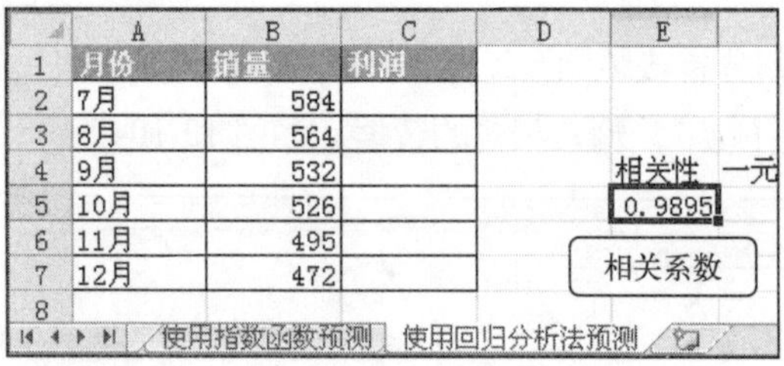

	A	B	C	D	E
1	月份	销量	利润		
2	7月	584			
3	8月	564			
4	9月	532			相关性　一元
5	10月	526			0.9895
6	11月	495			
7	12月	472			相关系数
8					

图 12-108　查看计算出的相关系数

STEP 06 单击"插入函数"按钮。选中 G5 单元格，单击编辑栏中的"插入函数"按钮，如图 12-109 所示。

STEP 07 选择 SLOPE 函数。弹出"插入函数"对话框，在"选择函数"列表框中选择 SLOPE 函数，单击"确定"按钮，如图 12-110 所示。

图 12-109　单击"插入函数"按钮

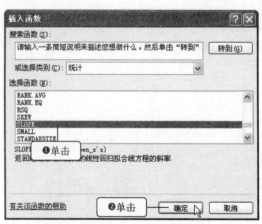

图 12-110　选择 SLOPE 函数

技术拓展 认识 SLOPE 函数

SLOPE 函数是返回根据 Knows_y's 和 Knows_x's 中的数据点拟合线性回归直线的斜率。这里的斜率是指直线上任意两点的重直距离与水平距离的比值，也就是回归直线的变化率。

SLOPE 函数的语法为：SLOPE(Known_y's，Known_x's)

Known_y's：该参数是指数字型因变量(y 的值)数据点数组或单元格区域；

Known_x's：该参数是指自变量数据点(x 的值)的集合。

Known_y's 和 Known_x's 的参数值可以是数字，或者包含数字的名称、数组或引用。

如果数组或引用值包含文本、逻辑值或空白单元格，则这些值将被忽略；但包含零值的单元格将计算在内。

STEP 08 设置 SLOPE 函数的参数值。弹出"函数参数"对话框，设置 Known_y's 与 Known_x's 的参数值，单击"确定"按钮，如图 12-111 所示，此时可看见计算出的线性方程的斜率。

STEP 09 单击"插入函数"按钮。选中 H5 单元格，单击编辑栏中的"插入函数"按钮，如图 12-112 所示。

图 12-111 设置 SLOPE 函数的参数值　　　　图 12-112 单击"插入函数"按钮

STEP 10 选择 INTERCEPT 函数。弹出"插入函数"对话框，在"选择函数"列表框中选择 INTERCEPT 函数，单击"确定"按钮，如图 12-113 所示。

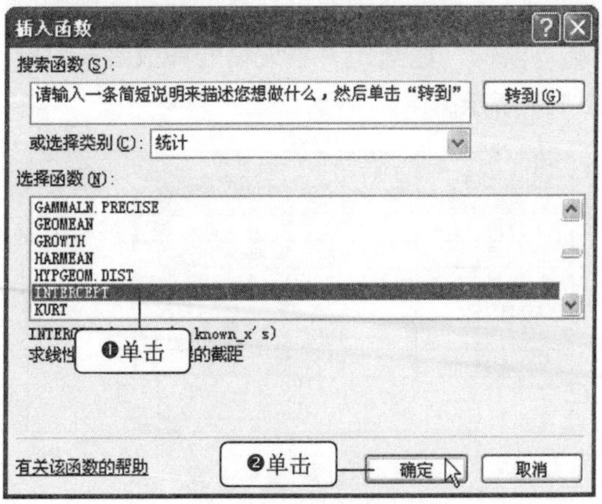

图 12-113 选择 INTERCEPT 函数

STEP 11 设置 INTERCEPT 函数的参数值。弹出"函数参数"对话框，设置 Known_y's 与 Known_x's 的参数值，单击"确定"按钮，如图 12-114 所示。

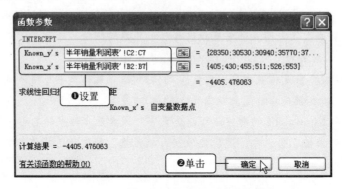

图 12-114 设置 INTERCEPT 函数的参数值

STEP 12 查看计算出的线性方程的截距。返回工作表中，此时可看见计算出的线性方程的截距，如图 12-115 所示。

STEP 13 输入公式。选中 C2 单元格，在编辑栏中输入"=$G$5*B2+$H$5"后按下【Enter】键，如图 12-116 所示。

图 12-115 查看计算出的线性方程的截距

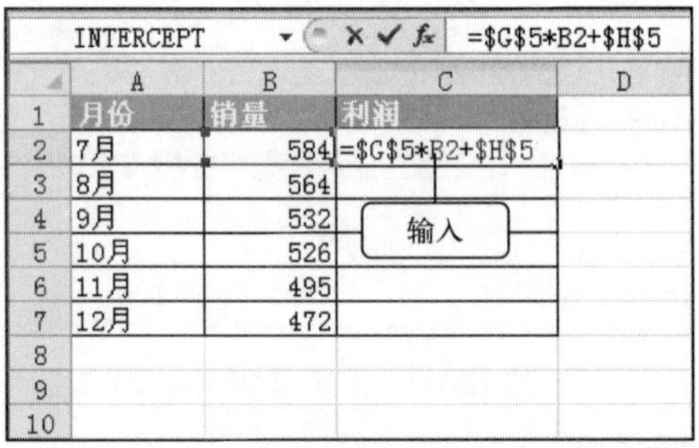

图 12-116 输入公式

STEP 14 复制公式。此时可在 C2 单元格中看见计算出的利润预测值，将指针移至该单元格右下角，当指针呈十字状时拖动鼠标，拖至 C7 单元格处释放鼠标左键，可看见复制公式后计算出的利润预测值，如图 12-117 所示。

图 12-117 复制公式

12.4.5　计算预测利润的平均值

通过以上四种方法计算出的产品利润预测值始终会存在误差，为了降低该误差，用户可以计算利润预测值的平均值，具体的操作步骤如下。

STEP 01 创建"计算预测的平均值"工作表。单击"插入工作表"按钮，将新建的工作表重命名为"计算预测的平均值"，输入相应的数据，如图 12-118 所示。

	A	B 用散点图和趋势线预测	C 用线性函数预测	D 用指数函数预测	E 用回归分析法预测	F 平均值
1	月份					
2	7月	￥ 42,287.05	￥ 42,286.92	￥ 43,060.38	￥ 42,286.92	
3	8月	￥ 40,687.99	￥ 40,687.86	￥ 41,077.51	￥ 40,687.86	
4	9月	￥ 38,129.50	￥ 38,129.38	￥ 38,093.08	￥ 38,129.38	
5	10月	￥ 37,649.78	￥ 37,649.66	￥ 37,558.12		
6	11月	￥ 35,171.24	￥ 35,171.12	￥ 34,911.58		
7	12月	￥ 33,332.32	￥ 33,332.21	￥ 33,069.28	￥ 33,332.21	
8						

使用线性函数预测　使用指数函数预测　使用回归分析法预测　计算预测的平均值

图 12-118　创建"计算预测的平均值"工作表

STEP 02 输入公式。选中 F2 单元格，在编辑栏中输入"=(B2+C2+D2+E2)/4"后按【Enter】键，如图 12-119 所示。

STEP 03 复制公式。此时可在 F2 单元格中看见计算出的预测值，将指针移至该单元格右下角，当指针呈十字状时拖动鼠标，拖至 F7 单元格处释放鼠标左键，可看见复制公式后计算出的利润预测平均值，如图 12-120 所示。

＝(B2+C2+D2+E2)/4

D 用指数函数预测	E 用回归分析法预测	F 平均值
43,060.38	￥ 42,286.92	=(B2+C2+D2+E2)/4
41,077.51	￥ 40,687.86	
38,093.08	￥ 38,129.38	
37,558.12	￥ 37,649.66	
34,911.58	￥ 35,171.12	
33,069.28	￥ 33,332.21	

图 12-119　输入公式

＝(B2+C2+D2+E2)/4

D 用指数函数预测	E 用回归分析法预测	F 平均值
43,060.38	￥ 42,286.92	￥ 42,480.32
41,077.51	￥ 40,687.86	￥ 40,785.31
38,093.08	￥ 38,129.38	￥ 38,120.33
37,558.12	￥ 37,649.66	￥ 37,626.81
34,911.58	￥ 35,171.12	￥ 35,106.27
33,069.28	￥ 33,332.21	￥ 33,266.50

计算结果

图 12-120　复制公式

第 3 篇

如何设计办公管理系统

使用 Excel 不仅能制作精美表格并分析表格数据，还可以制作办公管理系统。一些大型公司或企业的办公管理系统都是通过专业的编程语言来制作的，而对于中小型公司或企业而言，由于公司员工人数和部门类别较少，则可以利用 Excel 制作办公管理系统，完全可以与使用专业编程语言制作出的办公管理系统相媲美。

本篇主要介绍企业人事管理系统、企业固定资产管理系统和商品进销存管理系统的设计，希望您通过本篇的学习能够掌握利用 Excel 制作小型的办公管理系统的技能。

❖ 第 13 章 企业人事管理系统
❖ 第 14 章 企业固定资产管理系统
❖ 第 15 章 商品进销存管理系统

第13章
企业人事管理系统

企业人事管理系统是一个面向企业人事部门员工，为其提供服务的综合信息的管理系统。该系统记录了每位员工的档案信息，用户可以利用这些档案信息进行查询、统计和分析，同时还可以对每位员工的生日到期和合同到期进行自动提醒设置。

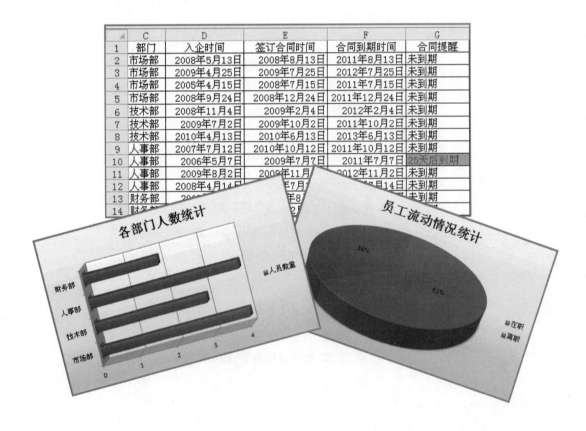

	C	D	E	F	G
1	部门	入企时间	签订合同时间	合同到期时间	合同提醒
2	市场部	2008年5月13日	2008年8月13日	2011年8月13日	未到期
3	市场部	2009年4月25日	2009年7月25日	2012年7月25日	未到期
4	市场部	2005年4月15日	2008年7月15日	2011年7月15日	未到期
5	市场部	2008年9月24日	2008年12月24日	2011年12月24日	未到期
6	技术部	2008年11月4日	2009年2月4日	2012年2月4日	未到期
7	技术部	2009年7月2日	2009年10月2日	2011年10月2日	未到期
8	技术部	2010年4月13日	2010年6月13日	2013年6月13日	未到期
9	人事部	2007年7月12日	2010年10月12日	2011年10月12日	未到期
10	人事部	2006年5月7日	2009年7月7日	2011年7月7日	25天后到期
11	人事部	2009年8月2日	2009年11月	2012年11月2日	未到期
12	人事部	2008年4月14	5月	7月14日	未到期
13	财务部				未到期
14	财务部				

各部门人数统计

员工流动情况统计

13.1 员工档案管理

　　企业中的员工档案管理，是人力资源管理部门的一项非常重要的工作，对员工档案进行有效的管理可以大大提高人力资源部工作人员的工作效率。在创建员工档案时，可以通过函数、公式进行准确的输入，也可以将完善后的个人简历附加到员工档案中。

原始文件：实例文件\第 13 章\原始文件\个人简历.xlsx
最终文件：实例文件\第 13 章\最终文件\员工档案.xlsx、"员工简历"文件夹

13.1.1　完善员工简历

　　员工简历是员工档案的组成部分之一，因此在管理员工档案的过程中，首先需要将各位员工的简历进行完善和统一，比如设置成统一的字符格式和为表格添加相同的单元格底纹等，具体的操作步骤如下。

STEP 01 设置标题文字格式。打开随书光盘\实例文件\第 13 章\原始文件\个人简历.xlsx，选中标题文本"个人简历"，在"开始"选项卡下设置字体为"黑体"、字号为"二号"，如图 13-1所示。

STEP 02 设置正文字符格式。使用【Ctrl】键选中正文中的"基本情况"、"姓名"、"出生日期"等文本内容，在"开始"选项卡下单击"字体"组中的"加粗"按钮，如图 13-2 所示，将这些字体加粗显示。

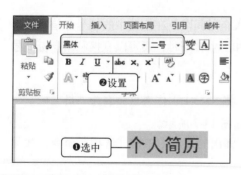

图 13-1　设置标题文字格式

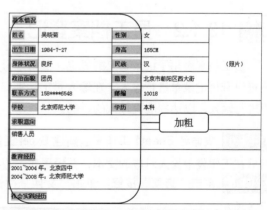

图 13-2　设置正文字符格式

STEP 03 单击"边框和底纹"选项。选中"基本情况"所在行，单击"段落"组中的"下框线"右侧的下三角按钮，从展开的下拉列表中单击"边框和底纹"选项，如图 13-3 所示。

STEP 04 设置底纹颜色。弹出"边框和底纹"对话框，在"底纹"选项卡下的"填充"颜色面

板中选择"浅蓝色"，设置应用于"单元格"，单击"确定"按钮，如图 13-4 所示。

图 13-3　单击"边框和底纹"选项

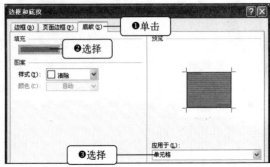

图 13-4　设置底纹颜色

STEP 05 更换字体颜色。之后在"字体"组中设置该单元格中的字体颜色为"白色"，如图 13-5 所示。

STEP 06 设置其他单元格。选中含有"自我评价"、"求职意向"、"教育经历"和"社会实践经历"文本内容的单元格，添加浅蓝色底纹，并设置字体颜色为白色，如图 13-6 所示。

基本情况	设置		
姓名	吴晓菊	性别	女
出生日期	1984-7-27	身高	165CM
身体状况	良好	民族	汉
政治面貌	团员	籍贯	北京市朝阳区
联系方式	158****6548	邮编	10018
学校	北京师范大学	学历	本科

图 13-5　更换字体颜色

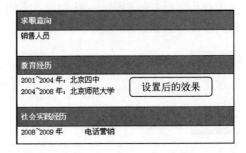

图 13-6　设置其他单元格

 ## 13.1.2　员工档案登记

员工档案表用于记录员工的姓名、身份证号码、入企时间以及在企业中的编号等信息，用户可以利用记录单进行输入。在输入员工性别、年龄和出生日期时，还可以直接利用身份证号码进行输入，以达到准确输入的目的。

STEP 01 重命名 Sheet1 工作表。新建 Excel 工作簿，将 Sheet1 工作表重命名为"员工档案"，然后在工作表中输入对应的文本，并设置显示边框，如图 13-7 所示。

STEP 02 单击"选项"按钮。单击"文件"按钮，在弹出的菜单中单击"选项"命令，如图 13-8 所示。

STEP 03 选中记录单。弹出"Excel 选项"对话框，单击"快速访问工具栏"选项，在"从下列位置选择命令"下拉列表中单击"不在功能区中的命令"选项，接着在列表框中单击选中"记录单"选项，如图 13-9 所示。

图 13-7 重命名 Sheet1 工作表　　　　　　图 13-8 单击"选项"按钮

STEP 04 **添加"记录单"到快速访问工具栏。**单击"添加"按钮即可将"记录单"添加到快速访问工具栏中，如图 13-10 所示。

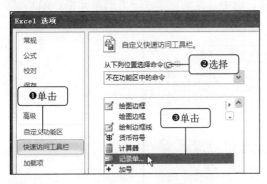

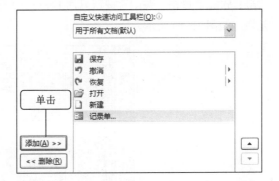

图 13-9 选中记录单　　　　　　图 13-10 添加"记录单"到快速访问工具栏

STEP 05 **单击"记录单"按钮。**单击"确定"按钮返回工作簿，选中 A2 单元格，在快速访问工具栏中单击"记录单"按钮，如图 13-11 所示。

STEP 06 **单击"确定"按钮。**在弹出的对话框中单击"确定"按钮，如图 13-12 所示。

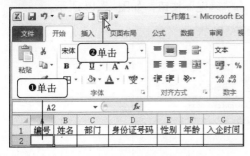

图 13-11 单击"记录单"按钮　　　　　　图 13-12 单击"确定"按钮

STEP 07 **输入员工档案信息。**弹出"员工档案"对话框，输入首位员工的编号、姓名、部门等信息，如图 13-13 所示。

STEP 08 **继续输入员工档案信息。**单击"新建"按钮，继续在"员工档案"对话框中输入第二位员工的编号、姓名、部门等信息，如图 13-14 所示。

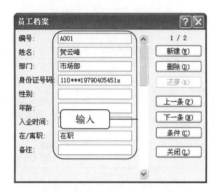

图 13-13 输入员工档案信息

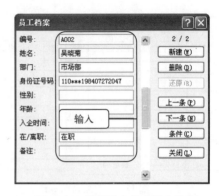

图 13-14 继续输入员工档案信息

STEP 09 **查看输入的员工档案信息。**使用相同的方法在“员工档案”对话框中输入其他员工的信息，输完后单击“关闭”按钮返回 Excel 工作簿，选中“性别”字段下方的单元格，如 F2 单元格，如图 13-15 所示。

编号	姓名	部门	身份证号码	性别	年龄	入企时间	在/离职
A001	贺云峰	市场部	110***19790405451x			2008年5月13日	在职
A002	吴晓菊	市场部	110***198407272047			2009年4月25日	在职
A003	邹新来	市场部	110***198304053432			2011年2月24日	离职
A004	王利格	市场部	510***196909200583			2005年4月15日	在职
A005	孙民引	市场部	610***197612151			2007年5月18日	离职
A006	徐兰宏	市场部	210***197309040			2008年9月24日	在职
B001	张世斌	技术部	210***1981031425			2008年11月4日	在职
B002	韩佳迪	技术部	110***196103292049			2010年7月4日	离职
B003	代桂莲	技术部	210***198401294221			2009年10月24日	离职
B004	张立潮	技术部	612***197201194810			2009年7月2日	在职
B005	王育卫	技术部	513***198304020036			2010年4月13日	在职
B006	杨国庆	技术部	417***198409290097			2011年3月2日	离职
C001	吴淑芳	人事部	114***198505191521			2009年5月14日	离职
C002	范富平	人事部	312***197901070059			2007年7月12日	在职
C003	高登虎	人事部	115***19800401003x			2006年5月7日	在职
C004	高林	人事部	210***198203020016			2009年8月2日	在职
C005	王克兰	人事部	212***198601130020			2008年4月14日	在职

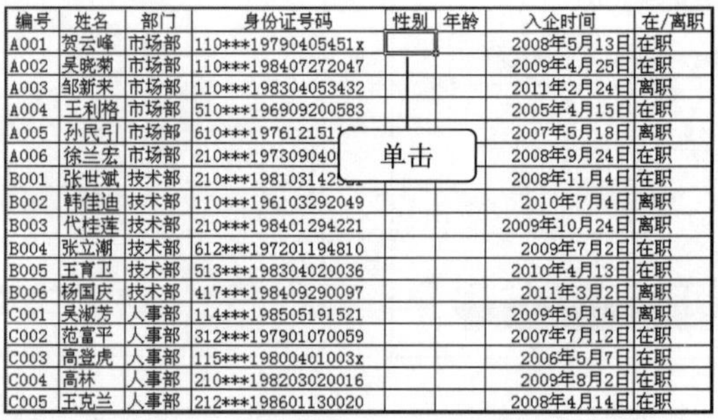

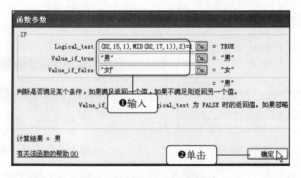

图 13-15 查看输入的员工档案信息

STEP 10 **设置 IF 函数参数。**打开 IF 函数的“函数参数”对话框，在 Logical_test 文本框中输入“MOD(IF(LEN(D2)=15,MID(D2,15,1),MID(D2,17,1)),2)=1”，接着在 Value_if_true 文本框中输入“"男"”，在 Value_if_false 文本框中输入“"女"”，单击“确定”按钮，如图 13-16 所示。

图 13-16 设置 IF 函数参数

STEP 11 **复制计算性别的公式。**返回工作簿，此时可看到利用公式计算出首位员工的性别是男，利用拖动操作复制该公式，计算其他员工的性别，然后在“性别”列右侧插入“出生日期”列，选中 F2 单元格，如图 13-17 所示。

STEP 12 设置 DATE 函数参数。打开 DATE 函数的"函数参数"对话框，在 Year 文本框中输入"MID(D2,7,4)"，在 Month 文本框中输入"MID(D2,11,2)"，在 Day 文本框中输入"MID(D2,13,2)"，单击"确定"按钮，如图 13-18 所示。

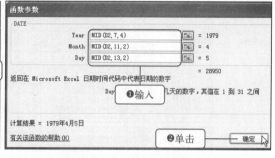

图 13-17　复制计算性别的公式 　　　　图 13-18　设置 DATE 函数参数

技术拓展　认识 DATE 函数

　　DATE 函数用于返回表示特定日期的连续序列号，例如公式"=DATE（2011,6,7）"将返回 40701，该序列号表示 2011-6-7，因此在单元格中显示"2011-6-7"。

　　DATE 函数的语法为：DATE(Year,Month,Day)

　　Year：该参数的值可以包含一到四位数字，用于表示 1900 年后的年份。

　　Month：该参数表示一年中从 1 月至 12 月（一月到十二月）的各个月，既可为正整数，也可为负整数。

　　Day：该参数表示表示一个月中从 1 日到 31 日的各天，既可为正整数，也可为负整数。

STEP 13 复制计算出生日期的公式。返回工作簿，此时可看到利用公式计算出首位员工的出生日期，利用拖动操作复制该公式，计算其他员工的出生日期。选中 G2 单元格，如图 13-19 所示。

STEP 14 设置 IF 函数的参数。打开 IF 函数的"函数参数"对话框，在 Logical_test 文本框中输入"TODAY()>DATE(YEAR(TODAY()),MONTH(F2),DAY(F2))"，接着在 Value_if_true 文本框中输入"(YEAR(TODAY())-YEAR(F2))"，在 Value_if_false 文本框中输入"(YEAR(TODAY())-YEAR(F2)-1)"，单击"确定"按钮，如图 13-20 所示。

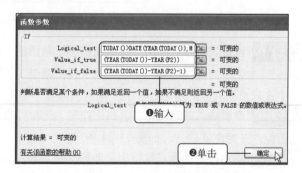

图 13-19　复制计算出生日期的公式 　　　　图 13-20　设置 IF 函数的参数

STEP 15 **复制计算年龄的公式**。返回工作簿，此时可看到利用公式计算出首位员工的年龄，利用拖动操作复制该公式，计算其他员工的年龄，如图 13-21 所示。

编号	姓名	部门	身份证号码	性别	出生日期	年龄	入企时间	在/离职	备注
A001	贺云峰	市场部	110***19790405451x	男	1979年4月5日	32	2008年5月13日	在职	
A002	吴晓菊	市场部	110***198407272047	女	1984年7月27日	26	2009年4月25日	在职	
A003	邹新来	市场部	110***198304053432	男	1983年4月5日	28	2011年2月24日	离职	
A004	王利格	市场部	510***196909200583	女	1969年9月20日	41	2005年4月15日	在职	
A005	孙民引	市场部	610***197612151182	女	1976年12月15日	34	2007年5月18日	离职	
A006	徐世宏	市场部	210***19730904028	男	1973年9月14日	37	2008年9月24日	在职	
B001	张世斌	技术部	210***198103142521	女	1981年3月14日	30	2008年11月4日	在职	
B002	韩佳迪	技术部	110***196103292049		1929日	50	2010年7月4日	离职	
B003	代桂莲	技术部	210***198401294221		1929日	27	2009年10月24日	在职	
B004	张立潮	技术部	612***197201194810	男	1972年1月19日	39	2009年7月2日	在职	
B005	王育卫	技术部	513***198304020036	男	1983年	28	2010年4月13日	在职	
B006	杨国庆	技术部	417***198409290097	男	1984年9月29日	26	2011年3月2日	离职	
C001	吴淑芳	人事部	114***198505191521	女	1985年5月19日	26	2009年5月14日	在职	
C002	范富平	人事部	312***197901070059	男	1979年1月7日	32	2007年7月12日	在职	
C003	高登虎	人事部	115***19800401003x	男	1980年4月1日	31	2006年5月7日	在职	
C004	高林	人事部	210***198203020016	男	1982年3月2日	29	2009年8月2日	在职	
C005	王克兰	人事部	212***198601130020	女	1986年1月13日	25	2008年4月14日	在职	
D001	马珍言	财务部	118***198506122026	女	1985年6月12日	25	2010年12月4日	离职	
D002	方银生	财务部	513***198001040014	男	1980年1月4日	31	2007年4月20日	离职	
D003	李光耀	财务部	210***19770802005x	男	1977年8月2日	33	2005年5月8日	在职	
D004	侯海新	财务部	310***198002150011	男	1980年2月15日	31	2007年9月23日	在职	

（复制公式）

图 13-21　复制计算年龄的公式

13.1.3　在档案中附加员工简历

在档案中附加员工简历可通过插入超链接来实现，即把插入的超链接指向对应的员工简历即可，具体的操作步骤如下。

STEP 01 **单击"超链接"按钮**。选中 J2 单元格，切换至"插入"选项卡，单击"超链接"按钮，如图 13-22 所示。

图 13-22　单击"超链接"按钮

STEP 02 **设置超链接**。弹出"插入超链接"对话框，在"要显示的文字"文本框中输入"个人简历"，单击"当前文件夹"选项，在"查找范围"下拉列表中选择简历所在的文件夹，在列表框中选择员工对应的简历，单击"确定"按钮，如图 13-23 所示。

STEP 03 **查看插入的超链接**。返回工作簿，此时可看见插入的超链接，此时可单击该链接查看是否能打开对应的简历，如图 13-24 所示。

STEP 04 **成功打开简历**。执行上一步操作后，可在打开的 Word 文档中看见显示的个人简历信息，如图 13-25 所示，如果还有其他简历，则可以使用相同的方法将其他简历添加到员工档案中。

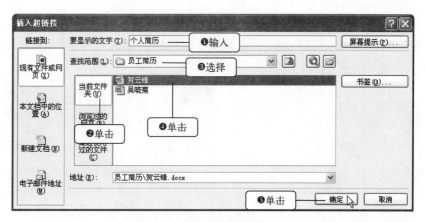

图 13-23　设置超链接

F	G	H	I	J
出生日期	年龄	入企时间	在/离职	备注
1979年4月5日	32	2008年5月13日	在职	个人简历
1984年7月27日	26	2009年4月25日	在职	
1983年4月5日	28	2011年2月24日	离职	
1969年9月20日	41	2005年4月15日	在职	
1976年12月15日	34	2007年5月18日	离职	
1973年9月4日	37	2008年9月24日	在职	
1981年3月14日	30	2008年11月4日	在职	
1961年3月29日	50	2010年7月4日	离职	
1984年1月29日	27	2009年10月24日	离职	
1972年1月19日	39	2009年7月2日	在职	
1983年4月2日	28	2010年4月13日	在职	
1984年9月29日	26	2011年3月2日	在职	
1985年5月1日	26	2009年5月14日	离职	

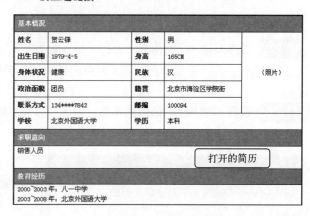

图 13-24　查看插入的超链接　　　　　　　图 13-25　成功打开简历

13.2 人事档案统计管理

　　人事档案的统计管理就是以员工档案为基础进行针对性的统计和分析,例如对各部门的员工人数进行统计分析,对员工的流动情况进行分析,这些统计和分析都能够确保企业准确地掌握员工信息,从而更好地控制花费人工成本。

13.2.1　各部门人数统计与分析

　　人数统计是企业中常见的工作,统计员工人数不仅可以了解公司每月的支出费用,而且还可以在成本范围内进行人员的增加和缩减,以保证公司的稳定发展。对部门人数的统计可以利用 COUNTIF 函数来实现,而为了让统计的人数更直观地显示出来,还可利用计算出的部门人数来插入条形图。

STEP 01 新建"部门人数统计与分析"工作表。将 Sheet2 工作表重命名为"部门人数统计与分析",然后在工作表中输入对应的信息,如图 13-26 所示。

STEP 02 单击"插入函数"按钮。选中 B2 单元格,切换至"公式"选项卡下,单击"函数库"组中的"插入函数"按钮,如图 13-27 所示。

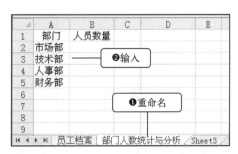

图 13-26 新建"部门人数统计与分析"工作表

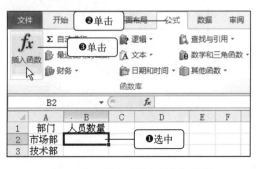

图 13-27 单击"插入函数"按钮

STEP 03 选择 COUNTIF 函数。弹出"插入函数"对话框,在"或选择类别"下拉列表中单击"统计"选项,在"选择函数"列表框中选择 COUNTIF 函数,单击"确定"按钮,如图 13-28 所示。

STEP 04 设置 COUNTIF 函数的参数。弹出"函数参数"对话框,设置 Range 参数值为"员工档案!I2:I7",Criteria 参数的值为""在职"",设置完毕后单击"确定"按钮,如图 13-29 所示。

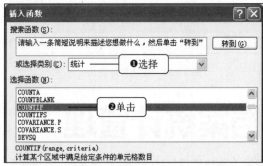

图 13-28 选择 COUNTIF 函数

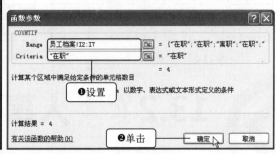

图 13-29 设置 COUNTIF 函数的参数

STEP 05 查看计算的结果。返回工作表,可看见 COUNTIF 函数计算的结果,选中 B3 单元格,如图 13-30 所示。

STEP 06 计算"技术部"的人员数量。打开 COUNTIF 函数的"函数参数"对话框,设置 Range 参数值为"员工档案!I8:I13",Criteria 参数的值为""在职"",单击"确定"按钮,如图 13-31 所示。

STEP 07 计算其他部门的人员数量。返回工作表可看见计算出的技术部人员数量,使用相同的方法计算其他部门的人员数量,如图 13-32 所示。

STEP 08 插入三维条形图。选中 A1:B5 单元格区域,切换至"插入"选项卡下,单击"条形图"下三角按钮,从展开的下拉列表中单击"三维簇状条形图"图标,如图 13-33 所示。

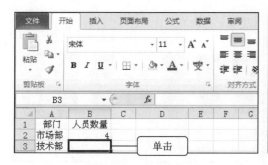

图 13-30　查看计算的结果

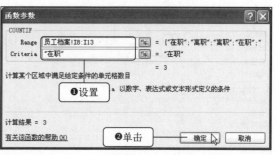

图 13-31　计算"技术部"的人员数量

图 13-32　计算其他部门的人员数量

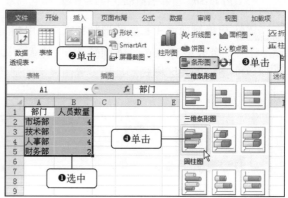

图 13-33　插入三维条形图

STEP 09 修改图表名称。此时可看见插入的三维条形图，将图表的标题重命名为"各部门人数统计"，如图 13-34 所示。

STEP 10 更换图表样式。切换至"图表工具-设计"选项卡下，单击"图表样式"组中的快翻按钮，在展开的库中选择合适的图表样式，例如选择样式 26，如图 13-35 所示。

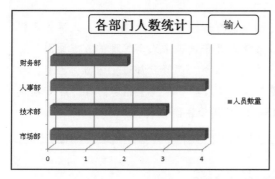

图 13-34　修改图表名称

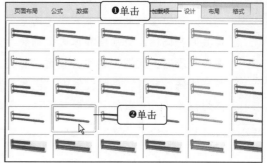

图 13-35　更换图表样式

STEP 11 选中三维图表中的背景墙。切换至"图表工具-格式"选项卡下，单击"图表区"下三角按钮，从展开的下拉列表中单击"背景墙"选项，如图 13-36 所示。

STEP 12 更改背景墙的形状样式。单击"形状样式"组中的快翻按钮，在展开的库中选择合适的形状样式，例如选择"细微效果-水绿色，强调颜色 5"样式，如图 13-37 所示。

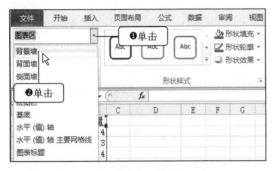

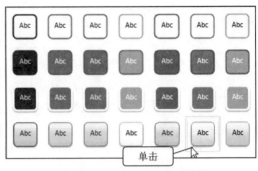

图 13-36　选中三维图表中的背景墙　　　　　　图 13-37　更改背景墙的形状样式

STEP 13 **更换侧面墙和基底的形状样式**。使用相同的方法更换侧面墙和基底的形状样式，例如均选择"细微效果-水绿色，强调颜色 5"样式，如图 13-38 所示。

STEP 14 **更换图表区样式**。最后设置图表区的形状样式为"细微效果-橙色，强调颜色 6"，如图 13-39 所示。

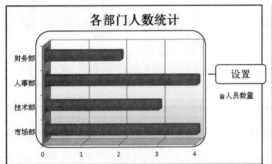

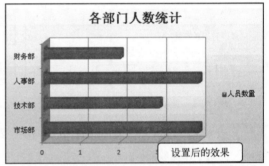

图 13-38　更换侧面墙和基底的形状样式　　　　图 13-39　更换图表区样式

人事管理制度的覆盖范围

办公指导

　　人事管理制度在企业人事中的地位正如宪法在诸法律中的地位一样，人事管理制度具有基础性、概括性和原则性的特点。该制度几乎覆盖了人事管理的方方面面，主要包括雇佣、迁调、退休、资遣、移交、培训、休假、请假、加班、值班、出差、考核、奖惩、待遇、福利、保险、抚恤、安全卫生等，前 5 项属于招聘内容，第 6 项是培训，第 7~14 项属于考勤与绩效，第 15~18 项于薪酬福利。

　　在制定人事管理制度时，一定要根据企业自身的实际情况制定和调整。

13.2.2　员工流动情况统计与分析

　　员工流动是企业常见的现象，它包括员工的跳槽、退休或者离职等。核心员工的离开将会极大地影响企业的正常运作和规划，因此企业需要定期对员工流动情况进行统计和分析，确保企业始终保持正常运作，为员工的流动做好针对性的措施。

STEP 01 创建"员工流动情况统计与分析"工作表。将 Sheet3 工作表重命名为"员工流动情况统计与分析"，在工作表中输入对应的信息，选中 B2 单元格，如图 13-40 所示。

STEP 02 设置 COUNTIF 函数的参数。打开 COUNTIF 函数的"函数参数"对话框，设置 Range 参数的值为"员工档案! I2:I22"，设置 Criteria 参数的值为""在职""，单击"确定"按钮，如图 13-41 所示。

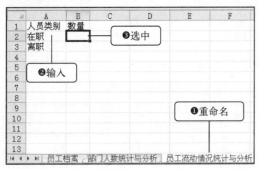

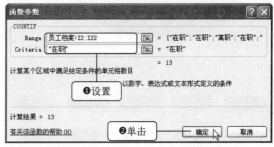

图 13-40　创建"员工流动情况统计与分析"工作表　　　　图 13-41　设置 COUNTIF 函数的参数

STEP 03 计算离职人员的数量。返回工作表中，可看见计算出的"在职"人员的结果，使用相同的方法计算"离职"人员的结果。选择 A1:B3 单元格区域，如图 13-42 所示。

STEP 04 插入三维饼图。切换至"插入"选项卡下，单击"饼图"下三角按钮，从展开的库中单击"三维饼图"图标，如图 13-43 所示。

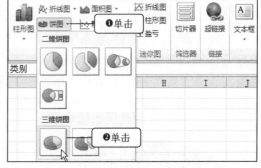

图 13-42　计算离职人员的数量　　　　　　　　图 13-43　插入三维饼图

STEP 05 更换图表的标题。此时可看见插入的三维饼图表，将图表的标题重命名为"员工流动情况统计"，如图 13-44 所示。

STEP 06 更换图表布局。切换至"图表工具-设计"选项卡下，在"图表布局"组中单击快翻按钮，从展开的库中选择合适的样式，例如选择"布局 6"，如图 13-45 所示。

STEP 07 更换饼图样式。单击"图表样式"组中的快翻按钮，从展开的库中选择合适的饼图样式，例如选择"样式 26"，如图 13-46 所示。

STEP 08 设置数据标签。切换至"图表工具-布局"选项卡下，单击"数据标签"下三角按钮，从展开的下拉列表中单击"居中"选项，如图 13-47 所示。

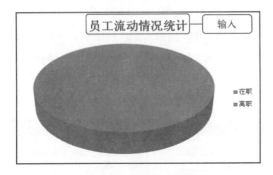

图 13-44　更换图表的标题

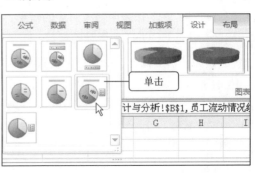

图 13-45　更换图表布局

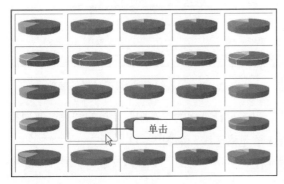

图 13-46　更换饼图样式

图 13-47　设置数据标签

STEP 09 查看设置后的效果。执行上一步操作后可在工作表中看见设置后的员工流动情况统计图表显示效果，如图 13-48 所示。

STEP 10 更改图表区样式。选中图表区，在"形状样式"库中选择合适的样式，例如选择"细微效果-蓝色，强调效果 1"样式，如图 13-49 所示。

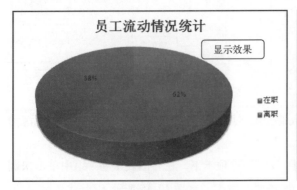

图 13-48　查看设置后的效果

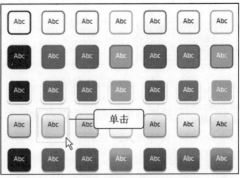

图 13-49　更改图表区样式

STEP 11 查看最终的饼图效果。此时可在工作表中看见设置后的最终饼图效果，如图 13-50 所示。

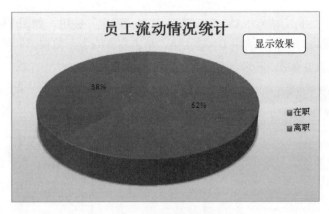

图 13-50　查看最终的饼图效果

13.3 ⓒ 员工档案查询

员工档案的查询有多种方式，既可以查询某一位员工的档案信息，也可以根据部门查询该部门中满足条件的员工，还可以根据员工流动的情况查询哪些员工在职，从而更好地进行人事管理。

13.3.1　员工个人信息查询

查询员工个人信息可首先建立员工个人信息查询工作表，在该表中可设置员工编号为变量，再利用 VLOOKUP 函数来实现不同的编号对应不同的员工信息，具体的操作步骤如下。

STEP 01 创建"员工个人信息查询"工作表。插入新的工作表，将其命名为"员工个人信息查询"，输入对应的信息，选中 B1 单元格，如图 13-51 所示。

STEP 02 单击"数据有效性"选项。在"数据"选项卡下单击"数据有效性"按钮，从展开的下拉列表中单击"数据有效性"选项，如图 13-52 所示。

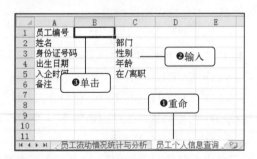

图 13-51　创建"员工个人信息查询"工作表

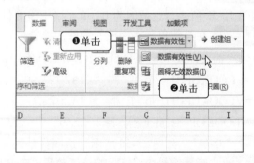

图 13-52　单击"数据有效性"选项

STEP 03 设置有效性条件。打开"数据有效性"对话框，在"允许"下拉列表中单击"序列"

选项，设置来源为"=员工档案!$A$2:$A$22"，单击"确定"按钮，如图 13-53 所示。

STEP 04 查看设置后的效果。选中 B1 单元格，单击右侧的下三角按钮即可在下拉列表中看见所有员工的编号信息，如图 13-54 所示。

图 13-53 设置有效性条件

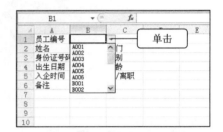

图 13-54 查看设置后的效果

STEP 05 选择 VLOOKUP 函数。选中 B2 单元格，切换至"公式"选项卡下，单击"查找与引用"下三角按钮，从展开的下拉列表中选择 VLOOKUP 函数，如图 13-55 所示。

STEP 06 设置 VLOOKUP 函数的参数。弹出"函数参数"对话框，设置 Lookup_value、Table_array 和 Col_index_num 的参数值，单击"确定"按钮，如图 13-56 所示。

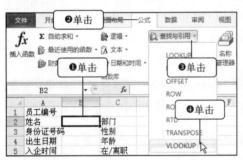

图 13-55 选择 VLOOKUP 函数

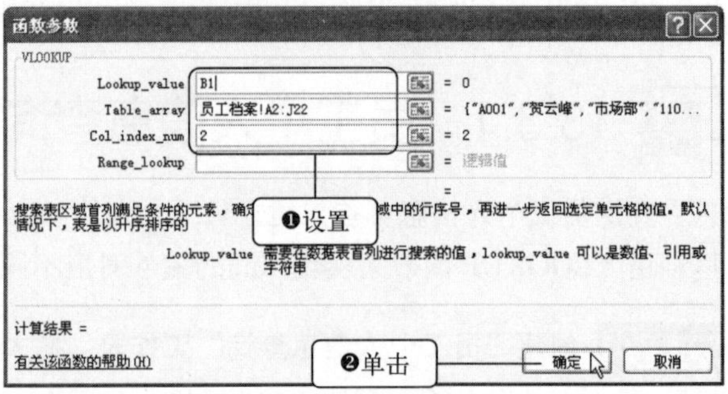

图 13-56 设置 VLOOKUP 函数的参数

STEP 07 查看插入函数的显示效果。返回工作表，此时可看见 B2 单元格中显示了"#N/A"，如图 13-57 所示，这是因为 B1 单元格中没有任何数据，不是公式出现错误。

STEP 08 在其他单元格中插入函数。接着分别在 D2、B3、D3、B4、D4、B5、D5、B6 单元格中依次输入公式"=VLOOKUP(B1,员工档案!A2:J22,3)"、"=VLOOKUP(B1,员工档案!A2:J22,4)"、"=VLOOKUP(B1,员 工 档 案 !A2:J22,5)"、"=VLOOKUP(B1,员 工 档 案 !A2:J22,6)"、"=VLOOKUP(B1,员 工 档 案 !A2:J22,7)"、"=VLOOKUP(B1,员 工 档 案 !A2:J22,8)"、"=VLOOKUP(B1,员工档案!A2:J22,9)"、"=VLOOKUP(B1,员工档案!A2:J22,10)"，输入后发现均显示"#N/A"，如图 13-58 所示，这同样是因为 B1 单元格中没有任何数据。

STEP 09 查看编号为 C005 的员工信息。在 B2 单元格中选择编号"C005"，接着可在下方看见该编号对应的员工档案信息，如图 13-59 所示。

STEP 10 设置显示类型。不过此时 B4 和 B5 单元格中显示的均为数字，要修正为正确的日期格式，可选中 B4:B5 单元格区域，然后在"开始"选项卡下单击"数字"组中的下三角按钮，从展开的下拉列表中单击"短日期"选项，如图 13-60 所示。

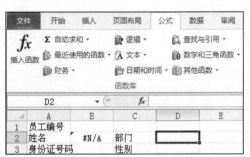

图 13-57 查看插入函数的显示效果

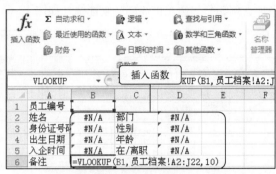

图 13-58 在其他单元格中插入函数

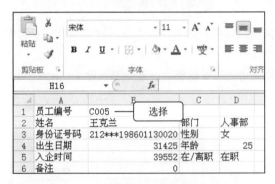

图 13-59 查看编号为 C005 的员工信息

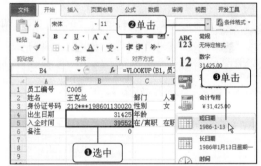

图 13-60 设置显示类型

STEP 11 **查看设置后的效果。**此时可在工作表中看见"出生日期"和"入企时间"右侧的单元格中显示了正确的日期记录，如图 13-61 所示。

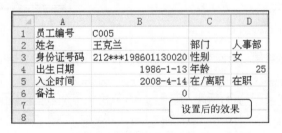

图 13-61 查看设置后的效果

13.3.2 部门员工信息查询

查询部门员工的相关信息则可利用 Excel 2010 中的筛选功能实现，首先筛选要查询的部门，然后再自定义其他筛选条件。例如查询市场部年龄在 30 岁以上的员工记录，具体的操作步骤如下。

STEP 01 **创建"部门员工信息查询"工作表。**插入一个新工作表，将其命名为"部门员工信息查询"，将"员工档案"工作表中的数据复制到该工作表中，如图 13-62 所示。

STEP 02 筛选部门。启动筛选功能，单击"部门"下三角按钮，在展开的下拉列表中设置筛选条件，例如只勾选"市场部"复选框，如图 13-63 所示。

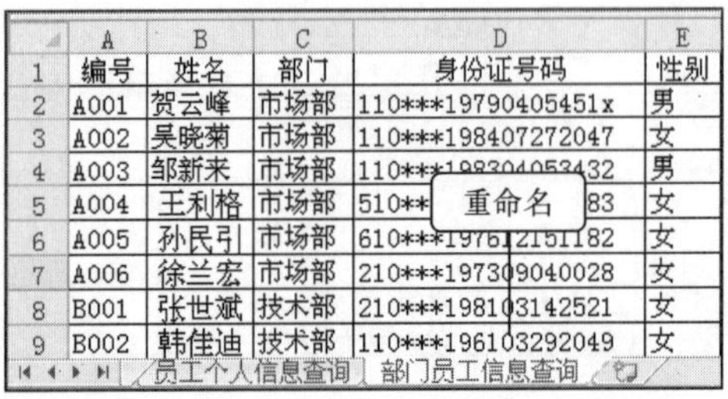

图 13-62　创建"部门员工信息查询"工作表

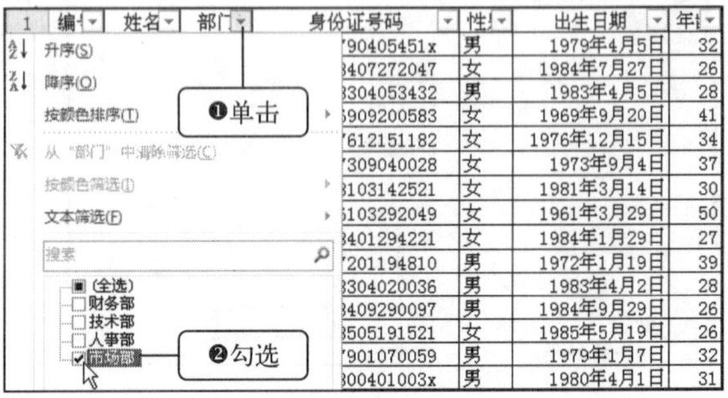

图 13-63　筛选部门

STEP 03 筛选年龄。接着单击"年龄"下三角按钮，从展开的下拉列表设置筛选条件，依次单击"数字筛选>大于"选项，如图 13-64 所示。

STEP 04 自定义筛选条件。弹出"自定义自动筛选方式"对话框，设置筛选条件为"大于 30"，单击"确定"按钮，如图 13-65 所示。

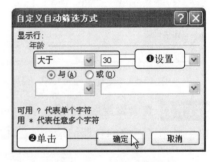

图 13-64　筛选年龄

图 13-65　自定义筛选条件

STEP 05 查看筛选后的结果。返回工作表界面，此时可看见筛选后的数据结果，如图 13-66 所示。

	A	B	C	D	E	F	G	H	I	J
1	编号	姓名	部门	身份证号码	性!	出生日期	年!	入企时间	在/离!	备注
2	A001	贺云峰	市场部	110***19790405451x	男	1979年4月5日	32	2008年5月13日	在职	个人简历
5	A004	王利格	市场部	510***196909200583	女	1969年9月20日	41	2005年4月15日	在职	
6	A005	孙民引	市场部	610***197612151182	女	1976年12月15日	34	2007年5月18日	离职	
7	A006	徐兰宏	市场部	210***197309040028	女	1973年9月4日	37	2008年9月24日	在职	
23										

筛选后的结果单

图 13-66　查看筛选后的结果

13.3.3　公司人员流动情况查询

查询公司人员的流动情况不仅能够随时掌握公司人员数量的变化，而且还能通过对员工数量的限制来达到成本的最优化控制。本节将介绍利用高级筛选功能来查询入企时间大于 2007

年 1 月 1 日的 80 后离职员工的相关信息。

STEP 01 单击"移动或复制"命令。右击"员工档案"工作表标签，在弹出的快捷菜单中单击"移动或复制"命令，如图 13-67 所示。

STEP 02 设置复制位置。弹出"移动或复制工作表"对话框，在"下列选定工作表之前"列表框中单击"移至最后"选项，勾选"建立副本"复选框，单击"确定"按钮，如图 13-68 所示。

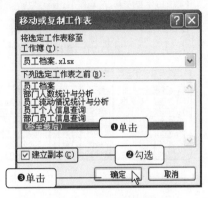

图 13-67 单击"移动或复制"命令   图 13-68 设置复制位置

STEP 03 重命名工作表。将移动后的"员工档案(2)"工作表重命名为"部门人员流动信息查询"，如图 13-69 所示。

STEP 04 设置筛选条件。为了查询入企时间大于 2007 年 1 月 1 日的 80 后离职员工，则可以在 L1:N2 单元格区域中设置如图 13-70 所示的筛选条件。

图 13-69 重命名工作表   图 13-70 设置筛选条件

STEP 05 选择高级筛选。切换至"数据"选项卡下，在"排序和筛选"组中单击"高级"按钮，如图 13-71 所示。

STEP 06 设置高级筛选条件。弹出"高级筛选"对话框，单击选中"将筛选结果复制到其他位置"单选按钮，接着分别设置"列表区域"、"条件区域"和"复制到"条件，单击"确定"按钮，如图 13-72 所示。

STEP 07 查看筛选的结果。返回工作表界面，此时可在工作表中看见根据设置的筛选条件所显示的查询结果，在查询的结果中可以看到满足筛选条件的员工的编号、姓名、部门和身份证号码等信息，如图 13-73 所示。

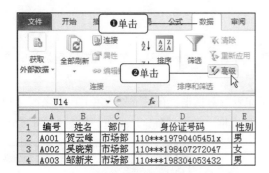

图 13-71 选择高级筛选

图 13-72 设置高级筛选条件

	A	B	C	D	E	F	G	H	I	J
24	编号	姓名	部门	身份证号码	性别	出生日期	年龄	入企时间	在/离职	备注
25	A003	邹新来	市场部	110***198304053432	男	1983年4月5日	28	2011年2月24日	离职	
26	B003	代桂莲	技术部	210***198401294221	女	1984年1月29日	27	2009年10月24日	离职	
27	B006	杨国庆	技术部	417***198409290097	男	1984年9月29日	26	2011年3月2日	离职	
28	C001	吴淑芳	人事部	114***198505191521	女	1985年5月19日	26	2009年5月14日	离职	
29	D001	马珍言	财务部	118***198506122026	女	1985年6月12日	26	2010年12月4日	离职	
30	D002	方银生	财务部	513***198001040014	男	1980年1月4日	31	2007年4月20日		筛选的结果

图 13-73 查看筛选的结果

13.4 员工信息即时提醒

当管理成百上千的员工档案时，若想快速获取某些信息，则会显得比较麻烦，例如为合同到期的员工续约、查询即将过生日的员工等。此时就需要在档案中查找对应的信息，对于这类繁琐的工作，可以利用 Excel 来实现自动提醒设置，从而轻松找到所需的信息。

13.4.1 员工生日到期提醒设置

对于大中型企业来说，要从成百上千的员工信息中查找当天是否有过生日的员工，既费时又费力，可使用函数设置到期自动提醒，让繁琐的工作变得智能化。

设置生日到期提醒时，可以将当天所在的日期与员工出生的日期进行比较，条件为 "TODAY()=DATE(YEAR(TODAY()),MONTH(出生月)，DAY(出生日))"，如果相等，则自动提醒 Happy Birthday，不相等则不显示结果，这样一来，只需打开工作簿，当天是否有员工过生日的信息将一目了然。

STEP 01 创建"员工信息即时提醒"工作表。使用 13.3.3 节介绍的方法复制"员工档案"工作表并将其重命名为"员工信息即时提醒"，在 K1 单元格中输入"生日提醒"，选中 K2 单元格，如图 13-74 所示。

STEP 02 **设置 IF 函数的参数**。打开 IF 函数的"函数参数"对话框，在 Logical_test 文本框中输入 "=IF(TODAY()=DATE(YEAR(TODAY()),MONTH(F2),DAY(F2)),"Happy Birthday","")"，在 Value_if_true 文本框中输入""Happy Birthday""，单击"确定"按钮，如图 13-75 所示。

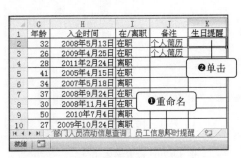

图 13-74　创建"员工信息即时提醒"工作表

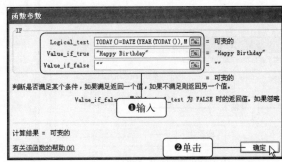

图 13-75　设置 IF 函数的参数

STEP 03 **复制 IF 函数**。返回工作表中，将指针移至 K2 单元格的右下角，当指针呈十字状时，按住鼠标左键拖动鼠标至 K22 单元格，当有员工今天过生日时，则会在 K 列对应的单元格中显示"Happy Birthday"，如图 13-76 所示。

STEP 04 **设置条件格式**。选中 K2:K22 单元格区域，切换至"视图"选项卡下，单击"条件格式"下三角按钮，从展开的下拉列表中依次单击"突出显示单元格规则>等于"选项，如图 13-77 所示。

图 13-76　复制 IF 函数

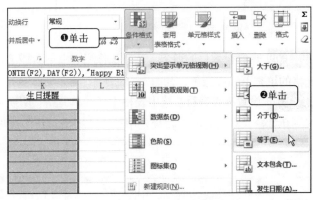

图 13-77　设置条件颜色

STEP 05 **设置单元格格式**。弹出"等于"对话框，在左侧的文本框中输入 Happy Birthday，在"设置为"下拉列表中单击"自定义格式"选项，如图 13-78 所示。

STEP 06 **设置字体颜色**。弹出"设置单元格格式"对话框，在"字体"选项卡下的"颜色"面板中设置字体颜色，例如选择"红色"，如图 13-79 所示。

STEP 07 **设置填充颜色**。切换至"填充"选项卡下，在"背景色"颜色面板中选择填充颜色，例如选择"浅绿色"，如图 13-80 所示。

STEP 08 **单击"确定"按钮**。单击"确定"按钮返回"等于"对话框，直接单击"确定"按钮，如图 13-81 所示。

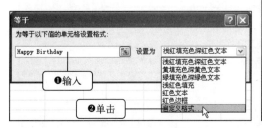

图 13-78　设置单元格格式

图 13-79　设置字体颜色

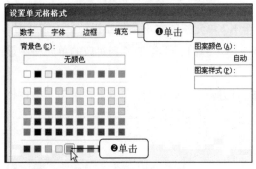

图 13-80　设置填充颜色

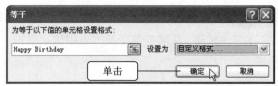

图 13-81　单击"确定"按钮

STEP 09 **查看设置后的效果。** 返回工作表，由于 K19 单元格中包含"Happy Birthday"，则该单元格的填充色为浅绿色，如图 13-82 所示。

STEP 10 **设置冻结首行。** 选中表格中任一单元格，切换至"视图"选项卡下，单击"冻结窗格"下三角按钮，从展开的下拉列表中单击"冻结首行"选项，如图 13-83 所示。

图 13-82　查看设置后的效果

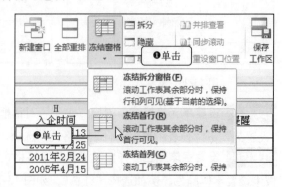

图 13-83　设置冻结首行

STEP 11 **查看冻结后的效果。** 返回工作表中，此时可看见冻结首行的显示效果，向下拖动右侧的滚动条可看见首行一直显示在工作表中，如图 13-84 所示。

	B	C	D	E	F	G	H	I	J	K
1	姓名	部门	身份证号码	性别	出生日期	年龄	入企时间	在/离职	备注	生日提醒
15	范富平	人事部	312***197901070059	男	1979年1月7日	32	2007年7月12日	在职		
16	高登虎	人事部	115***19800401003x	男	1980年4月1日	31	2006年5月7日	在职		
17	高林	人事部	210***198203020016	男	1982年3月2日	29	2009年8月2日	在职		显示效果
18	王克兰	人事部	212***198601130020	女	1986年1月13日	25	2008年4月14日	在职		Happy birthday
19	马珍言	财务部	118***198506122026	女	1985年6月12日	25	2010年12月4日	离职		
20	方银生	财务部	513***198001040014	男	1980年1月4日	31	2007年4月20日	离职		
21	李光耀	财务部	210***19770802005x	男	1977年8月2日	33	2005年5月8日	在职		

图 13-84　查看冻结后的效果

13.4.2　合同到期自动提醒设置

合同是员工与企业之间设立、变更、终止民事关系的协议。面对成百上千的员工，每天依次寻找需要续约的员工不太现实，此时可以对合同设置到期自动提醒，具体操作步骤如下。

STEP 01 创建"合同到期即时提醒"工作表。插入新的工作表，将其重命名为"合同到期即时提醒"，输入对应的数据，选中 G2 单元格，如图 13-85 所示。

	A	B	C	D	E	F	G
1	编号	姓名	部门	入企时间	签订合同时间	合同到期时间	合同提醒
2	A001	贺云峰	市场部	2008年5月13日	2008年8月13日	2011年8月13日	
3	A002	吴晓菊	市场部	2009年4月25日	2009年7月25日	2012年7月25日	
4	A004	王利格	市场部	2005年4月15日	2008年7月15日	2011年7月15日	
5	A006	徐兰宏	市场部	2008年9月24日	2008年12月24日	2011年12月24日	❸单击
6	B001	张世斌	技术部	2008年11月4日	2009年2月4日	2012年2月4日	
7	B004	张立潮	技术部	2009年7月2日	2009年10月2日	2011年10月2日	
8	B005	王育卫	技术部	2010年4月13日	2010年6月13日	2013年6月13日	
9	C002	范富平	人事部	2007年7月12日	2010年10月12日	2011年10月12日	
10	C003	高登虎	人事部	2006年5月7日	2009年7月7日	2011年7月7日	
11	C004	高林	人事部	2008年8月2日	2009年11月2日	2012年11月2日	❷输入
12	C005	王克兰	人事部	2008年4月14日	2008年7月14日	2011年7月14日	
13	D003	李光耀	财务部	2005年5月8日	2008年8月8日	8月8日	
14	D004	侯海新	财务部	2007年9月23日	2010年	❶重命名	月23日

❶重命名　员工信息即时提醒　合同到期即时提醒

图 13-85　创建"合同到期即时提醒"工作表

STEP 02 选择 IF 函数。切换至"公式"选项卡下，在"函数库"组中单击"最近使用的函数"下三角按钮，从展开的下拉列表中选择 IF 函数，如图 13-86 所示。

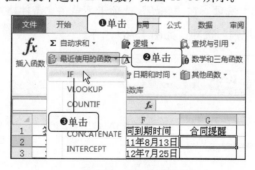

图 13-86　选择 IF 函数

STEP 03 设置 IF 函数的参数。弹出"函数参数"对话框，设置 Logical_test 的参数值为 "ISERROR(DATEDIF(TODAY(),F2,"D"))"，设置 Value_if_true 的参数值为 ""已过期""，设置 Value_if_false 的参数值为 "IF(DATEDIF(TODAY(),F2,"D")>30,"未到期",IF(DATEDIF(TODAY(), F2,"D")=30,"今天到期",""&DATEDIF(TODAY(),F2,"D")&"天后到期"))"，单击"确定"按钮，如图 13-87 所示。

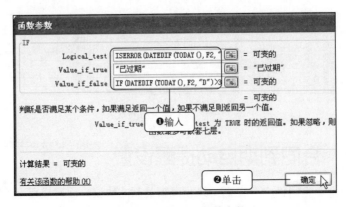

图 13-87　设置 IF 函数的参数

STEP 04 **复制 IF 函数。**返回工作表界面，将指针移至 G2 单元格右下角，当指针呈十字状时按住鼠标左键拖动至 G14 单元格后释放鼠标左键，此时可看见复制 IF 函数后的计算结果，如图 13-88 所示。

D	E	F	G
入企时间	签订合同时间	合同到期时间	合同提醒
2008年5月13日	2008年8月13日	2011年8月13日	未到期
2009年4月25日	2009年7月25日	2012年7月25日	未到期
2005年4月15日	2008年7月15日	2011年7月15日	未到期
2008年9月24日	2008年	12月24日	未到期
2008年11月4日	2009	复制函数 2年2月4日	未到期
2009年7月2日	2009年10月2日	2011年10月2日	未到期
2010年4月13日	2010年6月13日	2013年6月13日	未到期
2007年7月12日	2010年10月12日	2011年10月12日	未到期
2006年5月7日	2009年7月7日	2011年7月7日	25天后到期
2009年8月2日	2009年11月2日	2012年11月2日	未到期
2008年4月14日	2008年7月14日	2011年7月14日	未到期
2005年5月8日	2008年8月8日	2011年8月8日	未到期
2007年9月23日	2010年12月23日	2012年12月23日	未到期

图 13-88　复制 IF 函数

STEP 05 **单击"新建规则"选项。**在"开始"选项卡下单击"条件格式"下三角按钮，从展开的下拉列表中单击"新建规则"选项，如图 13-89 所示。

图 13-89　单击"新建规则"选项

STEP 06 **设置格式规则。** 弹出"新建格式规则"对话框，选中"只为包含以下内容的单元格设置格式"选项，接着在下方设置条件为单元格值小于等于29天后到期，然后单击"格式"按钮，如图13-90所示。

STEP 07 **设置字体颜色。** 弹出"设置单元格格式"对话框，在"字体"选项卡下设置字体颜色为"红色"，如图13-91所示。

图 13-90　设置格式规则

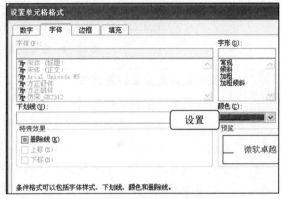

图 13-91　设置字体颜色

STEP 08 **设置填充颜色。** 切换至"填充"选项卡下，在"背景色"颜色面板中选择填充颜色，例如选择"浅绿色"，如图13-92所示。

STEP 09 **单击"确定"按钮。** 返回"新建格式规则"对话框，可预览到设置格式后的效果，单击"确定"按钮，如图13-93所示。

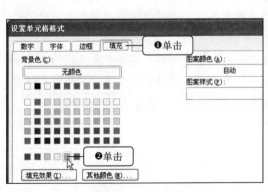

图 13-92　设置填充颜色

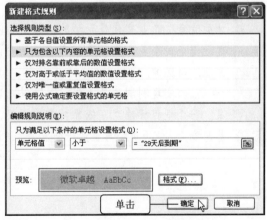

图 13-93　单击"确定"按钮

STEP 10 **查看设置后的显示效果。** 返回工作表，此时可看见设置后的显示效果，当员工的合同期限在一个月以内时，则会在对应的单元格中显示"差×天到期"，如图13-94所示。

	C	D	E	F	G
1	部门	入企时间	签订合同时间	合同	设置后的效果
2	市场部	2008年5月13日	2008年8月13日	201	
3	市场部	2009年4月25日	2009年7月25日	2012年7月25日	未到期
4	市场部	2005年4月15日	2008年7月15日	2011年7月15日	未到期
5	市场部	2008年9月24日	2008年12月24日	2011年12月24日	未到期
6	技术部	2008年11月4日	2009年2月4日	2012年2月4日	未到期
7	技术部	2009年7月2日	2009年10月2日	2011年10月2日	未到期
8	技术部	2010年4月13日	2010年6月13日	2013年6月13日	未到期
9	人事部	2007年7月12日	2010年10月12日	2011年10月12日	未到期
10	人事部	2006年5月7日	2009年7月7日	2011年7月7日	25天后到期
11	人事部	2009年8月2日	2009年11月2日	2012年11月2日	未到期
12	人事部	2008年4月14日	2008年7月14日	2011年7月14日	未到期
13	财务部	2005年5月8日	2008年8月8日	2011年8月8日	未到期
14	财务部	2007年9月23日	2010年12月23日	2012年12月23日	未到期

图 13-94　查看设置后的显示效果

企业文化建设对企业的重要性

　　随着现代市场经济的发展，企业间的竞争已经由简单的产品竞争过渡到企业管理和企业文化的竞争，其中企业文化尤为重要。企业文化存在于企业中，蕴涵无限力量，它能使员工产生凝聚力，使员工在公司工作时产生自豪感和归属感，员工的个人价值在企业的发展过程中，能够得到充分的体现。虽然企业文化建设是一个非常困难的过程，但是企业文化建设对于企业来说是非常重要的，它的重要性主要表现在以下三个方面。

　　一、使企业具备强大的竞争力。企业文化建设是企业凝聚力的提升，它能使企业在复杂的市场环境中得到更好的发展。企业有自己的文化体系和人有高素质的道理完全一样，有实力的企业才能在激烈的竞争中脱颖而出。

　　二、使人才的力量得以充分发挥。人是有思想的，人的思想决定了行动。企业文化正是通过影响员工的思想，最终影响员工的行为来发挥作用。如果没有正确的导向，人才和庸才在一个环境中是没有分别的，这样的企业是悲哀的企业。企业的竞争是人才的竞争。企业文化是无形的，但是要依靠有形的环境和载体去折射、放大和传播。建立健全的企业文化，让能者上，平者让，庸者下，企业的力量实现最大化，成功就是理所当然的。

　　三、实现利润的最大化。可以说，这是企业的终极目标，也是企业文化的必然结果。当企业目标确立，依靠科学的决策、有效的沟通，让每位员工充分发挥自己的优势与能力。使得员工与企业一同发展，以达到企业利润增长和企业发展壮大双赢的目的。

办公指导

第 14 章
企业固定资产管理系统

企业若想拥有稳定的发展，必须对所拥有的固定资产进行有效管理。对于大型企业来说，可以花费一笔资金购买对应的固定资产管理系统。而对于中小型企业来说，完全可以节省这笔费用，利用 Office 2010 软件中的 Excel 组件就能够制作企业固定资产管理系统，本章将为您介绍具体的制作方法。

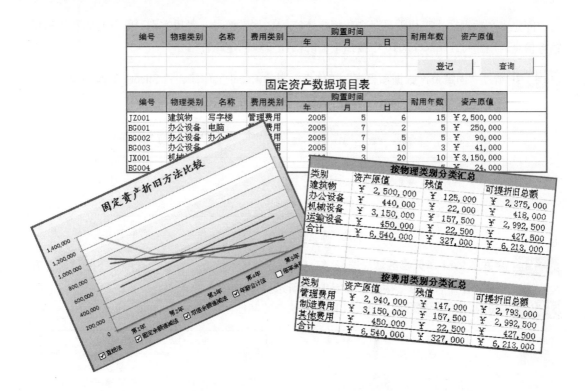

14.1 ⓒ 创建固定资产登记系统

固定资产登记系统主要用于记录企业内使用年限超过1年的建筑物、办公设备、机械设备和运输设备等固定资产。为了确保固定资产信息能准确、高效地录入系统中，用户可在创建的固定资产登记系统中利用控件功能来实现。

原始文件：实例文件\第14章\原始文件\无
最终文件：实例文件\第14章\最终文件\企业固定资产登记系统.xlsx

14.1.1　创建固定资产数据项目表

固定资产数据项目表用于显示企业固定资产的名称、编号、费用类别、购置时间和耐用年数等信息，用户可在 Excel 2010 中按照下面的操作步骤创建此表格。

STEP 01 新建"固定资产数据项目表"工作表。新建 Excel 工作簿，将 Sheet1 工作表重命名为"固定资产数据项目表"，然后输入对应的数据，如图 14-1 所示。

图 14-1　新建"固定资产数据项目表"工作表

STEP 02 合并 A1:A2 单元格区域。选择 A1:A2 单元格区域，在"开始"选项卡下的"对齐方式"组中单击"合并后居中"按钮，如图 14-2 所示。
STEP 03 合并其他单元格区域。使用相同的方法合并其他单元格区域，如图 14-3 所示。

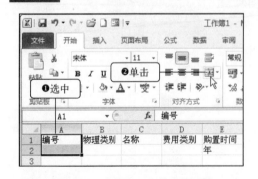

图 14-2　合并 A1:A2 单元格区域

图 14-3　合并其他单元格区域

STEP 04 设置单元格颜色。选中 A1:I1 单元格区域，单击"字体"组中"填充颜色"右侧的下三角按钮，从展开下拉列表中选择填充色，例如选择"橙色"，如图 14-4 所示。

STEP 05 设置字符格式。接着在"字体"组中设置字体为"黑体"，字号为"11"，如图 14-5 所示。

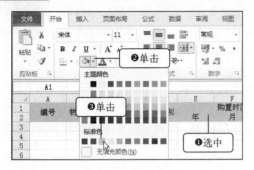

图 14-4 设置单元格颜色

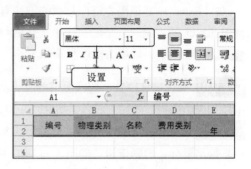

图 14-5 设置字符格式

STEP 06 设置单元格边框。单击"边框"右侧的下三角按钮，从展开的下拉列表中单击"所有框线"选项，如图 14-6 所示。

STEP 07 查看添加边框后的效果。执行上一步操作后可在工作表中看见添加边框后的效果，如图 14-7 所示。

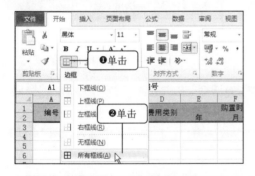

图 14-6 设置单元格边框

图 14-7 查看添加边框后的效果

STEP 08 复制单元格数据。选中 A1:I1 单元格区域，按【Ctrl+C】组合键复制该单元格区域的数据，然后将其粘贴到 A7:I7 单元格区域中，如图 14-8 所示。

STEP 09 设置表格标题。合并 A6:I6 单元格区域，输入表格标题"固定资产数据项目表"，然后设置字体为"黑体"，字号为"16"，如图 14-9 所示。

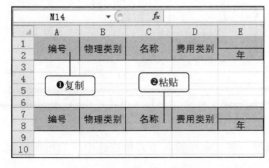

图 14-8 复制单元格数据

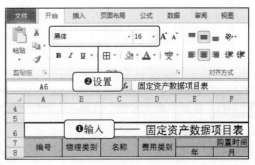

图 14-9 设置表格标题

14.1.2　自动登记固定资产数据

在 Excel 中登记固定资产数据的方法有多种，鉴于制定的固定资产数据项目表，用户可以利用 Excel 的宏绘制"登记"按钮，然后利用该按钮将企业固定资产一条条地登记到固定资产数据项目表格中，具体的操作步骤如下。

STEP 01 插入窗体控件。切换至"开发工具"选项卡下，单击"插入"下三角按钮，从展开的下拉列表中选择"按钮"控件，如图 14-10 所示。

STEP 02 绘制按钮。将指针移至工作表 H4:I5 单元格区域中，当指针呈十字状时按住鼠标左键不放拖动鼠标，绘制按钮，如图 14-11 所示。

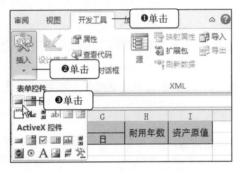

图 14-10　插入窗体控件

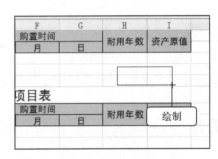

图 14-11　绘制按钮

STEP 03 输入宏名。释放鼠标左键后弹出"指定宏"对话框，在"宏名"文本框中输入"登记"，单击"新建"按钮，如图 14-12 所示。

STEP 04 输入代码。打开"企业固定资产管理系统"代码窗口，在编辑区中输入如图 14-13 所示的代码。

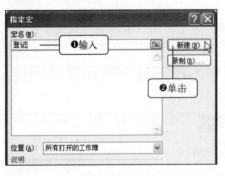

图 14-12　输入宏名

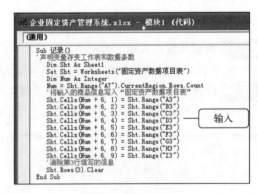

图 14-13　输入代码

STEP 05 单击"宏安全性"按钮。关闭代码窗口后返回工作表主界面，单击"代码"组中的"宏安全性"按钮，如图 14-14 所示。

STEP 06 启用所有宏。弹出"信任中心"对话框，在"宏设置"下方单击选中"启用所有宏"单选按钮，如图 14-15 所示。

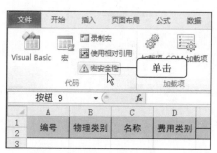

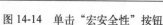

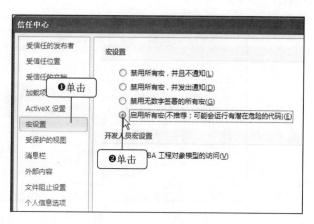

图 14-14　单击"宏安全性"按钮　　　　　　　　图 14-15　启用所有宏

STEP 07 更改按钮名称。单击"确定"按钮返回工作表主界面，将绘制的按钮名称重命名为"登记"，如图 14-16 所示。

STEP 08 冻结拆分窗格。选中 A9 单元格，切换至"视图"选项卡下，单击"冻结窗格"下三角按钮，从展开的下拉列表中单击"冻结拆分窗格"选项，如图 14-17 所示。

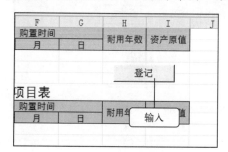

图 14-16　更改按钮名称

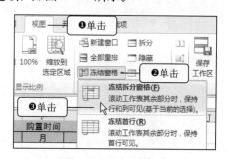

图 14-17　冻结拆分窗格

STEP 09 登记固定资产。在 A3:I3 单元格区域中输入固定资产的相关信息，此时将指针移至"登记"按钮处，指针变成手的形状，单击"登记"按钮，如图 14-18 所示。

图 14-18　登记固定资产

STEP 10 登记其他的固定资产。执行上一步操作后可在 A9:I9 单元格区域中看见保存的固定资产信息，使用相同的方法登记企业其他固定资产的相关信息，如图 14-19 所示。

STEP 11 单击"设置单元格格式"命令。单击 I 列的列标签，选中该列，右击任一单元格，在弹出的快捷菜单中单击"设置单元格格式"命令，如图 14-20 所示。

编号	物理类别	名称	费用类别	购置时间			耐用年数	资产原值
				年	月	日		

固定资产数据项目表

编号	物理类别	名称	费用类别	购置时间			耐用年数	资产原值
				年	月	日		
JZ001	建筑物	写字楼	管理费用	2005	5	6	15	2500000
BG001	办公设备	电脑	管理费用	2005	7	2	5	250000
BG002	办公设备	办公桌椅	管理费用	2005	7	5	5	90000
BG003	办公设备	电话	管理费用	2005	9	10	3	41000
JX001	机械设备	压片机	制造费用	2006	3	20	10	3150000
BG004	办公设备	打印机	管理费用	2006	4	14	5	24000
YS001	运输设备	轿车	其他费用	2007	10	15	5	450000
BG005	办公设备	扫描仪	管理费用	2008	3	5	8	35000

图 14-19　登记其他的固定资产

STEP 12 设置单元格格式。弹出"设置单元格格式"命令，在"分类"列表框中单击"会计专用"选项，在右侧设置小数位数为"0"，设置货币符号为"￥"，如图 14-21 所示。

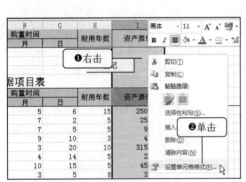

图 14-20　单击"设置单元格格式"命令

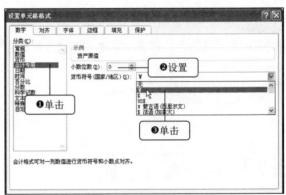

图 14-21　设置单元格格式

STEP 13 单击"保存"按钮。单击"文件"按钮，在弹出的菜单中单击"保存"按钮，如图 14-22 所示。

STEP 14 设置文件名和保存位置。在弹出的"另存为"对话框中设置保存位置，在"文件名"文本框中输入"企业固定资产管理系统"，选择保存类型为"Excel 启用宏的工作簿"，单击"保存"按钮，如图 14-23 所示。

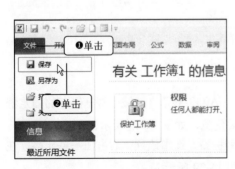

图 14-22　单击"保存"按钮

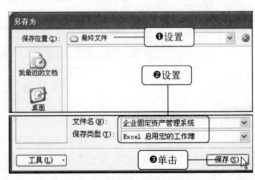

图 14-23　设置文件名和保存位置

14.2 固定资产信息查询

当企业拥有的固定资产众多时，固定资产信息的查询工作就很麻烦了，此时如果在表格中逐行查找，则浪费人力和精力，这时就可以利用 Excel 设计固定资产查询窗格，在该窗格中输入对应的信息即可快速得到查询结果。

14.2.1　设计固定资产查询窗格

随着固定资产类型的逐渐增多，在表格中依次查找目标选项既费时又费力，此时可在工作表中插入一个"查询"按钮，然后利用 Excel 的 VBA 制作一个固定资产查询窗格，并通过单击工作表中的"查询"按钮来查找。

STEP 01 插入命令按钮。打开 14.1.2 节保存的企业固定资产管理系统.xlsm 工作簿，切换至"开发工具"选项卡下，单击"插入"下三角按钮，从展开的下拉列表中单击"命令按钮"图标，如图 14-24 所示。

STEP 02 单击"查看代码"命令。在"固定资产数据项目表"中绘制命令按钮，完毕后右击该按钮，在弹出的快捷菜单中单击"查看代码"命令，如图 14-25 所示。

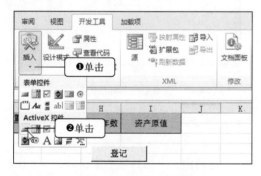

图 14-24　插入命令按钮

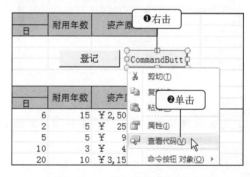

图 14-25　单击"查看代码"命令

认识固定资产原值

> 固定资产原值是"固定资产原始价值"的简称，它指企业、事业单位建造、购置固定资产时实际发生的全部费用支出，包括建造费、买价、运杂费、安装费等。它反映企业在固定资产方面的投资和企业的生产规模、装备水平等，是进行固定资产核算、计算折旧的依据。

STEP 03 单击"用户窗体"命令。打开 VBA 窗口，在菜单栏中依次执行"插入>用户窗体"命令，如图 14-26 所示。

STEP 04 单击"属性"命令。弹出 UserForm1 窗格，右击任意空白处，在弹出的快捷菜单中单击"属性"命令，如图 14-27 所示。

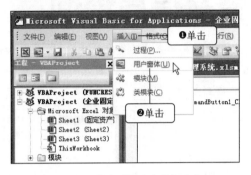

图 14-26　单击"用户窗体"命令

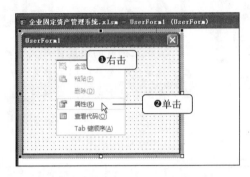

图 14-27　单击"属性"命令

STEP 05 设置显示名称。弹出"属性"对话框，设置名称和 Caption 为"固定资产信息查询"，如图 14-28 所示。

STEP 06 查看更换名称后的显示效果。此时可看见 UserForm1 窗格已变为"固定资产信息查询"窗格，如图 14-29 所示。

图 14-28　设置显示名称

图 14-29　查看更换名称后的显示效果

STEP 07 选择标签控件。在"工具箱"窗格中选择要绘制的控件，这里选择"标签"控件，如图 14-30 所示。

STEP 08 绘制标签。将指针移至"固定资产信息查询"窗格中，当指针呈十字状时，按住鼠标左键拖动鼠标，绘制标签控件，如图 14-31 所示。

图 14-30　选择标签控件

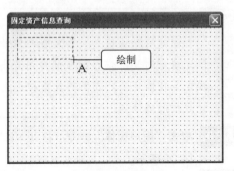

图 14-31　绘制标签

STEP 09 单击"属性"命令。释放鼠标后右击该标签，在弹出的快捷菜单中单击"属性"命令，如图 14-32 所示。

STEP 10 设置显示名称。弹出属性对话框，设置名称和 Caption 为"编号"，单击 Font 右侧的"浏览"按钮，如图 14-33 所示。

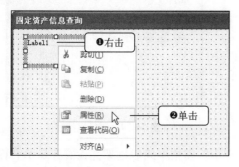

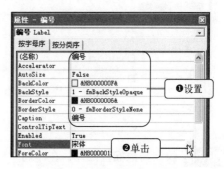

图 14-32　单击"属性"命令　　　　　　　图 14-33　设置显示名称

STEP 11 设置字符格式。弹出"字体"对话框，设置字体为"微软雅黑"，字形为"常规"，字号为"五号"，单击"确定"按钮，如图 14-34 所示。

STEP 12 调整控件的大小。返回"固定资产信息查询"窗格，将指针移至控件右下角，拖动鼠标调整控件的大小，如图 14-35 所示。

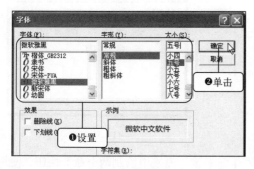

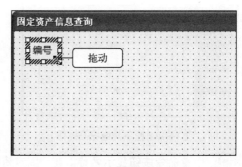

图 14-34　设置字符格式　　　　　　　图 14-35　调整控件的大小

STEP 13 选择文字框控件。在"工具箱"窗格中选择文字框控件，单击"文字框"按钮，如图 14-36 所示。

STEP 14 单击"属性"命令。在"固定资产信息查询"窗格中绘制文字框控件，右击该控件，在弹出的快捷菜单中单击"属性"命令，如图 14-37 所示。

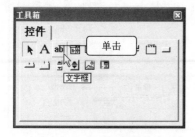

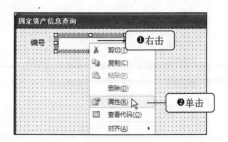

图 14-36　选择文字框控件　　　　　　　图 14-37　单击"属性"命令

STEP 15 设置文字框的名称。弹出属性对话框，设置名称为"文本框"，如图 14-38 所示。

STEP 16 选择框架控件。在"工具箱"窗格中选择框架控件，单击"框架"按钮，如图 14-39 所示。

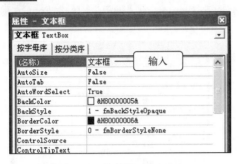

图 14-38   设置文字框的名称

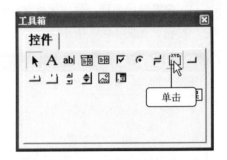

图 14-39   选择框架控件

STEP 17 绘制其他标签控件。在"固定资产信息查询"窗格中绘制框架并设置其显示名称为"查询信息"，使用相同的方法绘制其他的标签控件，如图 14-40 所示。

STEP 18 绘制命令控件。在"工具箱"窗格中选择命令按钮控件，单击"命令按钮"按钮，如图 14-41 所示。

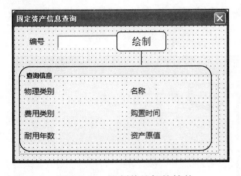

图 14-40   绘制其他标签控件

图 14-41   绘制命令控件

STEP 19 设置命令按钮显示名称。在"固定资产信息查询"窗格中绘制两个命令按钮，使用相同的方法设置其显示名称分别为"查询"和"取消"，如图 14-42 所示。

STEP 20 单击"查看代码"命令。右击"查询"按钮，在弹出的快捷菜单中单击"查看代码"命令，如图 14-43 所示。

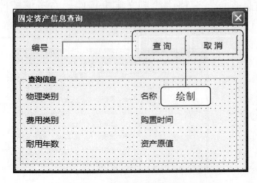

图 14-42   设置命令按钮显示名称

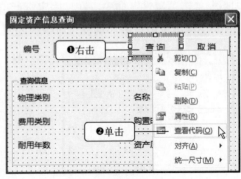

图 14-43   单击"查看代码"命令

STEP 21 设置"查询"按钮的代码。打开"企业固定资产管理系统.xlsm"窗格，在编辑区中输入如图 14-44 所示的代码。

STEP 22 设置"取消"按钮的代码。在顶部的下拉列表中选择"取消"选项，接着在编辑区中输入如图 14-45 所示的代码。

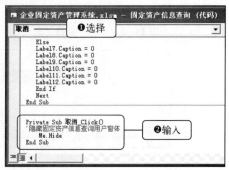

图 14-44　设置"查询"按钮的代码　　　　　　图 14-45　设置"取消"按钮的代码

STEP 23 设置"查询"按钮的代码。切换至"企业固定资产管理系统.xlsm-Sheet1"窗格，设置 Sheet1 工作表中"查询"按钮的代码，如图 14-46 所示。

STEP 24 返回 Excel 工作表。在 VBA 窗口菜单栏中依次执行"文件>关闭并返回到 Microsoft Excel"命令，如图 14-47 所示。

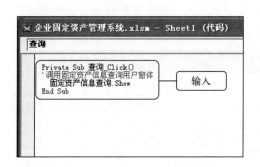

图 14-46　设置"查询"按钮的代码

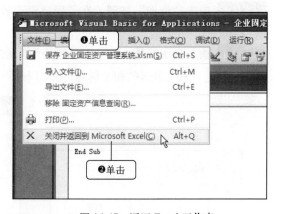

图 14-47　返回 Excel 工作表

STEP 25 单击"属性"命令。返回工作表中，右击绘制的命令按钮，在弹出的快捷菜单中单击"属性"命令，如图 14-48 所示。

STEP 26 设置显示名称。弹出"属性"对话框，设置显示名称和 Caption 为"查询"，如图 14-49 所示。

STEP 27 查看设置的"查询"按钮。将指针移至工作表中的"查询"按钮，此时指针发生了变化，如图 14-50 所示。

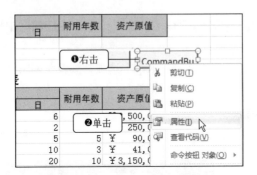

图 14-48　单击"属性"命令

图 14-49　设置显示名称

图 14-50　查看设置的"查询"按钮

14.2.2　查询固定资产信息

在制作的固定资产数据项目表中，固定资产的编号类别是各不相同的，因此用户可以通过输入目标资产的编号来查询对应的信息。

STEP 01　**单击"查询"按钮**。在"固定资产数据项目表"中单击"查询"按钮，如图 14-51 所示。

STEP 02　**输入查询编号**。弹出"固定资产信息查询"对话框，输入固定资产的编号，单击"查询"按钮后可看见显示的相关信息，如图 14-52 所示。

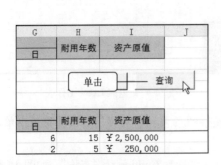

图 14-51　单击"查询"按钮

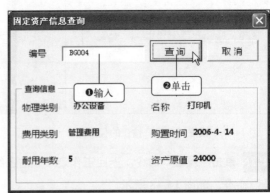

图 14-52　输入查询编号

STEP 03　**查询其他编号的资产信息**。当用户输入"固定资产数据项目表"中不存在的编号时，则显示的查询信息全都为 0，如图 14-53 所示。

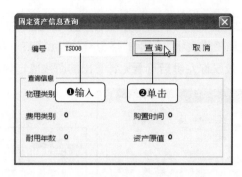

图 14-53　查询其他编号的资产信息

14.3 ◎ 固定资产折旧核算

核算企业固定资产的折旧需要以固定资产原值和耐用年限为基础，首先计算出固定资产的净残值，根据可计提的固定资产折旧额公式计算出固定资产折旧额，最后按照不同的标准将这些计算出的资产折旧进行分类汇总。

14.3.1　核算固定资产净残值

固定资产的净残值是指根据固定资产的使用年限，预计可收回的残余价值，其计算公式为：固定资产净残值=资产总值×残值率。

STEP 01 创建"固定资产折旧核算"工作表。将 Sheet2 工作表重命名为"固定资产折旧核算"，输入对应的数据，如图 14-54 所示。

STEP 02 选择 IF 函数。选中 G2 单元格，切换至"公式"选项卡下，单击"逻辑"下三角按钮，从展开的下拉列表中选择 IF 函数，如图 14-55 所示。

图 14-54　创建"固定资产折旧核算"工作表

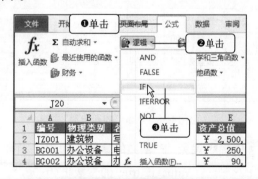

图 14-55　选择 IF 函数

STEP 03 设置 IF 函数的参数。弹出"函数参数"对话框，设置 Logical_test 的参数值为"E2<>""、Value_if_true 的参数值为"E2*F2"，Value_if_false 的参数值为"0"，即若 E2 单元格的值不为 0，

则计算残值的公式为 E2*F2，否则为 0，输入完毕后单击"确定"按钮，如图 14-56 所示。

STEP 04 复制 IF 函数。返回工作表中，将指针移至 G2 单元格右下角，当指针呈十字状时向下拖动鼠标至 G9 单元格，释放鼠标左键后可看见计算出的净残值，如图 14-57 所示。

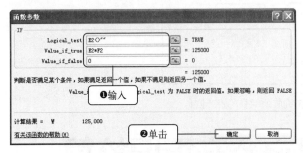

图 14-56　设置 IF 函数的参数　　　　　　　图 14-57　复制 IF 函数

14.3.2　核算可计提的固定资产折旧额

得出固定资产的净残值后，就可以利用可计提的固定资产折旧总额的计算公式进行计算，该公式为：可计提的固定资产折旧总额=资产原值-净残值。

STEP 01 单击"插入函数"按钮。拖动选中 F2:F9 单元格区域，单击编辑栏中的"插入函数"按钮，如图 14-58 所示。

STEP 02 选择 IF 函数。弹出"插入函数"对话框，在"选择函数"列表框中选择 IF 函数，单击"确定"按钮，如图 14-59 所示。

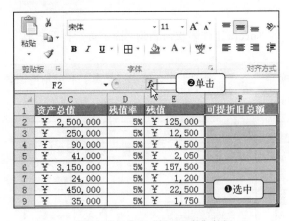

图 14-58　单击"插入函数"按钮

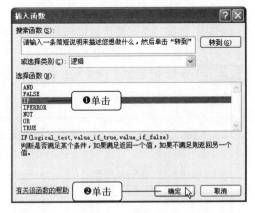

图 14-59　选择 IF 函数

STEP 03 设置 IF 函数的参数。弹出"函数参数"对话框，设置 Logical_test 的参数值为 "E2<>""""、Value_if_true 的参数值为"E2*(1-F2)"，Value_if_false 的参数值为"0"，即若 E2 单元格的值不为 0，则计算残值的公式为 E2*(1-F2)，否则为 0，如图 14-60 所示。

STEP 04 查看计算出的可提折旧总额。按下【Ctrl+Enter】组合键后可看见计算出的各项资产的可提折旧总额，如图 14-61 所示。

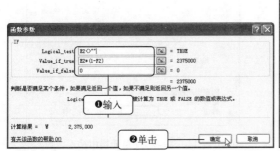

图 14-60　设置 IF 函数的参数　　　　　　　　图 14-61　查看计算出的可提折旧总额

14.3.3　使用不同方法计算年折旧额

计算年折旧额的常见方法有四种：直线法、固定余额递减法、年数合计法和倍率余额递减法。下面分别介绍使用这四种方法计算年折旧额的操作步骤。

STEP 01 创建 "计算年折旧额" 工作表。将 Sheet3 工作表重命名为 "计算年折旧额"，输入对应的数据，选中 A2:B4 单元格区域，如图 14-62 所示。

STEP 02 根据所选内容创建名称。切换至 "公式" 选项卡下，单击 "定义名称" 组中的 "根据所选内容创建" 按钮，如图 14-63 所示。

图 14-62　创建 "计算年折旧额" 工作表

图 14-63　根据所选内容创建名称

STEP 03 设置名称。弹出 "以选定区域创建名称" 对话框，勾选 "最左列" 复选框，单击 "确定" 按钮，如图 14-64 所示。

STEP 04 在 B4 单元格中插入函数。返回工作表，选中 B4 单元格，单击 "插入函数" 按钮，如图 14-65 所示。

STEP 05 选择 IF 函数。弹出 "插入函数" 对话框，在 "选择函数" 列表框中选择 IF 函数，单击 "确定" 按钮，如图 14-66 所示。

STEP 06 设置 IF 函数的参数。弹出 "函数参数" 对话框，设置 Logical_test 值为 "耐用年限=""""，Value_if_true 值为 """"，如图 14-67 所示。

图 14-64   设置名称

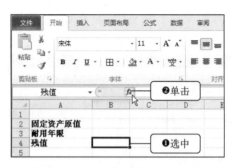

图 14-65   在 B4 单元格中插入函数

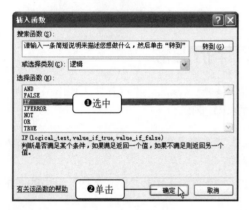

图 14-66   选择 IF 函数

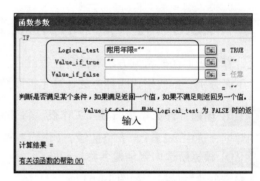

图 14-67   设置 IF 函数的参数

STEP 07 **选择其他函数。** 在工作表中单击名称框右侧的下三角按钮，从展开的下拉列表中单击"其他函数…"选项，如图 14-68 所示。

STEP 08 **选择 ROUND 函数。** 弹出"插入函数"对话框，在"选择函数"列表框中选择 ROUND 函数，单击"确定"按钮，如图 14-69 所示。

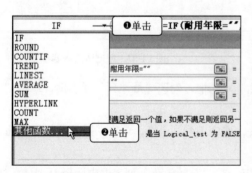

图 14-68   选择其他函数

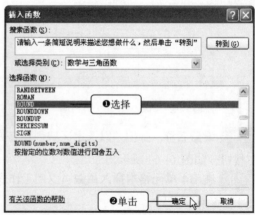

图 14-69   选择 ROUND 函数

STEP 09 **设置 ROUND 函数的参数值。** 弹出"函数参数"对话框，设置 Number 值为"固定资产原值/(耐用年限+1)"，设置 Num_digits 值为"0"，单击"确定"按钮，如图 14-70 所示。

STEP 10 **自动计算残值**。返回工作表，输入固定资产原值和耐用年限，按【Enter】键后可看见 B4 单元格自动计算出了对应的残值，如图 14-71 所示。

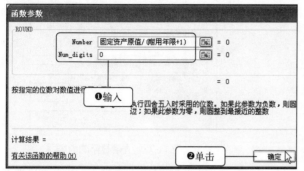

图 14-70　设置 ROUND 函数的参数值

图 14-71　自动计算残值

技术拓展　**认识 ROUND 函数**

ROUND 函数可将某个数字四舍五入为指定的位数，例如，当 A1 单元格中的内容为 54.895 时，则 "=ROUND(A1, 2)" 公式计算出的结果为 54.90。

ROUND 函数的语法为：ROUND(Number, Num_digits)

Number：需要四舍五入的数值，不能省略；

Num_digits：该参数的值为位数，ROUND 函数按照该位数对 Number 进行四舍五入。

STEP 11 **单击对话框启动器**。选中 B6 单元格，单击"数字"组中的对话框启动器，如图 14-72 所示。

STEP 12 **设置单元格格式**。弹出"设置单元格格式"对话框，在"分类"列表框中单击"自定义"选项，接着在"类型"文本框中输入"开始年度"，如图 14-73 所示。

图 14-72　单击对话框启动器

图 14-73　设置单元格格式

STEP 13 **输入数值 0**。返回工作表主界面，在 B6 单元格中输入数值 0 后按【Enter】键，如图 14-74 所示。

STEP 14 查看显示的内容。此时可在 B6 单元格中看见显示的内容为"开始年度",如图 14-75 所示。

图 14-74　输入数值 0　　　　　　　　　　　　　图 14-75　查看显示的内容

STEP 15 单击"设置单元格格式"命令。右击 C6 单元格,在弹出的快捷菜单中单击"设置单元格格式"命令,如图 14-76 所示。

STEP 16 设置单元格格式。弹出"设置单元格格式"对话框,在"分类"列表框中单击"自定义"选项,接着在"类型"文本框中输入"'第'G/通用格式'年'",如图 14-77 所示。

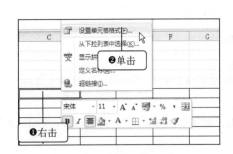 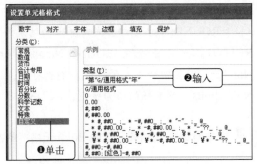

图 14-76　单击"设置单元格格式"命令　　　　　图 14-77　设置单元格格式

STEP 17 在 C6 单元格中插入函数。单击"确定"按钮返回工作表主界面,单击编辑栏中的"插入函数"按钮,如图 14-78 所示。

STEP 18 选择 IF 函数。弹出"插入函数"对话框,在"选择函数"列表框中选择 IF 函数,单击"确定"按钮,如图 14-79 所示。

 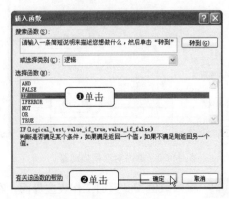

图 14-78　在 C6 单元格中插入函数　　　　　　　图 14-79　选择 IF 函数

STEP 19 设置 IF 函数的参数。弹出"函数参数"对话框，设置 Logical_test 参数值为"耐用年限<=B6"，接着设置 Value_if_true 和 Value_if_falsed 的参数值，单击"确定"按钮，如图 14-80 所示。

STEP 20 复制函数。将指针移至 C6 单元格右下角，当指针呈十字状时向右拖动鼠标至 G6 单元格，如图 14-81 所示。

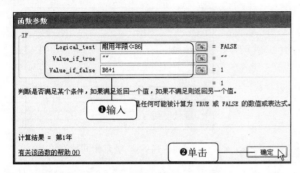

图 14-80　设置 IF 函数的参数

图 14-81　复制函数

STEP 21 单击对话框启动器。拖动选中 B7:G11 单元格区域，单击"数字"组中的对话框启动器，如图 14-82 所示。

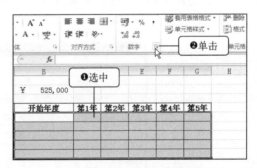

图 14-82　单击对话框启动器

STEP 22 设置单元格格式。弹出"设置单元格格式"对话框，选中"会计专用"选项，设置小数位数为"0"，在"货币符号"下拉列表中选择"¥"，如图 14-83 所示。

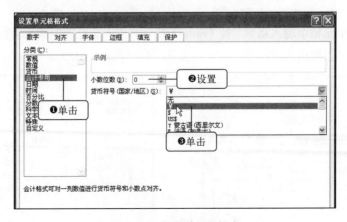

图 14-83　设置单元格格式

STEP 23 **输入数值 0**。单击"确定"按钮后返回工作表主界面，选中 B7 单元格，输入数值 0 后按下【Enter】键，如图 14-84 所示。

STEP 24 **填充相同数据**。将指针移至 B7 单元格右下角，当指针呈十字状时按住鼠标左键拖动鼠标至 B11 单元格，如图 14-85 所示。

图 14-84　输入数值 0　　　　　　　　　　图 14-85　填充相同数据

STEP 25 **插入 IF 函数**。选中 C7 单元格，在"公式"选项卡下单击"逻辑"下三角按钮，从展开的下拉列表中选择 IF 函数，如图 14-86 所示。

STEP 26 **设置 IF 函数的参数值**。弹出"函数参数"对话框，设置 Logical_test 参数值为"C6=""""，设置 Value_if_true 参数值为"""""，设置 Value_if_false 参数值为"SLN(固定资产原值,残值,耐用年限)"，单击"确定"按钮，如图 14-87 所示。

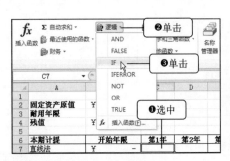
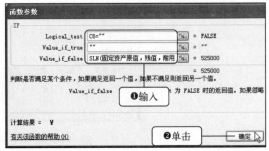

图 14-86　插入 IF 函数　　　　　　　　　图 14-87　设置 IF 函数的参数值

STEP 27 **在 C8 单元格中输入函数**。在 C8 单元格中输入函数"=IF(C6="""",DB(固定资产原值,残值,耐用年限,C6))"，如图 14-88 所示。

STEP 28 **在 C9 单元格中输入函数**。按【Enter】键后在 C9 单元格中输入函数"=IF(C6="""",DDB (固定资产原值,残值,耐用年限,C6))"，如图 14-89 所示。

图 14-88　在 C8 单元格中输入函数　　　　图 14-89　在 C9 单元格中输入函数

STEP 29 在 C10 单元格中输入函数。按【Enter】键后在 C10 单元格中输入函数 "=IF(C6="","", SYD(固定资产原值,残值,耐用年限,C6))"，如图 14-90 所示。

STEP 30 在 C11 单元格中输入函数。按【Enter】键后在 C11 单元格中输入函数 "=IF(C6="","", VDB(固定资产原值,残值,耐用年限,B6,C6,1.5,TRUE))"，如图 14-91 所示。

	A	B	C	D
1				
2	固定资产原值	￥ 3,150,000		
3	耐用年限	5		
4	残值	￥ 525,000		
5				
6	本期计提	开始年度	第1年	第2年
7	直线法	￥ -	￥ 525,000	
8	固定余额递减法	￥ -	￥ 948,150	
9	双倍余额递减法	￥ -	￥ 1,260,000	
10	年数合计法	￥ -	=IF(C6="","",SYD(固定	
11	倍率余额递		资产原值,残值,耐用年	
12	输入		限,C6))	
13				

图 14-90　在 C10 单元格中输入函数

	A	B	C	D
1				
2	固定资产原值	￥ 3,150,000		
3	耐用年限	5		
4	残值	￥ 525,000		
5				
6	本期计提	开始年度	第1年	第2年
7	直线法	￥ -	￥ 525,000	
8	固定余额递减法	￥ -	￥ 948,150	
9	双倍余额递减法	￥ -	￥ 1,260,000	
10	年数合计法	￥ -	￥ 875,000	
11	倍率余额递减法		=IF(C6="","",VDB(固定	
12	输入		资产原值,残值,耐用年	
13			限,B6,C6,1.5,TRUE))	

图 14-91　在 C11 单元格中输入函数

STEP 31 复制折旧公式。按【Enter】键后选中 C7:C11 单元格区域，将指针移至 C11 单元格右下角，按住鼠标左键并向右拖动，如图 14-92 所示。

STEP 32 查看计算的结果。拖动至 G11 单元格处释放鼠标，此时可看见使用不同方法计算出的年折旧额，如图 14-93 所示。

	B	C	D	E
1				
2	￥ 3,150,000			
3	5			
4	￥ 525,000			
5				
6	开始年度	第1年	第2年	第3年 第
7	￥ -	￥ 525,000		
8	￥ -	￥ 948,150		
9	￥ -	￥ 1,260,000		
10	￥ -	￥ 875,000		
11	￥ -	￥ 94		
12		拖动		

图 14-92　复制折旧公式

图 14-93　查看计算的结果

固定资产的更新

固定资产更新的必要性是由生产发展的无限性和固定资产寿命的有效性的矛盾引起的。任何固定资产都有一定的寿命，当期寿命终结时，为了生产的继续进行，就必须在价值上予以补偿，在实物上予以替换。

14.3.4　固定资产折旧的分类汇总

固定资产折旧的分类汇总可以根据不同的标准有不同的方式，这里以物理类别和费用类别为标准介绍固定资产折旧分类汇总的操作步骤。

STEP 01 创建 "固定资产分类汇总" 工作表。插入新的工作表，将其重命名为 "固定资产分类汇总"，输入对应的数据，如图 14-94 所示。

STEP 02 **单击"插入函数"按钮。** 选中 B3 单元格，切换至"公式"选项卡下，单击"插入函数"按钮，如图 14-95 所示。

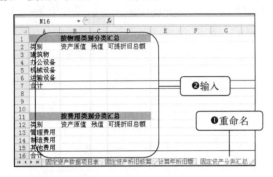

图 14-94　创建"固定资产分类汇总"工作表

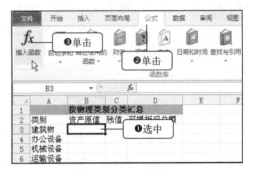

图 14-95　单击"插入函数"按钮

STEP 03 **选择 SUMIF 函数。** 弹出"插入函数"对话框，在"选择函数"列表框中选择 SUMIF 函数，单击"确定"按钮，如图 14-96 所示。

STEP 04 **设置 SUMIF 函数的参数。** 弹出"函数参数"对话框，设置 Range 的参数值为"固定资产数据项目表!$B$9:$B$16"，设置 Criteria 参数的值为"A3"，设置 Sum_range 的参数值为"固定资产数据项目表!$I$9:$I$16"，单击"确定"按钮，如图 14-97 所示。

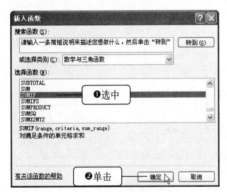

图 14-96　选择 SUMIF 函数

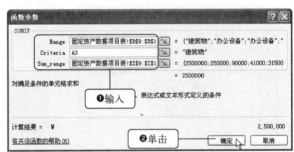

图 14-97　设置 SUMIF 函数的参数

STEP 05 **复制 SUMIF 函数。** 将指针移至 B3 单元格右下角，按住鼠标左键后拖动鼠标至 B6 单元格，释放鼠标后可看见复制 SUMIF 函数后的计算结果，如图 14-98 所示。

STEP 06 **在 C3 单元格中输入公式。** 选中 C3 单元格，输入"=SUMIF(固定资产折旧核算!$B$2:$B$9,A3,固定资产折旧核算!$F$2:$F$9)"后按【Enter】键，如图 14-99 所示。

图 14-98　复制 SUMIF 函数

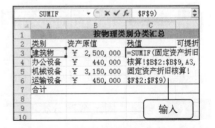

图 14-99　在 C3 单元格中输入公式

STEP 07 **复制函数**。将指针移至 C3 单元格右下角，按住鼠标左键后拖动鼠标至 C6 单元格，释放鼠标后可看见复制公式后的计算结果，如图 14-100 所示。

STEP 08 **在 D3 单元格中输入公式**。选中 D3 单元格，输入"=SUMIF(固定资产折旧核算!$B$2:$B$9,A3,固定资产折旧核算!$G$2:$G$9)"后按【Enter】键，如图 14-101 所示。

图 14-100　复制公式

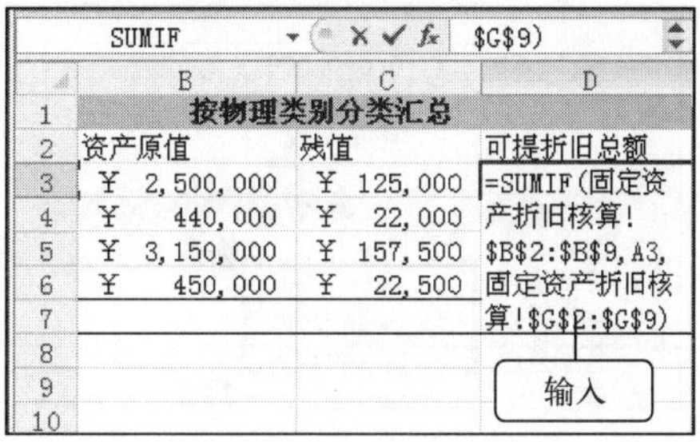

图 14-101　在 D3 单元格中输入公式

STEP 09 **复制公式**。将指针移至 D3 单元格右下角，按住鼠标左键后拖动鼠标至 D6 单元格，释放鼠标后可看见复制公式后的计算结果，如图 14-102 所示。

STEP 10 **在 B7 单元格中输入公式**。选中 B7 单元格，输入公式"=SUM(B3:B6)"后按【Enter】键，如图 14-103 所示。

图 14-102　复制公式

图 14-103　在 B7 单元格中输入公式

STEP 11 **复制公式**。将指针移至 B7 单元格右下角，按住鼠标左键后拖动鼠标至 D7 单元格，释放鼠标后可看见复制公式后的计算结果，如图 14-104 所示。

STEP 12 **在 B13 单元格中输入公式**。选中 B13 单元格，输入"=SUMIF(固定资产数据项目表!$D$9:$D$16,A13,固定资产数据项目表!$I$9:$I$16)"后按【Enter】键，如图 14-105 所示。

图 14-104　复制公式

图 14-105　在 B13 单元格中输入公式

STEP 13 **复制公式。**将指针移至 B13 单元格右下角，按住鼠标左键后拖动鼠标至 B15 单元格，释放鼠标后可看见复制公式后的计算结果，如图 14-106 所示。

STEP 14 **在 C13 单元格中输入公式。**选中 C13 单元格，输入公式"=SUMIF(固定资产折旧核算!$D$2:$D$9,A13,固定资产折旧核算!$G$2:$G$9)"后按【Enter】键，如图 14-107 所示。

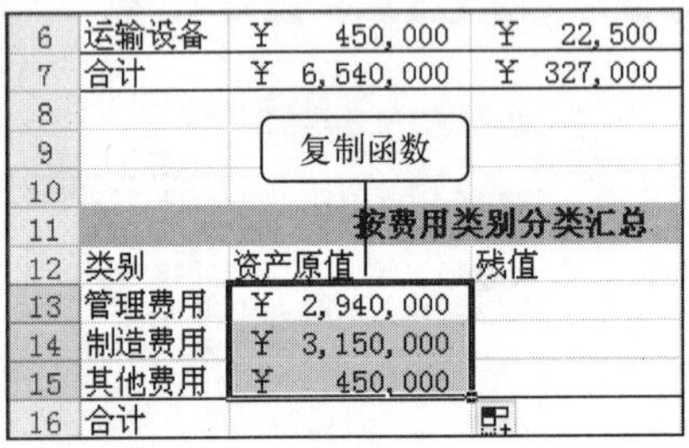

图 14-106　复制公式 　　　　　　图 14-107　在 C13 单元格中输入公式

STEP 15 **在 D13 单元格中输入公式。**将 C13 单元格中的公式复制到 C14 和 C15 单元格中，然后选中 D13 单元格，输入公式"=SUMIF(固定资产折旧核算!$D$2:$D$9,A13,固定资产折旧核算!$H$2:$H$9)"后按【Enter】键，如图 14-108 所示。

STEP 16 **复制公式。**将指针移至 D13 单元格右下角，按住鼠标左键后拖动鼠标至 D15 单元格，释放鼠标后可看见复制公式后的计算结果，如图 14-109 所示。

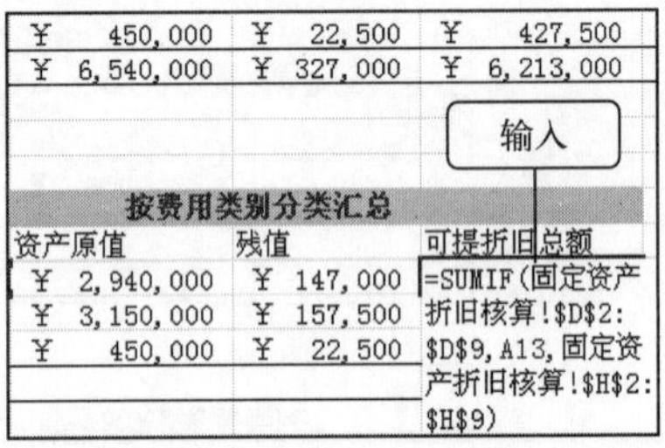

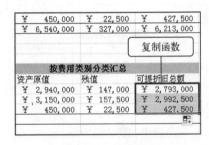

图 14-108　在 D13 单元格中输入公式 　　　　　　图 14-109　复制公式

STEP 17 **在 B16 单元格中输入公式。**选中 B16 单元格，输入公式"=SUM(B13:B15)"后按【Enter】键，如图 14-110 所示。

STEP 18 **复制公式。**将指针移至 B16 单元格右下角，按住鼠标左键后拖动鼠标至 D16 单元格，释放鼠标后可看见复制公式后的计算结果，如图 14-111 所示。

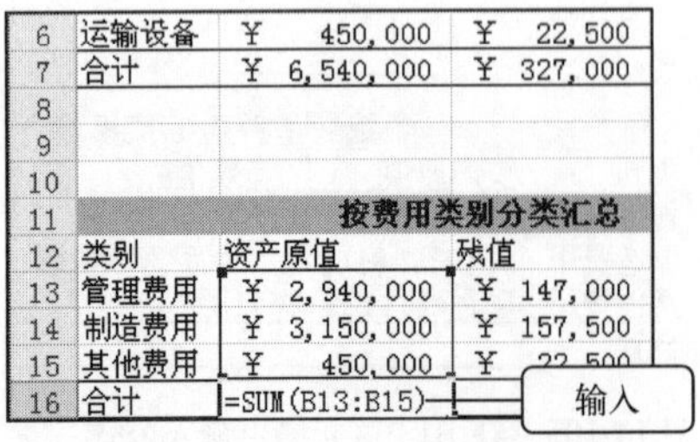

图 14-110　在 B16 单元格中输入公式 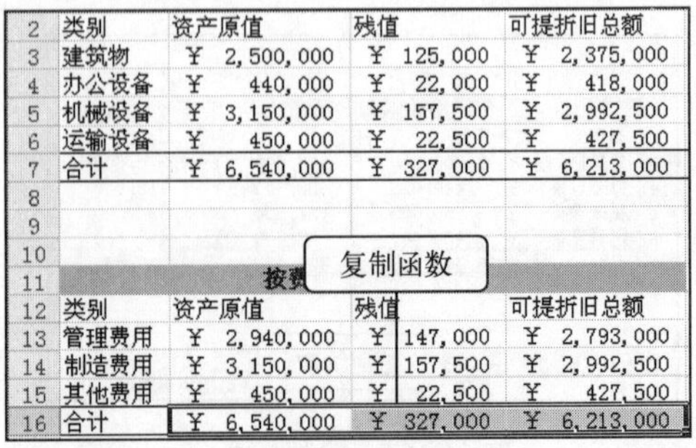 　　　　　　图 14-111　复制公式

14.4 以函数图表动态比较固定资产折旧情况

为了更直观地查看使用不同方法计算出的折旧额，可以利用 INDEX 函数计算出使用不同方法计算出的折旧额所对应的数据，然后利用这些数据制成图表，然后通过在图表中添加控件来控制图表的显示。

14.4.1 使用函数制作动态图表

制作动态图表，首先需要使用 INDEX 函数制作动态图表所需的数据，然后以这些数据为源插入动态图表，具体的操作步骤如下。

STEP 01 单击"插入函数"按钮。切换至"计算年折旧额"工作表，在 B14 单元格中输入"1"，选中 C14 单元格，单击"插入函数"按钮，如图 14-112 所示。

STEP 02 选择 INDEX 函数。弹出"插入函数"对话框，在"或选择类别"下拉列表中单击"查找与引用"选项，在"选择函数"列表框中选择 INDEX 函数，单击"确定"按钮，如图 14-113 所示。

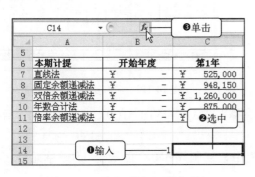

图 14-112　单击"插入函数"按钮

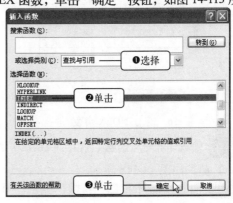

图 14-113　选择 INDEX 函数

哪些固定资产可以计提折旧

企业拥有多种多样的固定资产，但并非所有的固定资产都要计提折旧，正确确定应计提折旧固定资产的范围及其价值，是正确计算折旧费用的前提。

企业中正在使用的固定资产均应计提折旧，包括房屋和建筑物、正在使用的机械设备、仪器仪表、运输工具、季节性停用、大修理停用的设备。

企业中不计提折旧的常见固定资产包括：未使用、不需要的机械设备，租借的固定资产、在建工程项目交付使用以前的固定资产等。

STEP 03 设置 INDEX 函数的参数。弹出"函数参数"对话框，设置 Array 的参数值为"C7:C12"，设置 Row_num 的参数值为"$B$14"，单击"确定"按钮，如图 14-114 所示。

STEP 04 向右复制 INDEX 函数。返回工作表中，复制 INDEX 函数至 G14 单元格，如图 14-115 所示。

图 14-114　设置 INDEX 函数的参数

	D	E	F	G
	第2年	第3年	第4年	第5年
	￥ 525,000	￥ 525,000	￥ 525,000	￥ 525,000
	￥ 662,757	￥ 463,267	￥ 323,824	￥ 226,353
	￥ 756,000	￥ 453,600	￥ 155,400	￥
	￥ 700,000	￥ 525,000	￥ 350,000	￥ 175,000
	￥ 661,500	￥ 463,	复制函数 35	￥ 226,895
	525000	525000	525000	525000

图 14-115　向右复制 INDEX 函数

STEP 05 输入 INDEX 函数。选中 C15 单元格，输入公式"=INDEX(C8:C12，$B$15)"后按【Enter】键，如图 14-116 所示。

STEP 06 向右复制 INDEX 函数。将 C15 单元格中的公式拖动复制到 G15 单元格中，如图 14-117 所示。

	B		C	D	
	开始年度		第1年	第2年	
	￥	－	￥ 525,000	￥ 525,000	￥
	￥	－	￥ 948,150	￥ 662,757	￥
	￥	－	￥ 1,260,000	￥ 756,000	￥
	￥	－	￥ 875,000	￥ 700,000	￥
	￥	－	输入 00	￥ 661,500	￥
		1	525000	525000	
		1	=INDEX(C8:C12, $B$15)		

图 14-116　输入 INDEX 函数

	D	E	F	G
	第2年	第3年	第4年	第5年
	￥ 525,000	￥ 525,000	￥ 525,000	￥ 525,000
	￥ 662,757	￥ 463,267	￥ 323,824	￥ 226,353
	￥ 756,000	￥ 453,600	￥ 155,400	￥ －
	￥ 700,000	￥ 525,000	￥ 350,000	￥ 175,000
	￥ 661,500	￥ 46	复制函数 35	￥ 226,895
	525000	525000	525000	525000
	662756.85	463267.0382	323823.6597	226352.7381

图 14-117　向右复制 INDEX 函数

STEP 07 输入 INDEX 函数。选中 C16 单元格，输入公式"=INDEX(C9:C12，$B$16)"后按【Enter】键，如图 14-118 所示。

STEP 08 向右复制 INDEX 函数。返回工作表中，复制 INDEX 函数至 G16 单元格，如图 14-119 所示。

	B		C	D	E
	开始年度		第1年	第2年	第3年
	￥	－	￥ 525,000	￥ 525,000	￥ 525,000
	￥	－	￥ 948,150	￥ 662,757	￥ 463,267
	￥	－	￥ 1,260,000	￥ 756,000	￥ 453,600
	￥	－	￥ 875,000	￥ 700,000	￥ 525,000
	￥	－	￥	￥ 661,500	￥ 463,050
			输入		
		1	525000	525000	525000
			948150	662756.85	463267.0382
		1	=INDEX(C9:C12, $B$16)		

图 14-118　输入 INDEX 函数

	D	E	F	G
	第2年	第3年	第4年	第5年
	￥ 525,000	￥ 525,000	￥ 525,000	￥ 525,000
	￥ 662,757	￥ 463,267	￥ 323,824	￥ 226,353
	￥ 756,000	￥ 453,600	￥ 155,400	￥ －
	￥ 700,000	￥ 525,000	￥ 350,000	￥ 175,000
	￥ 661,500	￥ 463,050	￥ 324,135	￥ 226,895
			复制函数	
	525000	525000	525000	525000
	662756.85	463267.0382	323823.6597	226352.7381
	756000	453600	155400	0

图 14-119　向右复制 INDEX 函数

STEP 09 输入 INDEX 函数。选中 C17 单元格，输入公式"=INDEX(C10:C12，$B$17)"后按【Enter】键，如图 14-120 所示。

STEP 10 向右复制 INDEX 函数。返回工作表中，复制 INDEX 函数至 G17 单元格，如图 14-121 所示。

B	C	D	E
开始年度	第1年	第2年	第3年
¥ －	¥　525,000	¥　525,000	¥　525,000
¥ －	¥　948,150	¥　662,757	¥　463,267
¥ －	¥ 1,260,000	¥　756,000	¥　453,600
¥ －	¥　875,000	¥　700,000	¥　525,000
¥ －	¥　945,000	¥　661,500	¥　463,050
	输入		
1	525000	525000	525000
1	948150	662756.85	463267.0382
1	1260000	756000	453600
1)	=INDEX(C10:C12, $B$17)		

图 14-120　输入 INDEX 函数

D	E	F	G
第2年	第3年	第4年	第5年
¥　525,000	¥　525,000	¥　525,000	¥　525,000
¥　662,757	¥　463,267	¥　323,824	¥　226,353
¥　756,000	¥　453,600	¥　155,400	¥　－
¥　700,000	¥　525,000	¥　350,000	¥　175,000
¥　661,500	¥　463,050	¥　324,135	¥　226,895
	复制函数		
525000	525000	525000	525000
662756.85	463267.0382	323823.6597	226352.7381
756000	453600	155400	0
700000	525000	350000	175000

图 14-121　向右复制 INDEX 函数

STEP 11 输入 INDEX 函数。选中 C18 单元格，输入公式"=INDEX(C11:C12，$B$18)"后按【Enter】键，如图 14-122 所示。

STEP 12 向右复制 INDEX 函数。返回工作表中，复制 INDEX 函数至 G18 单元格,，如图 14-123 所示。

B	C	D	E
开始年度	第1年	第2年	第3年
¥ －	¥　525,000	¥　525,000	¥　525,000
¥ －	¥　948,150	¥　662,757	¥　463,267
¥ －	¥ 1,260,000	¥　756,000	¥　453,600
¥ －	¥　875,000	¥　700,000	¥　525,000
¥ －	¥　945,000	¥　661,500	¥　463,050
	输入		
1	000	525000	525000
1	948150	662756.85	463267.0382
1	1260000	756000	453600
1	875000	700000	525000
1)	=INDEX(C11:C12, $E$18)		

图 14-122　输入 INDEX 函数

D	E	F	G
第2年	第3年	第4年	第5年
¥　525,000	¥　525,000	¥　525,000	¥　525,000
¥　662,757	¥　463,267	¥　323,824	¥　226,353
¥　756,000	¥　453,600	¥　155,400	¥　－
¥　700,000	¥　525,000	¥　350,000	¥　175,000
¥　661,500	¥　463,050	¥　324,135	¥　226,895
	复制函数		
525000	525000	525000	525000
662756.85	463267.0382	323823.6597	226352.7381
756000	453600	155400	0
700000	525000	350000	175000
661500	463050	324135	226894.5

图 14-123　向右复制 INDEX 函数

STEP 13 选择二维折线图。选中 C14:G18 单元格区域，切换至"插入"选项卡下，单击"折线图"按钮，在展开的库中选择"折线图"，如图 14-124 所示。

STEP 14 查看创建的折线图。此时可在工作表界面中看见插入的折线图，如图 14-125 所示，该折线图中的图例显示了五个图例，而在绘图区中却只显示了四个对应额数据系列，这是因为固定余额递减法和倍率余额递减法计算出的年折旧额几乎相同，因此在绘图区中它们所对应的数据系列就几乎重合。

STEP 15 设置图表标题居于上方。选中图表，切换至"图表工具-布局"选项卡下，单击"图表标题"下三角按钮，从展开的下拉列表中单击"图表上方"选项，如图 14-126 所示。

STEP 16 重命名图表标题。将图表的标题重命名为"固定资产折旧方法比较"，设置标题的字体为"楷体_GB2312"，字号为"18"，如图 14-127 所示。

STEP 17 单击"设置坐标轴格式"命令。选中纵坐标轴并右击，从弹出的快捷菜单中单击"设置坐标轴格式"命令，如图 14-128 所示。

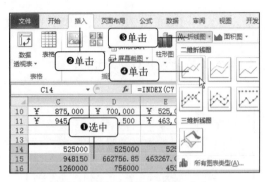

图 14-124 选择二维折线图

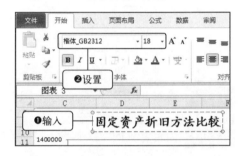

图 14-125 查看创建的折线图

图 14-126 设置图表标题居于上方

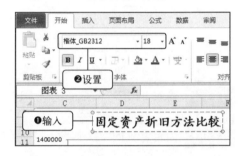

图 14-127 重命名图表标题

STEP 18 设置数字类别和小数位数。弹出"设置坐标轴格式"对话框，单击"数字"选项，在"数字"选项面板中设置数字类别为"数字"，小数位数为"0"，勾选"使用千位分隔符"复选框，如图 14-129 所示。

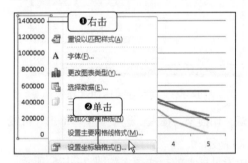

图 14-128 单击"设置坐标轴格式"命令

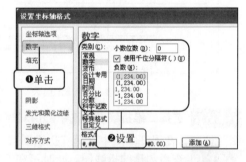

图 14-129 设置数字类别和小数位数

STEP 19 单击"选择数据"命令。单击"关闭"按钮返回图表，右击横坐标轴，从弹出的快捷菜单中单击"选择数据"命令，如图 14-130 所示。

STEP 20 单击"编辑"按钮。弹出"选择数据源"对话框，在"水平（分类）轴标签"组中单击"编辑"按钮，如图 14-131 所示。

STEP 21 设置轴标签区域。弹出"轴标签"对话框，在轴标签区域中输入"=计算年折旧额!$C$6:$G$6"，单击"确定"按钮，如图 14-132 所示。

STEP 22 查看设置坐标轴后的效果。返回工作表中，可在图表中看见设置坐标轴后的显示效果，如图 14-133 所示。

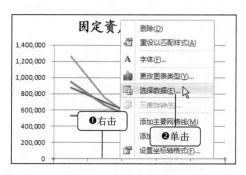

图 14-130 单击"选择数据"命令

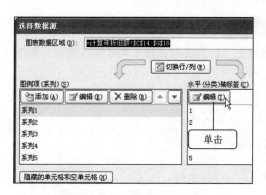

图 14-131 单击"编辑"按钮

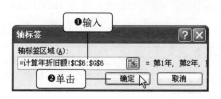

图 14-132 设置轴标签区域

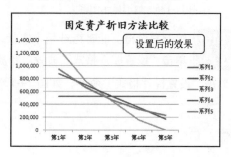

图 14-133 查看设置坐标轴后的效果

STEP 23 应用形状样式。将图表中的图表区和绘图区分别应用不同的样式，设置后可看见对应的显示效果，如图 14-134 所示。

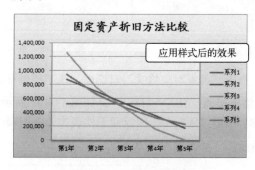

图 14-134 应用形状样式

14.4.2 使用控件控制图表显示

用户若想显示或隐藏折线图中某一数据系列，则可以通过在图表中添加链接单元格区域的复选框来实现。在"固定资产折旧方法比较"图表中，用户可以创建五个不同单元格链接的复选框，通过控制这些复选框就能控制"固定资产折旧方法比较"图表中数据系列的显示。

STEP 01 取消显示图例。选中图表，切换至"图表工具-布局"选项卡下，单击"图例"下三角按钮，在展开的下拉列表中单击"无"选项，如图 14-135 所示。

STEP 02 插入"复选框"控件。切换至"开发工具"选项卡下，单击"插入"下三角按钮，从展开的下拉列表中选择"复选框"控件，如图 14-136 所示。

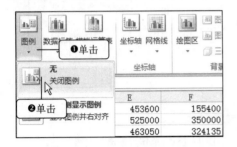

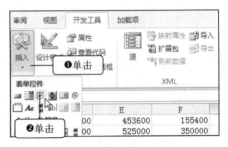

图 14-135　取消显示图例　　　　　　　　　　　　　图 14-136　插入"复选框"控件

STEP 03 绘制复选框。此时指针呈十字状，拖动鼠标绘制复选框，如图 14-137 所示。

STEP 04 单击"设置控件格式"命令。释放鼠标左键后右击绘制的复选框，从弹出的快捷菜单中单击"设置控件格式"命令，如图 14-138 所示。

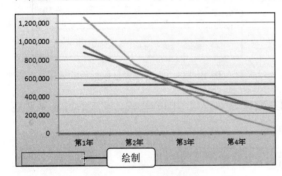

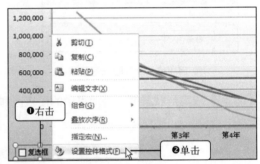

图 14-137　绘制复选框　　　　　　　　　　　　　图 14-138　单击"设置控件格式"命令

STEP 05 设置对象格式。弹出"设置对象格式"对话框，在"控制"选项卡下单击选中"已选择"单选按钮，设置单元格链接为"$B$14:$G$14"，如图 14-139 所示。

STEP 06 修改复选框名称。单击"确定"按钮返回工作表中，将图表中绘制的复选框重命名为"直线法"，如图 14-140 所示。

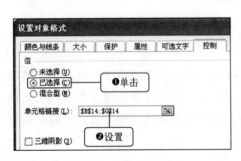

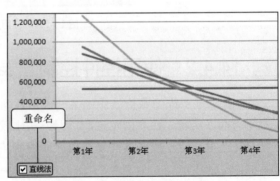

图 14-139　设置对象格式　　　　　　　　　　　　图 14-140　修改复选框名称

STEP 07 绘制其他的复选框。使用相同的方法绘制其他四个复选框，分别重命名为"固定余额递减法"、"双倍余额递减法"、"年数合计法"和"倍率余额递减法"，如图 14-141 所示。

STEP 08 选择需要比较的折旧方法。勾选需比较折旧法前的复选框，例如勾选"直线法"、"固定余额递减法"和"年数合计法"复选框，接着就可直观地对三种折旧方法进行比较，如图 14-142 所示。

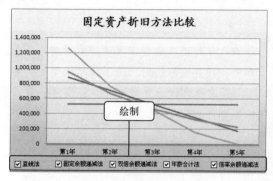
图 14-141　绘制其他的复选框

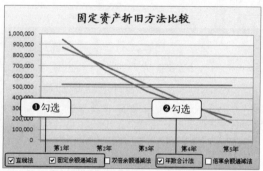
图 14-142　选择需要比较的折旧方法

第 15 章
商品进销存管理系统

商品进销存管理系统用于记录产品的入库和出库数据以及统计商品的库存量，该系统为产品的入、出库管理提供了方便，设置该系统时，除了包括必要的产品信息表、入/出库登记单、入/出库明细表、查询表格和库存表格外，还需要设置系统主界面和密码登录界面，以确保系统的完整性和安全性。

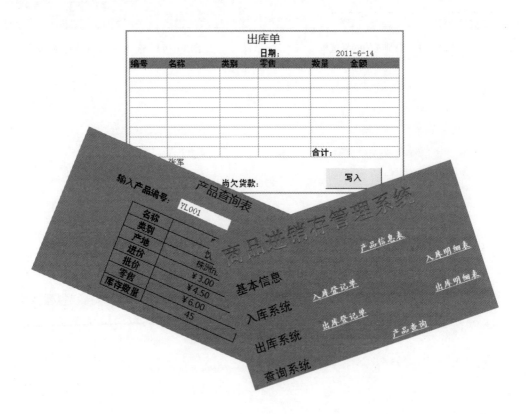

15.1 创建产品数据登记系统

产品数据登记系统主要包括产品信息表、入库登记单和出库登记单，其中产品信息表用于记录仓库中所有产品的基本信息，入库登记单用于记录入库的产品信息，出库单则是记录出库的产品信息。

原始文件：实例文件\第 15 章\原始文件\无

最终文件：实例文件\第 15 章\最终文件\商品进销存管理系统.xlsm

15.1.1　产品信息表

产品信息表是商品的基本信息表，它包含商品的编号、名称、类别、产地、进价、批价、零售和联系方式等信息，创建产品信息表的具体操作步骤如下。

STEP 01 创建产品信息表。启动 Excel 2010，新建一个工作簿，将 Sheet1 工作表重命名为"产品信息表"，在工作表中输入对应的信息，如图 15-1 所示。

STEP 02 设置单元格属性。选择 A1:I1 单元格区域，设置字体为"黑体"，字号为"12"，单元格填充色为"浅蓝色"，如图 15-2 所示。

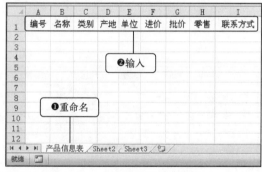

图 15-1　创建产品信息表

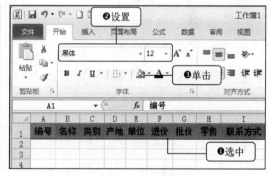

图 15-2　设置单元格属性

STEP 03 单击"数据有效性"选项。选中 A 列，切换至"数据"选项卡下，单击"数据有效性"下三角按钮，在展开的下拉列表中单击"数据有效性"选项，如图 15-3 所示。

STEP 04 设置有效性条件。弹出"数据有效性"对话框，设置有效性条件为文本长度，长度等于 5，如图 15-4 所示。

STEP 05 设置输入信息。切换至"输入信息"选项卡下，输入标题文本和具体信息，如图 15-5 所示。

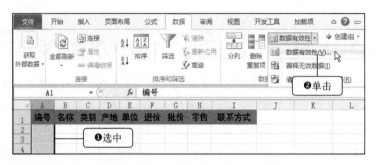

图 15-3　单击"数据有效性"选项

图 15-4　设置有效性条件

图 15-5　设置输入信息

STEP 06 设置出错警告。切换至"出错警告"选项卡下，输入标题信息和错误信息，单击"确定"按钮，如图 15-6 所示。

STEP 07 设置单元格格式。拖动选中 E、F、G 三列，切换至"开始"选项卡下，单击"数字"组中的对话框启动器，如图 15-7 所示。

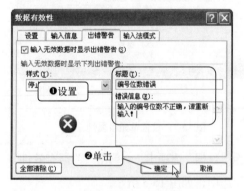

图 15-6　设置出错警告

图 15-7　设置单元格格式

STEP 08 设置货币格式。弹出"设置单元格格式"对话框，在"分类"列表框中单击"货币"选项，设置小数位数为"2"，如图 15-8 所示。

STEP 09 输入产品信息。单击"确定"按钮返回工作表，根据实际情况录入产品信息，如图 15-9 所示。

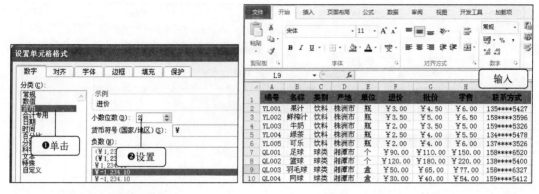

图 15-8　设置货币格式　　　　　　　　　图 15-9　输入产品信息

15.1.2　产品入库登记单

产品入库登记单主要用于记录入库商品的编号、名称、数量等信息。当入库的商品中包含第一次购入的商品时，则需要将该商品的信息写入产品信息表，因此在产品入库登记单中就需要建立两个表格，一个是商品入库登记单，用于记录产品的入库信息，另一个是商品信息数据录入表，用于将第一次购入商品的相关信息写入产品信息表。创建这两个表格的具体操作步骤如下。

STEP 01　创建入库登记单。将 Sheet2 工作表重命名为"入库登记单"，在表格中输入对应的信息，如图 15-10 所示。

STEP 02　合并单元格。选中 B1:K1 单元格区域，单击"对齐方式"组中的"合并后居中"按钮，如图 15-11 所示。

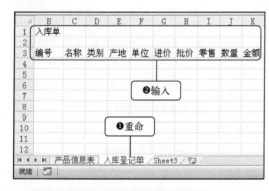

图 15-10　创建入库登记单

图 15-11　合并单元格

STEP 03　设置单元格格式。拖动选中 B3:K3 单元格区域，在"字体"组中设置字体为"黑体"，字号为"12"，然后在"填充颜色"下拉列表中选择"浅蓝色"，设置该单元格区域的填充颜色为"浅蓝色"，如图 15-12 所示。

STEP 04　单击"设置单元格格式"命令。拖动选中 B4:K13 单元格区域，右击任一单元格，从弹出的快捷菜单中单击"设置单元格格式"命令，如图 15-13 所示。

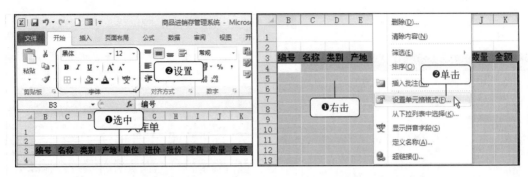

图 15-12　设置单元格格式　　　　　　　图 15-13　单击"设置单元格格式"命令

STEP 05 **设置边框。** 弹出"设置单元格格式"对话框，切换至"边框"选项卡下，选择线条样式和颜色，然后添加外边框和内部边框，如图 15-14 所示。

STEP 06 **利用公式获取名称。** 单击"确定"按钮返回工作表，在 C4 单元格中输入公式"=IF($B4="","",VLOOKUP($B4,产品信息表!$A:$I,2,FALSE))"，如图 15-15 所示，输完后按下【Enter】键，如果编号不为空，则利用公式获取产品编号对应的产品名。

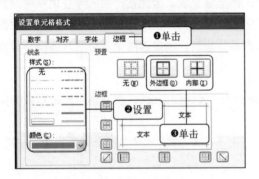

图 15-14　设置边框

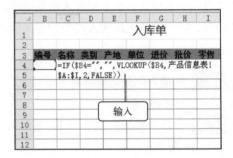

图 15-15　利用公式获取名称

STEP 07 **复制公式。** 将指针移至 C4 单元格右下角，按住鼠标左键向下拖动至 C12 单元格处，释放鼠标左键，如图 15-16 所示。

STEP 08 **利用公式获取类别。** 在 D4 单元格中输入公式"=IF($B4="","",VLOOKUP($B4,产品信息表!$A:$I,3,FALSE))"后按【Enter】键，如图 15-17 所示，拖动复制公式至 D12 单元格，如果编号不为空，则利用公式获取产品编号对应的产品类别。

图 15-16　复制公式　　　　　　　　　图 15-17　利用公式获取类别

STEP 09 利用公式获取产地。在 E4 单元格中输入公式 "=IF($B4="","",VLOOKUP($B4,产品信息表!$A:$I,4,FALSE))" 后按【Enter】键，如图 15-18 所示，拖动复制公式至 E12 单元格。

STEP 10 利用公式获取单位。在 F4 单元格中输入公式 "=IF($B4="","",VLOOKUP($B4,产品信息表!$A:$I,5,FALSE))" 后按【Enter】键，如图 15-19 所示，然后拖动复制公式至 F12 单元格。

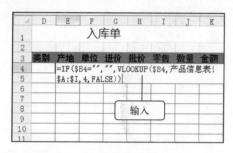

图 15-18　利用公式获取产地

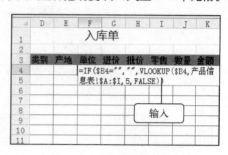

图 15-19　利用公式获取单位

STEP 11 利用公式获取进价。在 G4 单元格中输入公式 "=IF($B4="","",VLOOKUP($B4,产品信息表!$A:$I,6,FALSE))" 后按【Enter】键，如图 15-20 所示，拖动复制公式至 G12 单元格。

STEP 12 利用公式获取批价。在 H4 单元格中输入公式 "=IF($B4="","",VLOOKUP($B4,产品信息表!$A:$I,7,FALSE))" 后按【Enter】键，如图 15-21 所示，拖动复制公式至 H12 单元格。

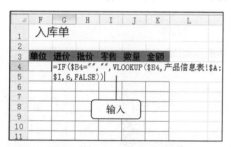

图 15-20　利用公式获取进价

图 15-21　利用公式获取批价

STEP 13 利用公式获取零售。在 I4 单元格中输入公式 "=IF($B4="","",VLOOKUP($B4,产品信息表!$A:$I,8,FALSE))" 后按【Enter】键，如图 15-22 所示，拖动复制公式至 I12 单元格。

STEP 14 设置单元格格式。拖动选中 G4:G12、H4:H12、I4:I12、K4:K12 单元格区域，单击"数字"组中下三角按钮，在展开的下拉列表中选择"货币"，如图 15-23 所示。

图 15-22　利用公式获取零售

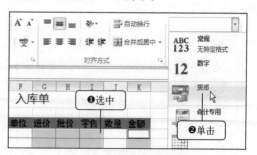

图 15-23　设置单元格格式

STEP 15 利用公式计算金额。选中 K4 单元格，输入公式 "=IF(G4="","",G4*J4)" 后按【Enter】

键，如图 15-24 所示，拖动复制公式至 K12 单元格。

STEP 16 输入文本。分别合并 B13:C13，D13:I13 单元格区域，在合并后的 B13 单元格中输入"合计大写："，在 J13 单元格中输入"合计："，输完后设置字符属性，设置字体为"黑体"，字号为"12"，如图 15-25 所示。

图 15-24　利用公式计算金额

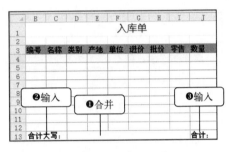

图 15-25　输入文本

STEP 17 利用公式输入合计大写。选中 D13 单元格，在该单元格中输入如图 15-26 所示的公式，然后按下【Enter】键。

STEP 18 利用公式计算合计金额。选中 K13 单元格，在该单元格中输入公式"=SUM(K4:K12)"，如图 15-27 所示，然后按下【Enter】键。

图 15-26　利用公式输入合计大写

图 15-27　利用公式计算合计金额

STEP 19 查看显示的内容。执行上一步操作后可看见 K13 单元格中显示"￥0.00"，这是由于 K4:K12 单元格区域中均未输入文本，如图 15-28 所示。

STEP 20 单击"选项"按钮。单击"文件"按钮，在弹出的菜单中单击"选项"按钮，如图 15-29 所示。

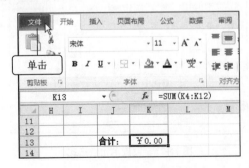

图 15-28　查看显示的内容

图 15-29　单击"选项"按钮

STEP 21 **设置不显示零。** 弹出"Excel 选项"对话框，单击"高级"选项，接着在右侧取消勾选"在具有零值的单元格中显示零"复选框，如图 15-30 所示。

STEP 22 **继续输入表单信息。** 单击"确定"按钮后返回工作表，可看见 K13 单元格中没有显示任何内容，接着输入如图 15-31 所示的文本，在 H17 单元格中输入计算尚欠货款的公式"=K13-C17"。

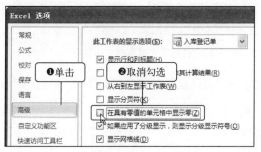

图 15-30　设置不显示零

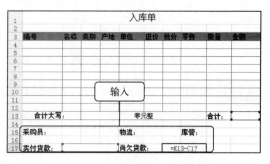

图 15-31　继续输入表单信息

STEP 23 **设置日期格式。** 在 I2 单元格中输入"日期："并设置字符格式，合并 J2:K2 单元格区域，设置合并单元格的格式为"短日期"，如图 15-32 所示。

STEP 24 **利用 NOW 函数获取日期。** 在 J1 单元格中输入公式"=NOW()"，如图 15-33 所示，然后按下【Enter】键。

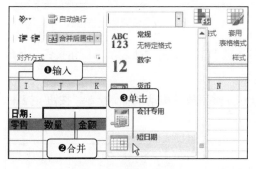

图 15-32　设置日期格式

图 15-33　利用 NOW 函数获取日期

STEP 25 **记录入库的产品。** 此时可看见显示了当天的日期，在"编号"下方输入产品编号后按下【Enter】键，即可在右侧看见自动填充的产品名称、类别、产地、单位、进价、批价和零售信息，输入产品数量后可看见自动填充的余额、合计、合计大写等信息，如图 15-34 所示。

STEP 26 **利用公式提取仓库中没有的产品编号。** 选中 B19 单元格，输入如图 15-35 所示的公式，用于提取入库单中没有产品信息记录的产品编号。

STEP 27 **输入"商品信息数据录入"表格信息。** 在 B25 单元格中输入公式"=B19"，然后输入"商品信息数据录入"表格信息，如图 15-36 所示。

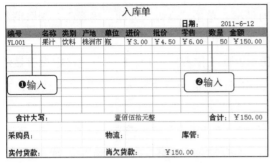

图 15-34　记录入库的产品

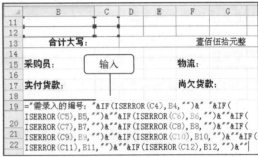

图 15-35　利用公式提取仓库中没有的产品编号

STEP 28 设置单元格格式。设置该表格的标题文字为"微软雅黑"，字号为"16"，然后继续在下方设置字符格式和单元格的边框、底纹属性，如图 15-37 所示。

图 15-36　输入"商品信息数据录入"表格信息

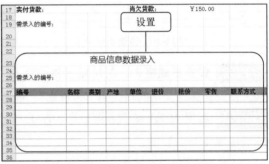

图 15-37　设置单元格格式

STEP 29 插入"按钮"控件。切换至"开发工具"选项卡下，单击"插入"下三角按钮，从展开的下拉列表中选择"按钮"控件，如图 15-38 所示。

STEP 30 绘制控件。将指针移至工作表中，按住鼠标左键不放并拖动鼠标，绘制"按钮"控件，如图 15-39 所示。

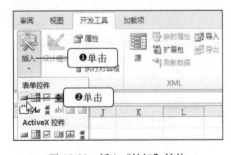

图 15-38　插入"按钮"控件

图 15-39　绘制控件

STEP 31 输入宏名。释放鼠标左键后，弹出"指定宏"对话框，输入宏名，然后单击"新建"按钮，如图 15-40 所示。

STEP 32 输入代码。打开 VBA 代码窗口，在窗口中输入如图 15-41 所示的代码。

图 15-40　输入宏名

图 15-41　输入代码

库存管理制度

办公指导

保管员在管理仓库时一定要遵循基本的库存管理制度，该制度主要有以下五点。

一、产品入库验收须凭发票凭证对产品的数量、品种、规格进行检查。

二、入库产品验收发现有损坏、质差或品种、规格不符等情况，保管员坚决不予入库，并立即向上级汇报。

三、产品验收入库后及时做好入库登记。

四、保管员将产品入库后应及时填写收货记录，并做好台账备查。

五、对入库的产品要整齐摆放，进行标识，校对物卡，做到产品账、卡、物相符。

STEP 33 返回 Excel 工作表。在 VBA 窗口的菜单栏中依次单击"文件>关闭并返回到 Microsoft Excel"命令，如图 15-42 所示。

STEP 34 单击"编辑文字"命令。返回工作表，右击绘制的按钮，从弹出的快捷菜单中单击"编辑文字"命令，如图 15-43 所示。

图 15-42　返回 Excel 工作表

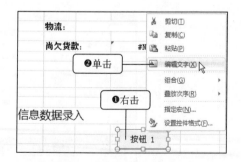

图 15-43　单击"编辑文字"命令

STEP 35 单击"设置控件格式"命令。输入按钮的名称，例如输入"录入"，再次右击该按钮，从弹出的快捷菜单中单击"设置控件格式"命令，如图 15-44 所示。

STEP 36 设置控件格式。弹出"设置控件格式"对话框，设置字体属性为"黑体"、"常规"、字号为"12"，单击"确定"按钮，如图 15-45 所示。

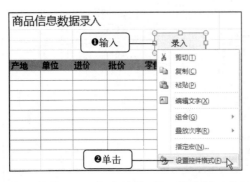

图 15-44　单击"设置控件格式"命令 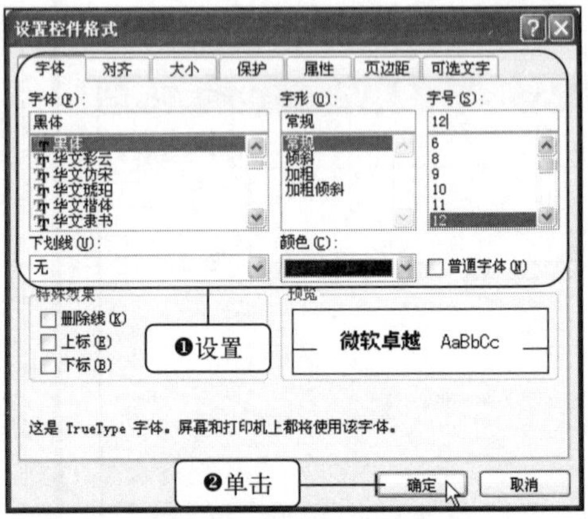　　　　　　图 15-45　设置控件格式

STEP 37 输入新产品编号。在"入库单"表格中输入"产品信息表"中不存在的编号时，例如输入"QL005"，按【Enter】键后会看见右侧显示的均为"#N/A"，同时在下方显示了"需录入的编号：QL005"，如图 15-46 所示。

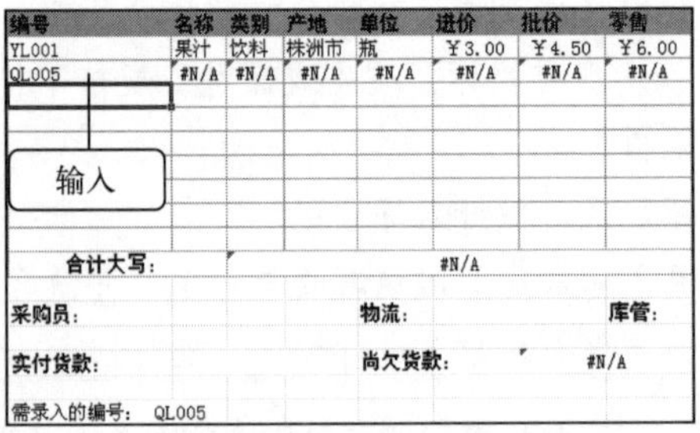

图 15-46　输入新产品编号

STEP 38 录入新产品。在"商品信息数据录入"表格中输入编号为 QL005 的商品信息，然后单击"录入"按钮，如图 15-47 所示。

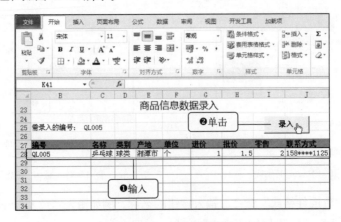

图 15-47　录入新产品

STEP 39 查看录入的新产品。切换至"产品信息表"中，此时可在第 11 行中看见新添加的编号为 QL005 的商品的信息，如图 15-48 所示。

	A	B	C	D	E	F	G	H	I
1	编号	名称	类别	产地	单位	进价	批价	零售	联系方式
2	YL001	果汁	饮料	株洲市	瓶	￥3.00	￥4.50	￥6.00	135****5427
3	YL002	鲜榨汁	饮料	株洲市	瓶	￥3.50	￥5.00	￥6.50	158****3596
4	YL003	牛奶	饮料	株洲市	瓶	￥3.50	￥5.00	￥6.00	159****5326
5	YL004	绿茶	饮料	株洲市	瓶	￥2.50	￥4.00	￥5.50	134****5478
6	YL005	可乐	饮料	株洲市	瓶	￥2.00	￥4.00	￥6.00	137****3526
7	QL001	足球	球类	湘潭市	个	￥90.00	￥110.00	￥150.00	158****6520
8	QL002	篮球	球类	湘潭市	个	￥120.00	￥180.00	￥220.00	138****5400
9	QL003	羽毛球	球类	湘潭市	盒	￥50.00	￥65	录入的新产品	****6327
10	QL004	网球	球类	湘潭市	盒	￥30.00	￥4		****5412
11	QL005	乒乓球	球类	湘潭市	个	￥1.00	￥1.50	￥2.00	158****1125

图 15-48　查看录入的新产品

15.1.3　产品出库登记单

产品出库登记单的制作要比产品入库登记单简单一些，由于出库的商品都是仓库中设计了编号的商品，因此只需制作出库登记单即可，具体的操作步骤如下。

STEP 01 创建"出库登记单"。将 Sheet3 工作表重命名为"出库登记单"，在该工作表中输入对应的信息，如图 15-49 所示。

STEP 02 设置单元格格式。合并 B1:G1 单元格，并设置字体为"微软雅黑"，字号为"16"，接着设置 B3:G3 单元格区域的填充颜色为"浅蓝色"，然后设置 B4:G12 单元格区域的边框为"浅蓝色"单线边框，如图 15-50 所示。

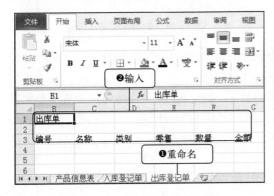

图 15-49　创建"出库登记单"

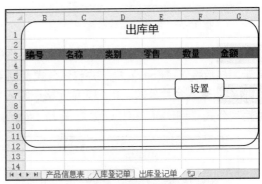

图 15-50　设置单元格格式

STEP 03 利用 NOW 函数获取日期。在 E2 单元格中输入"日期："文本，合并 F2：G2 单元格区域，在该区域中输入用于获取当天日期的公式"=NOW()"，如图 15-51 所示，输入完毕后按下【Enter】键。

STEP 04 利用函数获取名称。在 C4 单元格中输入公式"=IF($B4="","",VLOOKUP($B4,产品信息表!$A:$I,2,FALSE))"，如果编号不为空，则利用公式获取产品编号对应的产品名称。如图 15-52 所示，按下【Enter】键后将该公式复制至 C11 单元格。

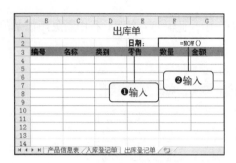

图 15-51 利用 NOW 函数获取日期

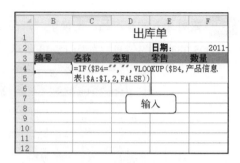

图 15-52 利用函数获取名称

STEP 05 利用函数获取类别。在 D4 单元格中输入公式 "=IF($B4="","",VLOOKUP($B4,产品信息表!$A:$I,3,FALSE))"，如果编号不为空，则利用公式获取产品编号对应的产品类别。如图 15-53 所示，按下【Enter】键后将该公式复制至 D11 单元格。

STEP 06 利用函数获取零售。在 E4 单元格中输入公式 "=IF($B4="","",VLOOKUP($B4,产品信息表!$A:$I,8,FALSE))"，如果编号不为空，则利用公式获取产品编号对应的零售价格。如图 15-54 所示。按下【Enter】键后将该公式复制至 E11 单元格。

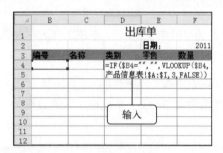

图 15-53 利用函数获取类别

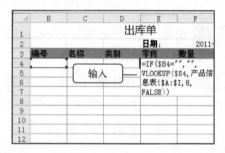

图 15-54 利用函数获取零售

STEP 07 输入计算金额的公式。在 G4 单元格中输入公式 "=IF(B4="","",E4*F4)"，如图 15-55 所示，然后按下【Enter】键，并将该公式复制至 G11 单元格。

STEP 08 输入合计公式。在 F12 单元格中输入 "合计:" 文本并设置字符格式，在 G12 单元格中输入公式 "=SUM(G4:G11)"，如图 15-56 所示，然后按下【Enter】键。

图 15-55 输入计算金额的公式

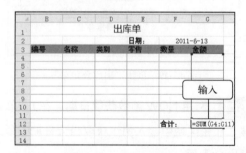

图 15-56 输入合计公式

STEP 09 输入其他文本。在 B13 单元格中输入 "售货员:" 在 B15 和 D15 单元格中分别输入 "实收货款:" 和 "尚欠货款:" 文本，并设置字符格式，设置完毕后在 E15 单元格中输入计算尚欠货款的公式"=G12-C15"，如图 15-57 所示，然后按下【Enter】键。

STEP 10 设置单元格格式。利用【Ctrl】键选中 E4:E11，G4:G11、C15 和 E15 单元格，单击"数字"组中下三角按钮，从展开的下拉列表中选择"货币"，即可将选中的单元格内容设置成以货币形式显示，如图 15-58 所示。

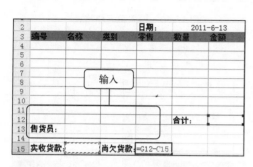

图 15-57　输入其他文本

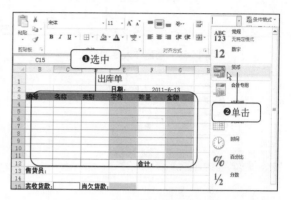

图 15-58　设置单元格格式

15.2 设计出入库自动记录系统

　　由于出、入库登记单无法保存所有的产品出、入库记录信息，因此需要设计包含出入库明细表的自动记录系统，用以保存产品的出、入库信息，其自动记录的功能可通过在出、入库登记单中设计对应的插件来实现。

15.2.1　自动记录入库商品

　　每次使用入库登记单记录入库产品的信息时，都需要将上一次的入库产品信息清除，为了保存这些即将被清除的入库产品信息，便于商品的库存信息，用户需要建立一个专门记录入库信息的表格，即"入库明细表"，同时，用户还可利用控件将入库登记单中的信息自动写入入库明细表中。

STEP 01 创建"入库明细表"。插入新工作表并重命名为"入库明细表"，在工作表中输入对应的信息，如图 15-59 所示。

STEP 02 设置单元格格式。选中 A1:M1 单元格区域，设置字体为"黑体"，字号为"12"，填充颜色为"浅蓝色"，如图 15-60 所示。

STEP 03 设置单元格的数字属性。利用【Ctrl】键选中 F、G、H 和 J 列，单击"数字"组中"数字格式"右侧的下三角按钮，从展开的下拉列表中单击"货币"选项，如图 15-61 所示。

STEP 04 插入控件。切换至"入库登记单"表格中，在"开发工具"选项卡下单击"插入"下三角按钮，从展开的下拉列表中选择"按钮"控件，如图 15-62 所示。

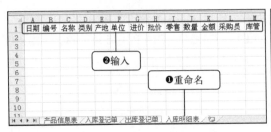

图 15-59　创建"入库明细表"

图 15-60　设置单元格格式

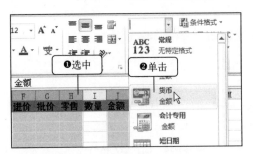

图 15-61　设置单元格的数字属性

图 15-62　插入控件

STEP 05　**绘制控件**。将指针移至工作表中，按住鼠标左键不放拖动鼠标，绘制控件，如图 15-63 所示。

STEP 06　**设置宏名**。释放鼠标左键后，弹出"指定宏"对话框，输入宏名，然后单击"新建"按钮，如图 15-64 所示。

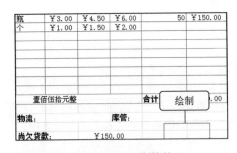

图 15-63　绘制控件

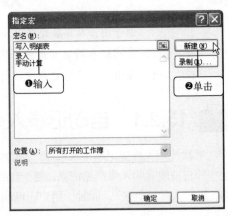

图 15-64　设置宏名

STEP 07　**输入代码**。打开代码窗口，在窗口中输入如图 15-65 所示的代码。

STEP 08　**返回 Excel 工作表**。在 VBA 主界面窗口的菜单栏中依次单击"文件>关闭并返回到 Microsoft Excel"命令，如图 15-66 所示。

STEP 09　**单击"设置控件格式"命令**。返回工作表中，重命名控件为"写入明细表"，右击该控件，在弹出的快捷菜单中单击"设置控件格式"命令，如图 15-67 所示。

STEP 10　**设置控件格式**。弹出"设置控件格式"对话框，设置字体为"黑体"，字形为"常规"，字号为"12"，如图 15-68 所示。

图 15-65　输入代码

图 15-66　返回 Excel 工作表

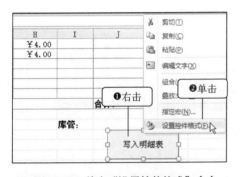

图 15-67　单击"设置控件格式"命令

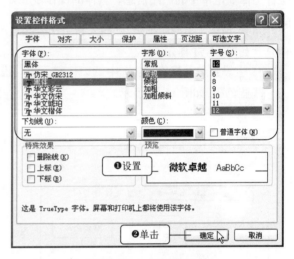

图 15-68　设置控件格式

STEP 11 将入库登记信息写入明细表。在"入库登记单"中输入入库的产品编号、数量、采购员、库管和实付货款信息，然后单击"写入明细表"按钮，如图 15-69 所示。

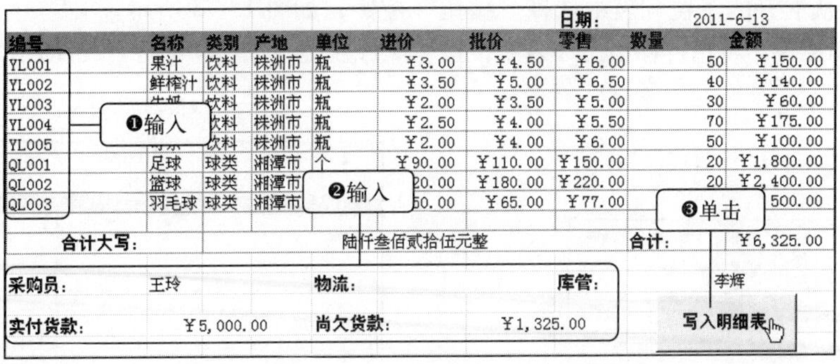

编号	名称	类别	产地	单位	进价	批价	零售	数量	金额
						日期：	2011-6-13		
YL001	果汁	饮料	株洲市	瓶	￥3.00	￥4.50	￥6.00	50	￥150.00
YL002	鲜榨汁	饮料	株洲市	瓶	￥3.50	￥5.00	￥6.50	40	￥140.00
YL003	牛奶	饮料	株洲市	瓶	￥2.00	￥3.50		30	￥60.00
YL004		饮料	株洲市	瓶	￥2.50	￥4.00	￥5.50	70	￥175.00
YL005		饮料	株洲市	瓶		￥4.00		50	￥100.00
QL001	足球	球类	湘潭市	个	￥90.00	￥110.00	￥150.00	20	￥1,800.00
QL002	篮球	球类	湘潭市		00.00	￥180.00	￥220.00	20	￥2,400.00
QL003	羽毛球	球类	湘潭市		￥65.00	￥77.00			500.00
合计大写：			陆仟叁佰贰拾伍元整					合计	￥6,325.00
采购员：	王玲		物流：				库管：	李辉	
实付货款：		￥5,000.00	尚欠货款：		￥1,325.00			写入明细表	

图 15-69　将入库登记信息写入明细表

STEP 12 查看写入的入库产品信息。切换至"入库明细表"工作表中，此时可看见写入的入库产品信息，如图 15-70 所示。

日期	编号	名称	类别	产地	单位	进价	批价	零售	数量	金额	系购员	库管
2011-6-13	YL001	果汁	饮料	株洲市	瓶	￥3.00	￥4.50	￥6.00	50	￥150.00	王玲	李辉
2011-6-13	YL002	鲜榨汁	饮料	株洲市	瓶	￥3.50	￥5.00	￥6.50	40	￥140.00	王玲	李辉
2011-6-13	YL003	牛奶	饮料	株洲市	瓶	￥2.00	￥3.50	￥5.00	30	￥60.00	王玲	李辉
2011-6-13	YL004	绿茶	饮料	株洲市	瓶	￥2.50	￥4.50	￥5.50	70	￥175.00	王玲	李辉
2011-6-13	YL005	可乐	饮料	株洲市	瓶	￥2.00	￥4.00	￥6.00	50	￥100.00	王玲	李辉
2011-6-13	QL001	足球	球类	湘潭市	个	￥90.00	￥110.00	￥		写入的入库信息		李辉
2011-6-13	QL002	篮球	球类	湘潭市	个	￥120.00	￥180.00	￥220.				李辉
2011-6-13	QL003	羽毛球	球类	湘潭市	盒	￥50.00	￥65.00	￥77.00	30	￥1,500.00	王玲	李辉

图 15-70　查看写入的入库产品信息

15.2.2　自动记录出库商品

在出库登记单中记录出库的产品信息无法长时间保存，此时可选择使用另一个表格来保存出库的产品信息，即出库明细表。在制作出库明细表的过程中，可通过插入控件来实现一次性统计出库登记单中的产品信息，具体的操作步骤如下。

STEP 01 创建"出库明细表"。插入新工作表并重命名为"出库明细表"，在表格中输入对应的信息，如图 15-71 所示。

STEP 02 设置单元格格式。选中 A1:H1 单元格，设置字体为"黑体"，字号为"12"，填充颜色为"浅蓝色"，如图 15-72 所示。

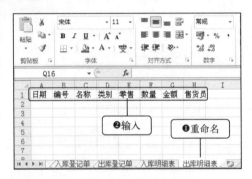

图 15-71　创建"出库明细表"

图 15-72　设置单元格格式

STEP 03 插入控件。切换至"出库登记单"工作表中，在"开发工具"选项卡下单击"插入"下三角按钮，从展开的下拉列表中选择"按钮"控件，如图 15-73 所示。

STEP 04 绘制控件。将指针移至工作表中，按住鼠标左键不放拖动鼠标，绘制控件，如图 15-74 所示。

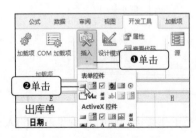

图 15-73　插入控件

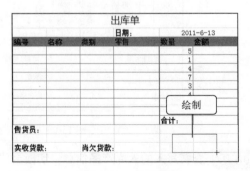

图 15-74　绘制控件

STEP 05 **输入宏名**。释放鼠标左键后，弹出“指定宏”对话框，输入宏名，例如输入“写入出库明细表”，单击“新建”按钮，如图 15-75 所示。

指定宏
宏名(M):
写入出库明细表
录入
手动计算
写入明细表
新建(N)
录制(R)...
❶单击
❷单击

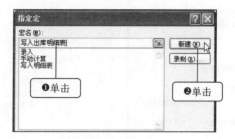

图 15-75　输入宏名

STEP 06 **输入代码**。打开代码窗口，在窗口中输入如图 15-76 所示的代码。

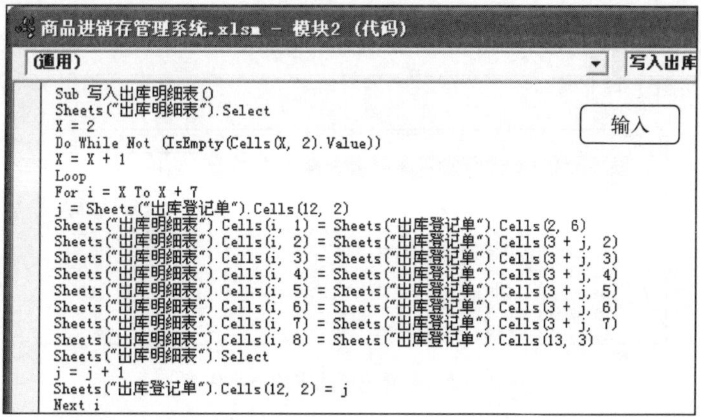

商品进销存管理系统.xlsm - 模块2 (代码)
(通用)
写入出库
输入
Sub 写入出库明细表()
Sheets("出库明细表").Select
X = 2
Do While Not (IsEmpty(Cells(X, 2).Value))
X = X + 1
Loop
For i = X To X + 7
j = Sheets("出库登记单").Cells(12, 2)
Sheets("出库明细表").Cells(i, 1) = Sheets("出库登记单").Cells(2, 6)
Sheets("出库明细表").Cells(i, 2) = Sheets("出库登记单").Cells(3 + j, 2)
Sheets("出库明细表").Cells(i, 3) = Sheets("出库登记单").Cells(3 + j, 3)
Sheets("出库明细表").Cells(i, 4) = Sheets("出库登记单").Cells(3 + j, 4)
Sheets("出库明细表").Cells(i, 5) = Sheets("出库登记单").Cells(3 + j, 5)
Sheets("出库明细表").Cells(i, 6) = Sheets("出库登记单").Cells(3 + j, 6)
Sheets("出库明细表").Cells(i, 7) = Sheets("出库登记单").Cells(3 + j, 7)
Sheets("出库明细表").Cells(i, 8) = Sheets("出库登记单").Cells(13, 3)
Sheets("出库明细表").Select
j = j + 1
Sheets("出库登记单").Cells(12, 2) = j
Next i

图 15-76　输入代码

STEP 07 **返回 Excel 工作表**。在 VBA 主界面窗口的菜单栏中依次单击“文件>关闭并返回到 Microsoft Excel”命令，如图 15-77 所示。

STEP 08 **单击“设置控件格式”命令**。返回工作表中，将控件重命名为“写入”，右击该控件，在弹出的快捷菜单中单击“设置控件格式”命令，如图 15-78 所示。

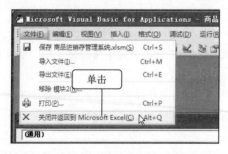

Microsoft Visual Basic for Applications - 商品
文件(F)
编辑(E)
视图(V)
插入(I)
格式(O)
调试(D)
运行(R
保存 商品进销存管理系统.xlsm(S)　Ctrl+S
导入文件(I)...　Ctrl+M
导出文件(E)...　Ctrl+E
移除 模块2(R)...
打印(P)...　Ctrl+P
关闭并返回到 Microsoft Excel(C)　Alt+Q
单击
(通用)

图 15-77　返回 Excel 工作表

日期:
类别
零售
数量
合计:
尚欠货款:
剪切(T)
复制(C)
粘贴(P)
叠放次序(R)
指定宏(N)...
设置控件格式(F)...
❷单击
❶右击
写入

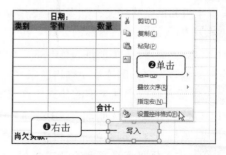

图 15-78　单击“设置控件格式”命令

STEP 09 **设置控件格式**。弹出“设置控件格式”对话框，设置字体为“黑体”，字形为“常规”，字号为“12”，如图 15-79 所示，单击“确定”按钮。

STEP 10 将出库信息写入出库明细表。在出库登记单中输入出库的产品编号、名称、类别、数量、售货员和实收货款等信息，然后单击"写入"按钮，如图 15-80 所示。

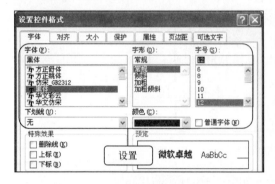

图 15-79   设置控件格式   图 15-80   将出库信息写入出库明细表

STEP 11 查看记录的出库产品信息。切换至"出库明细表"工作表中，此时可看见自动写入的出库产品信息，如图 15-81 所示。

	A	B	C	D	E	F	G	H
1	日期	编号	名称	类别	零售	数量	金	出库产品信息
2	2011-6-13	YL001	果汁	饮料	￥6.00	5	￥30.00	张军
3	2011-6-13	YL002	鲜榨汁	饮料	￥6.50	1	￥6.50	张军
4	2011-6-13	YL003	牛奶	饮料	￥5.00	4	￥20.00	张军
5	2011-6-13	YL004	绿茶	饮料	￥5.50	7	￥38.50	张军
6	2011-6-13	YL005	可乐	饮料	￥6.00	3	￥18.00	张军
7	2011-6-13	QL001	足球	球类	￥150.00	4	￥600.00	张军
8	2011-6-13	QL002	篮球	球类	￥220.00	5	￥1,100.00	张军
9	2011-6-13	QL003	羽毛球	球类	￥77.00	4	￥308.00	张军

图 15-81   查看记录的出库产品信息

15.2.3   设计产品查询表格

产品查询表格主要用于查询某一件产品的详细信息，由于不同的产品其编号不一样，因此用户可以利用编号来设计查询表格，具体的操作步骤如下。

STEP 01 创建"产品查询"工作表。插入新工作表并重命名为"产品查询"，输入对应的信息并设置字符和单元格格式，如图 15-82 所示。

STEP 02 输入获取产品名称的公式。在 D5 单元格中输入利用产品编号获取产品名称的公式"=VLOOKUP($D$3,入库明细表!$B:$K,2,FALSE)"，如图 15-83 所示，按下【Enter】键，如果输入的产品编号为空，则该单元格将显示"#N/A"。

STEP 03 输入获取产品类别的公式。在 D6 单元格中输入利用产品编号获取产品类别的公式"=VLOOKUP($D$3,入库明细表!$B:$K,3,FALSE)"，如图 15-84 所示。按下【Enter】键，如果输入的产品编号为空，则该单元格将显示"#N/A"。

STEP 04 输入获取产品产地的公式。在 D7 单元格中输入利用产品编号获取产品产地的公式"=VLOOKUP($D$3,入库明细表!$B:$K,4,FALSE)"，如图 15-85 所示，按下【Enter】键，如果输入的产品编号为空，则该单元格将显示"#N/A"。

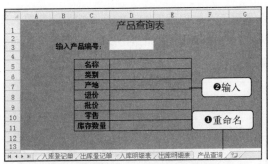

图 15-82　创建"产品查询"工作表

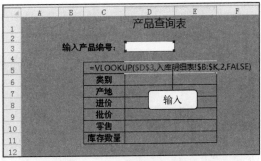

图 15-83　输入获取产品名称的公式

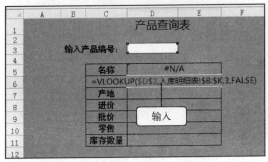

图 15-84　输入获取产品类别的公式

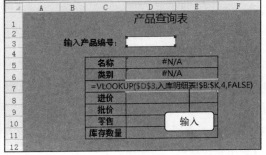

图 15-85　输入获取产品产地的公式

STEP 05 输入获取产品进价的公式。在 D8 单元格中输入利用产品编号获取产品进价的公式 "=VLOOKUP($D$3,入库明细表!$B:$K,6,FALSE)",如图 15-86 所示,按下【Enter】键,如果输入的产品编号为空,则该单元格将显示"#N/A"。

STEP 06 输入获取产品批价的公式。在 D9 单元格中输入利用产品编号获取产品批价的公式 "=VLOOKUP($D$3,入库明细表!$B:$K,7,FALSE)",如图 15-87 所示,按下【Enter】键,如果输入的产品编号为空,则该单元格将显示"#N/A"。

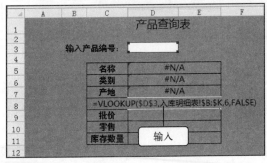

图 15-86　输入获取产品进价的公式

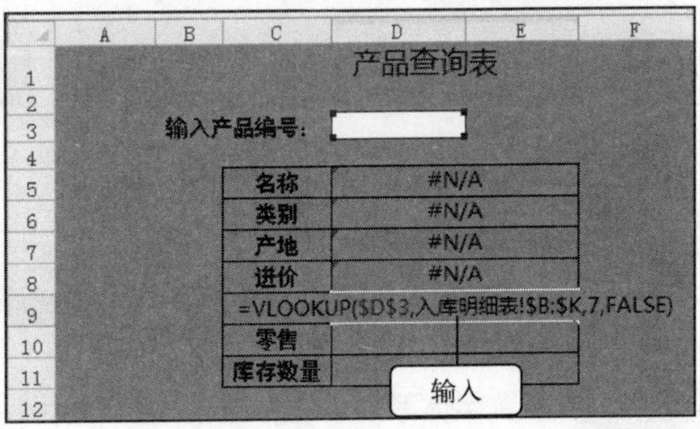

图 15-87　输入获取产品批价的公式

STEP 07 输入获取产品零售的公式。在 D10 单元格中输入显示产品零售的公式 "=VLOOKUP ($D$3,入库明细表!$B:$K,8,FALSE)",如图 15-88 所示,按下【Enter】键。

STEP 08 输入计算库存数量的公式。在 D11 单元格中输入计算库存数量的公式 "=VLOOKUP ($D$3,入库明细表!$B:$K,9,FALSE)-VLOOKUP($D$3,出库明细表!$B:$G,5, FALSE)",其中

"VLOOKUP($D$3,入库明细表!$B:$K,9,FALSE)"是用于返回根据所输入的产品编号而获取入库数量，"VLOOKUP($D$3,出库明细表!$B:$G,5,FALSE)"是用于返回根据所输入的产品编号而获取出库数量，如图 15-89 所示，按下【Enter】键。

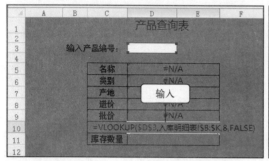

图 15-88　输入获取产品零售的公式

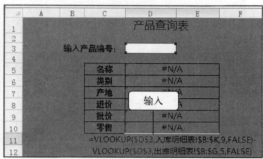

图 15-89　输入计算库存数量的公式

STEP 09 查询编号为 YL001 的产品信息。在 D3 单元格中输入要查询的产品编号，例如输入 "YL001"，按下【Enter】键后可看见显示的产品信息，如图 15-90 所示。

STEP 10 新建条件规则。未输入产品编号的情况下，D5:D11 单元格区域均显示"#N/A"，此时可利用条件规则将其隐藏，选中 D5:D11 单元格区域，切换至"开始"选项卡下，单击"条件格式"按钮，从展开的下拉列表中单击"新建规则"选项，如图 15-91 所示。

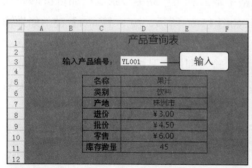

图 15-90　查询编号为 YL001 的产品信息

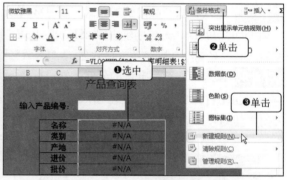

图 15-91　新建条件规则

STEP 11 编辑规则说明。弹出"新建格式规则"对话框，单击"只为包含以下内容的单元格设置格式"选项，在编辑规则说明组中，设置单元格满足的条件为"错误"，单击"格式"按钮，如图 15-92 所示。

STEP 12 设置字体颜色。在弹出的对话框中单击"颜色"下三角按钮，从展开的下拉列表中设置字体颜色，例如选择"浅蓝色"，如图 15-93 所示。

STEP 13 单击"确定"按钮。单击"确定"按钮返回"编辑格式规则"对话框，此时可看见设置后的格式效果，单击"确定"按钮，如图 15-94 所示。

STEP 14 查看设置后的效果。单击"确定"按钮返回工作表，此时可看见 D5:F12 单元格区域中的#N/A 全部被隐藏了起来，如图 15-95 所示。

图 15-92　编辑规则说明

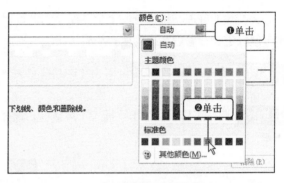

图 15-93　设置字体颜色

图 15-94　单击"确定"按钮

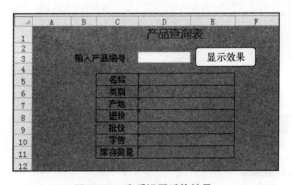

图 15-95　查看设置后的效果

进销存管理系统的优点

　　进销存管理系统是企业经营管理的中心环节，它将商品从入库到库存再到出库的整个物资流和资金流的状况进行了统一的管理，以帮助管理人员及时掌握经营状况，与企业各部门之间保持良好的信息沟通。通过进销存管理系统可以及时掌握产品的库存和销售情况，然后采用降低采购、库存的成本等方式来加快资金周转，做到合理配置企业资源。

15.3 封闭进销存管理系统

　　商品进销存管理系统并非对所有的员工都开放，若想避免该系统被其他人访问，则可以通过设置密码登录界面来限制访问系统的人员，同时还可以设置系统主界面和隐藏工作标签，使其更接近日常使用的管理系统。

15.3.1　建立系统主界面

大多数的管理系统都有一个主界面，它主要用于显示该系统包含的表格所对应的超链接，本节就以进销存管理系统为例介绍简历系统主界面的操作步骤。

STEP 01　**单击"插入"命令。** 右击"产品信息表"工作表标签，在弹出的快捷菜单中单击"插入"命令，如图 15-96 所示。

STEP 02　**选择工作表。** 弹出"插入"对话框，选择"工作表"，单击"确定"按钮，如图 15-97 所示。

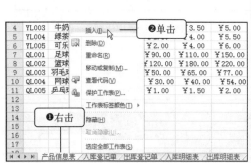

图 15-96　单击"插入"命令

图 15-97　选择工作表

STEP 03　**设置填充颜色。** 将该工作表重命名为"主界面"，拖动选中 A1:I22 单元格区域，单击"填充颜色"下三角按钮，从展开的下拉列表中选择"浅蓝色"，如图 15-98 所示。

STEP 04　**插入艺术字。** 切换至"插入"选项卡下，单击"艺术字"按钮，从展开的库中选择艺术字样式，如选择"渐变填充，橙色，强调文字颜色 6，内部阴影"，如图 15-99 所示。

图 15-98　设置填充颜色

图 15-99　插入艺术字

STEP 05　**输入文本。** 在弹出的文本框中输入"商品进销存管理系统"文本，设置字体为"宋体"，字号为"40"，如图 15-100 所示。

STEP 06　**继续输入文本。** 继续在"主界面"工作表中输入"基本信息"、"入库系统"、"出库系统"和"查询系统"文本，设置字体为"黑体"，字号为"22"，如图 15-101 所示。

STEP 07　**输入超链接文本。** 继续在工作表中输入其他表格所对应的超链接文本，如图 15-102

所示。

STEP 08 修改单元格样式。单击"单元格样式"下三角按钮，从展开的下拉列表中右击"超链接"样式，在弹出的快捷菜单中单击"修改"命令，如图 15-103 所示。

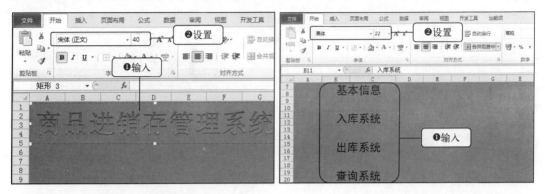

图 15-100　输入文本　　　　　　　　　　　图 15-101　继续输入文本

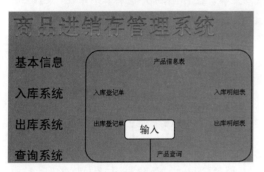

图 15-102　输入超连接文本

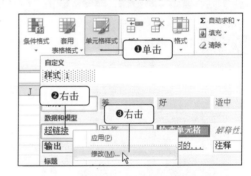

图 15-103　修改单元格样式

STEP 09 单击"格式"按钮。弹出"样式"对话框，单击"格式"按钮，如图 15-104 所示。

STEP 10 设置字体属性。弹出"设置单元格格式"对话框，切换至"字体"选项卡下，设置字体为"楷体_GB2321"，字形为"加粗"，字号为 16，颜色为"白色"，如图 15-105 所示。

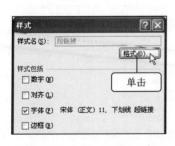

图 15-104　单击"格式"按钮

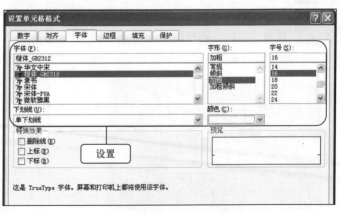

图 15-105　设置字体属性

STEP 11 应用"超链接"样式。单击"确定"按钮返回工作表，选中"产品信息表"单元格，单击"单元格样式"按钮，从展开的下拉列表中选择"超链接"样式，如图 15-106 所示。

STEP 12 查看应用"超链接样式"的效果。将其他链接文本应用该样式，如图 15-107 所示。

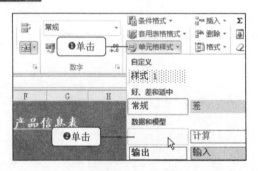

图 15-106 应用"超链接"样式

图 15-107 查看应用"超链接样式"的效果

STEP 13 单击"超链接"命令。右击"产品信息表"文本，在弹出的快捷菜单中单击"超链接"命令，如图 15-108 所示。

STEP 14 选择链接的工作表。弹出"插入超链接"对话框，单击"本文档中的位置"按钮，在右侧的列表框中选择链接的工作表，如双击"产品信息表"，如图 15-109 所示。

图 15-108 单击"超链接"命令

图 15-109 选择链接的工作表

STEP 15 单击"产品信息表"超链接。返回工作表，将指针移至"产品信息表"文本处，此时指针呈手状，单击该链接，如图 15-110 所示。

STEP 16 设置"返回"超链接。就可切换至"产品信息表"工作表，在 K1 单元格中输入"返回"并应用"超链接"样式，如图 15-111 所示。

图 15-110 单击"产品信息表"超链接

图 15-111 设置"返回"超链接

STEP 17 选择链接的工作表。打开"返回"文本对应的"插入超链接"对话框,在列表框中选中"主界面"工作表并双击,如图 15-112 所示。

STEP 18 设置其他链接文本。返回"产品信息表"工作表,单击"返回"链接返回主界面,使用相同的方法设置其他链接,如图 15-113 所示,并在每个工作表中添加"返回"链接。

图 15-112　选择链接的工作表

图 15-113　设置其他链接文本

15.3.2　添加密码登录界面

由于进销存管理系统包含了仓库的产品信息,因此并非所有人都可以使用该系统,此时可在系统中添加密码登录界面,防止其他人进入该系统破坏数据。

STEP 01 创建"用户名和密码"工作表。插入工作表并重命名为"用户名和密码",在工作表中输入用户名和密码,如图 15-114 所示。

STEP 02 单击【Visual Basic】按钮。切换至"开发工具"选项卡下,单击【Visual Basic】按钮,如图 15-115 所示。

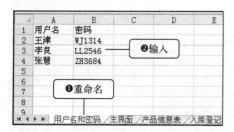

图 15-114　创建"用户名和密码"工作表

图 15-115　单击【Visual Basic】按钮

STEP 03 双击 ThisWorkbook 选项。打开 VBA 主界面窗口,在"工程资源管理器"窗格中双击 ThisWorkbook 选项,如图 15-116 所示。

STEP 04 调用对话框数据。在左上角的下拉列表中选择 Workbook,在下方的编辑区输入如图 15-117 所示的代码段。

STEP 05 检测输入的用户名和密码。继续输入如图 15-118 所示的代码,判断输入的用户名是否存在,若存在则输入密码撤销工作表的保护。

STEP 06 设置密码错误或用户名不存在的操作。继续输入如图 15-119 所示的代码,设置密码不正确,或是用户名不存在应执行的操作,即关闭当前工作簿。

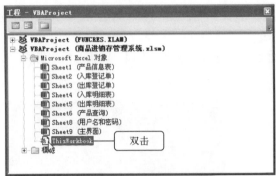

图 15-116　双击 ThisWorkbook 选项

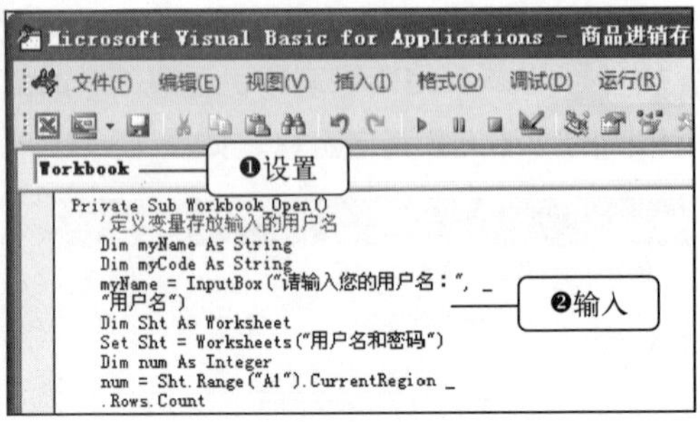

图 15-117　调用对话框数据

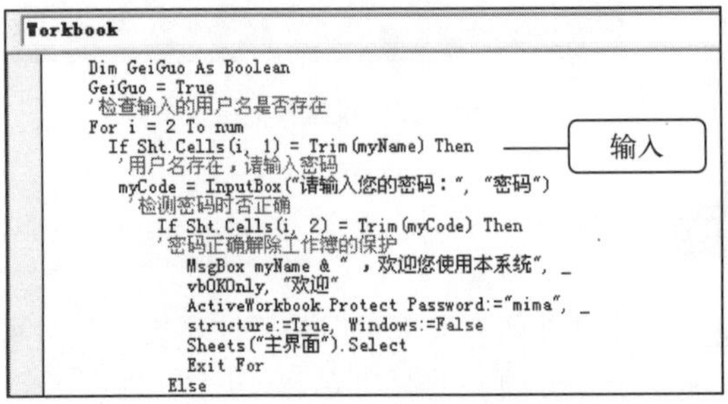

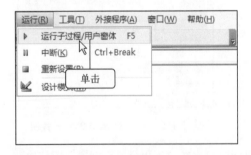

图 15-118　检测输入的用户名和密码

图 15-119　设置密码错误或用户名不存在的操作

STEP 07 运行子过程/用户窗体。在 VBA 主界面窗口的菜单栏中依次单击"运行>运行子过程/用户窗体"命令，如图 15-120 所示。

STEP 08 输入用户名。弹出"用户名"对话框，输入存在的用户名，单击"确定"按钮，如图 15-121 所示。

图 15-120　运行子过程/用户窗体

图 15-121　输入用户名

STEP 09 输入密码。若输入的用户名存在则会自动切换至"密码"对话框，输入该账户对应的密码，单击"确定"按钮，如图 15-122 所示。

STEP 10 登录成功。输入正确的密码后切换至"欢迎"对话框，提示用户欢迎使用该系统，单击"确定"按钮，即成功设置密码登录界面，如图 15-123 所示。

STEP 11 用户名输入错误。当输入错误的用户名时，则会弹出"用户名错误"对话框，提示用户无权使用该系统，单击"确定"按钮关闭该系统，如图 15-124 所示。

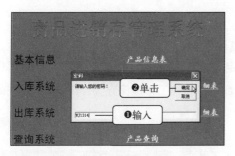

图 15-122　输入密码

图 15-123　登录成功

STEP 12 密码输入错误。当输入错误的密码时，则会弹出"密码错误"对话框，提示用户密码错误，直接单击"确定"按钮关闭系统，如图 15-125 所示。

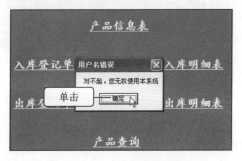

图 15-124　用户名输入错误

图 15-125　密码输入错误

15.3.3　隐藏工作表标签

为了让通过 Excel 制作的进销存管理系统更加符合日常使用的系统界面，此时可以将工作簿中的工作表标签隐藏起来，具体的操作步骤如下。

STEP 01 移动"用户名和密码"工作表。选中"用户名和密码"工作表标签，将其拖动至"产品查询"工作表标签右侧，将"用户名和密码"工作表移至工作簿最后，如图 15-126 所示。

STEP 02 单击"选项"按钮。单击"文件"按钮，在弹出的菜单中单击"选项"按钮，如图 15-127 所示。

图 15-126　移动"用户名和密码"工作表

图 15-127　单击"选项"按钮

STEP 03 取消显示工作表标签。弹出"Excel 选项"对话框，单击"高级"选项，在"此工作簿的显示选项"下方取消勾选"显示工作表标签"复选框，如图 15-128 所示。

STEP 04 查看隐藏工作表标签后的效果。单击"确定"按钮返回工作表，此时可看见隐藏工作表标签后的效果，如图 15-129 所示，所有操作都完成后，将该工作簿保存为"Excel 启用宏的工作簿"即可，其后缀名为 xlsm。

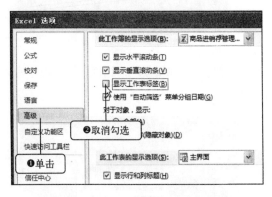

图 15-128　取消显示工作表标签

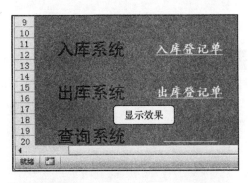

图 15-129　查看隐藏工作表标签后的效果

技术拓展 取消保护工作簿以编辑商品进销存管理系统

　　用户打开按照本章操作步骤制作的商品进销存管理系统后，若想编辑该工作簿的工作表，则需要取消保护工作簿，具体操作为：输入正确的用户名和密码后进入系统主界面，切换至"审阅"选项卡下，单击"更改"组中的"保护工作簿"按钮，如图 15-130 所示，在弹出的对话框中输入默认的密码"mima"，单击"确定"按钮后即可取消工作簿的保护，如图 15-131 所示。

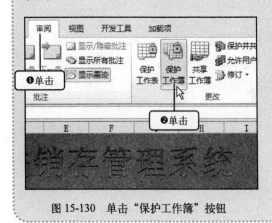

图 15-130　单击"保护工作簿"按钮

图 15-131　输入保护密码

第 4 篇

办公在线

随着网络技术的发展，网络化协同办公已经被越来越多的办公人员所接受。无论是在局域网内实现协同办公，还是在互联网中实现协同办公，其目的都是节省运营成本，提高企业竞争力和凝聚力，以及规范管理。

本篇主要介绍在网络内协同办公的相关知识，希望您通过本篇的学习能够掌握局域网的建立，学会使用网络版的 Word/Excel 以及办公文档的远程交流，让自己顺应网络化办公的潮流。

❖ 第 16 章 即时通信的网络化办公

第 16 章
即时通信的网络化办公

随着计算机技术和网络的发展，办公无纸化、网络化已经成为一种趋势。组建计算机办公网络是现代企业提高办公效率的需要。组建的办公网络既可以是由几台计算机组成的局域网，也可以是具有全球性的互联网。在局域网中实现协同办公可以通过共享文件或文件夹来实现，而在互联网中实现协同办公则可以利用即时通信工具来实现。

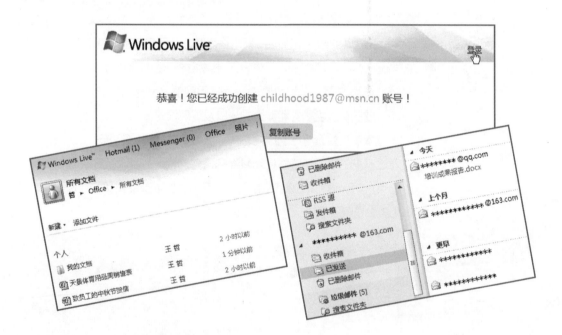

16.1 ◎ 局域网内协同办公

协同办公是指利用网络和计算机来提供给多人沟通、共享、协同办公的方式。常见的是局域网内协同办公，只需使用路由器和网线就能组建局域网，然后利用共享文件夹实现局域网内的多人共享、协同办公。

16.1.1 建立办公局域网

局域网是指在某一区域内由两台或者两台以上的计算机所组成的计算机组，接入局域网中的计算机可以共享局域网中其他计算机上的软件、文档等资源。建立局域网的方法比较简单，只需将周围的多台计算机通过网线连接到一个路由器上即可，当把路由器接入互联网时，该局域网中的电脑可以共享上网。

01 认识路由器和网线

路由器和网线是局域网中常见的两类硬件设备。网线用于连接局域网中的各台电脑，而路由器则是组建局域网的核心，下面简单介绍这两类硬件设备。

常见的路由器有四孔路由器和八孔路由器两种，这里所说的四孔和八孔与局域网中能够容纳的计算机台数相对应。路由器的接口通常位于设备的背部，而与每个接口对应的指示灯则位于设备的前端。

随着无线网络技术的发展和普及，无线路由器也进入了千家万户。与有线路由器相比，无线路由器最大的优势在于扩大了局域网中容纳计算机的最大值，装有无线局域网卡的计算机不用网线即可加入由无线路由器创建的无线局域网。如图 16-1 所示为八孔有线路由器，图 16-2 所示为四孔无线路由器。

图 16-1　八孔有线路由器

图 16-2　四孔无线路由器

网线主要包括双绞线、同轴电缆、光缆三种。双绞线是使用最广泛的一类网线，其主要原因是由于双绞线的价格低廉，大约每米 1.5 元左右，在双绞线的两端分别安装了水晶头（其专业术语为 RJ-45 连接器），如图 16-3 为常见的双绞线，图 16-4 所示为水晶头。

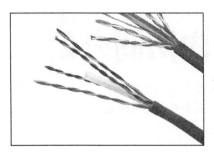

图 16-3　双绞线

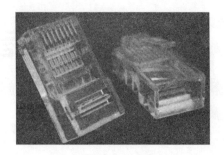

图 16-4　水晶头

02 组建局域网

　　准备好路由器和网线后，用户就可利用网线将计算机接到路由器上。路由器的后侧有多个接口，如图 16-5 所示。通过电源变压器将路由器的最右侧的接口接到插座上；利用网线将MODEM 连接到路由器的 WAN 接口；WAN 接口左侧的四个接口分别与计算机相连。路由器右侧的按钮是复位按钮，用户可通过按下该按钮恢复路由器的出厂设置。接通电源，若所有的灯均亮着则说明路由器已接通。

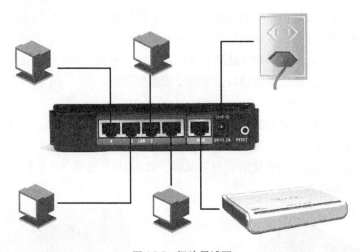

图 16-5　组建局域网

16.1.2　创建共享文件夹

　　局域网中的任何一台计算机都可查看该网络中其他计算机的共享文件（夹），因此用户可以利用共享文件夹来实现协同办公，将自己的文稿放入共享文件夹中供他人编辑和阅读。下面介绍在局域网中创建共享文件夹的操作方法。

STEP 01 单击"文件夹选项"命令。单击窗口菜单栏中的"工具"选项，在弹出的菜单中执行"文件夹选项"命令，如图 16-6 所示。

STEP 02 不使用简单文件共享。弹出"文件夹选项"对话框，切换至"查看"选项卡下，在"高级设置"选项组中取消勾选"使用简单文件共享"复选框，如图 16-7 所示。

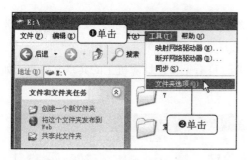

图 16-6　单击"文件夹选项"命令

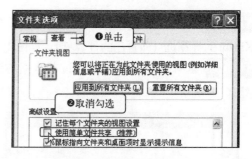

图 16-7　不使用简单文件共享

STEP 03 **单击"共享与安全"命令。** 单击"确定"按钮后返回窗口，右击要共享的文件夹，在弹出的快捷菜单中单击"共享和安全"命令，如图 16-8 所示。

STEP 04 **设置共享文件夹属性。** 弹出"属性"对话框，切换至"共享"选项卡下，单击选中"共享此文件夹"单选按钮，设置共享名、注释和用户数限制选项，如图 16-9 所示，单击"确定"按钮。

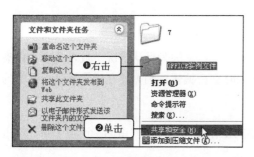

图 16-8　单击"共享与安全"命令

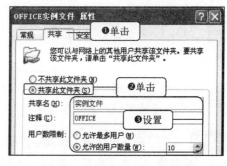

图 16-9　设置共享文件夹属性

STEP 05 **查看设置后的文件夹。** 此时可在窗口中看见设置后的"OFFICE 实例文件"文件夹图标出现了一个手捧的形状，如图 16-10 所示。

STEP 06 **查看工作组计算机。** 打开"网上邻居"窗口，在左侧的"网络任务"窗格中单击"查看工作组计算机"链接，如图 16-11 所示。

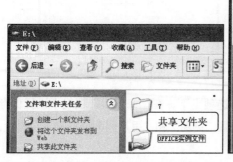

图 16-10　查看设置后的文件夹

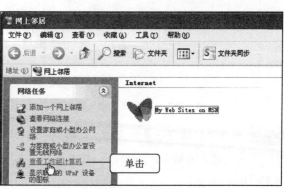

图 16-11　查看工作组计算机

STEP 07 双击自己的计算机图标。此时可看见该局域网中的所有计算机，双击计算机名为 Xinzui 的计算机（即自己的计算机），如图 16-12 所示。

STEP 08 查看设置的共享文件夹。进入新的界面，此时可看见自己计算机上的共享文件夹，如图 16-13 所示。

图 16-12　双击自己的计算机图标

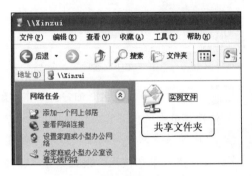

图 16-13　查看设置的共享文件夹

16.1.3　共享工作簿

　　用户在共享工作簿之前一定要进行共享工作簿设置，这是因为默认情况下放入共享文件夹的工作簿只允许一位用户编辑该工作簿，若想多人同时进行编辑，则需要在工作簿进行简单的设置，然后再将该文档放入共享文件夹中。

STEP 01 单击"共享工作簿"按钮。打开需要共享的工作簿，切换至"审阅"选项卡下，单击"更改"组中的"共享工作簿"按钮，如图 16-14 所示。

STEP 02 允许多人同时编辑工作簿。弹出"共享工作簿"对话框，在"编辑"选项卡下勾选"允许多用户同时编辑，同时允许工作簿合并"复选框，如图 16-15 所示。

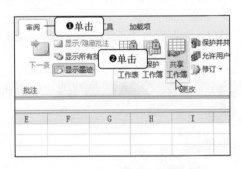

图 16-14　单击"共享工作簿"按钮

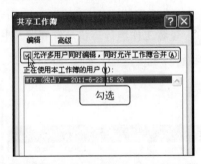

图 16-15　允许多人同时编辑工作簿

STEP 03 设置保存修订记录的天数。切换至"高级"选项卡下，在"修订"选项组中设置保存修订记录的天数，例如设置为 15 天，接着可在下方设置"更新"和"用户间的修订冲突"属性，如图 16-16 所示。

STEP 04 保存工作簿。单击"确定"按钮后弹出 Microsoft Excel 对话框，提示用户此操作将导

致保存文档，并询问用户是否继续，这里确认保存设置后的工作簿，单击"确定"按钮，返回
工作表界面后将会发现"更改"组中的"保护工作表"、"保护工作簿"和"允许用户编辑区域"
按钮均呈灰色状态，即设置成功，如图 16-17 所示。

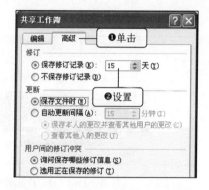

图 16-16　设置保存修订记录的天数

图 16-17　保存工作簿

STEP 05 **将工作簿放入共享文件夹中**。将该工作簿放入磁盘分区中的"OFFICE 实例文件"共
享文件夹中，在"网上邻居"窗口中查看 Xinzui 计算机的共享文件，即可看到该工作簿，如
图 16-18 所示。

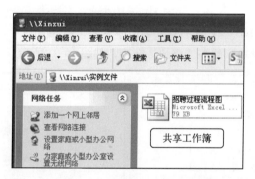

图 16-18　将工作簿放入共享文件夹中

16.2 在线实时办公

在线实时办公是指利用网络版的 Excel 和 Word 来处理数据，虽然它们的功能比
较单一，无法与安装在计算机上的单机版 Office 相比。但是它们却拥有处理简单的计
算和文本属性的基本功能，让用户不用安装 Office 也能处理数据。

16.2.1　注册 Windows Live ID 账号

在线实时办公需要通过 Windows Live ID 账号来实现，该账号可以在 Windows Live 中国官
网上进行注册，具体的操作步骤如下。

STEP 01 打开微软 Windows Live 中国官网。在 IE 浏览器中输入 http://www.windowslive.cn/后按【Enter】键，打开微软 Windows Live 中国官网，如图 16-19 所示。

STEP 02 注册 Windows Live ID 账号。在页面的右侧单击"注册 Windows Live ID(MSN)账号"链接，如图 16-20 所示。

图 16-19　打开微软 Windows Live 中国官网

图 16-20　注册 Windows Live ID 账号

STEP 03 输入注册信息。进入"注册 Windows Live 账户"页面，输入用户名、密码、出生年份和备用邮箱信息，单击"下一步"按钮，如图 16-21 所示。

STEP 04 完善个人信息。进入"完善个人信息"页面，输入姓氏、名字，选择性别和省份，输入验证码，单击"完成注册"按钮，如图 16-22 所示。

STEP 05 注册成功。执行上一步操作后可在新的页面中看见"恭喜！您已经成功创建……账号"提示信息，即注册成功，单击"登录"链接，如图 16-23 所示。

图 16-21　输入注册信息

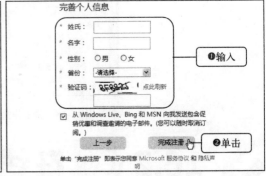

图 16-22　完善个人信息

图 16-23　注册成功

STEP 06 登录 MSN。进入"登录"页面，输入 Windows Live ID 和密码，然后单击"登录"按钮，如图 16-24 所示。

STEP 07 登录成功。进入新的页面，该页面就是网络版 MSN 的个人主页，如图 16-25 所示。

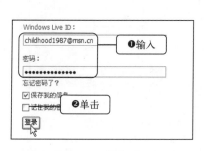

图 16-24　登录 MSN

图 16-25　登录成功

16.2.2　使用网络版 Word 与 Excel 处理数据

微软公司推出的 Office 2010 有两种版本：一种是需要安装在计算机上才能使用的单机版 Office 2010；另一种是直接在网页中便可处理数据的网络版 Office。使用网络版 Office 有一个基本要求，就是 IE 浏览器必须在 8.0 版本以上，否则将无法正常运行。下面就来介绍网络版 Excel 和 Word 的使用方法。

01 使用网络版 Word 处理数据

网络版的 Word 功能要比单机版少很多，只有设置字符、段落格式和应用标题样式等功能。下面就通过编辑中秋贺信来介绍网络版 Word 的使用方法。

STEP 01 单击 Office 选项。在网络版 MSN 的个人主页顶部单击 Office 选项，如图 16-26 所示。
STEP 02 新建 Word 文档。进入新的页面，在右侧的"新建联机文档"下方单击 Word 图标，如图 16-27 所示。

图 16-26　单击 Office 选项

图 16-27　新建 Word 文档

STEP 03 输入文档名称。进入新的页面，在"名称"文本框中输入文档名称，例如输入"致员工的中秋节贺信"，单击"保存"按钮，如图 16-28 所示。
STEP 04 输入文本内容。进入网络版 Word 界面，在编辑栏中输入贺信的文本内容，如图 16-29 所示。

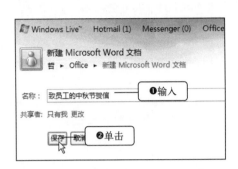

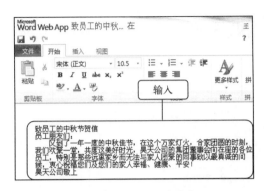

图 16-28　输入文档名称　　　　　　　　　　图 16-29　输入文本内容

STEP 05 应用标题样式。选中"致员工的中秋节贺信"文本，单击"更多样式"下三角按钮，在展开的库中选择标题样式，单击"标题 2"选项，如图 16-30 所示。

STEP 06 设置标题的字符属性。单击"段落"组中的"居中"按钮，然后单击"字体"组中的"加粗"按钮，如图 16-31 所示。

STEP 07 设置其他字符属性。利用功能区中的"字符"组设置正文字体为"微软雅黑"，设置字号为"12"，如图 16-32 所示。

STEP 08 设置最后一行文本。将光标固定在最后一行，单击"段落"组中的"右对齐"按钮，如图 16-33 所示。

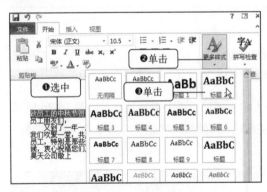

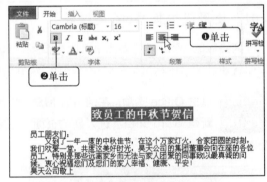

图 16-30　应用标题样式　　　　　　　　　图 16-31　设置标题的字符属性

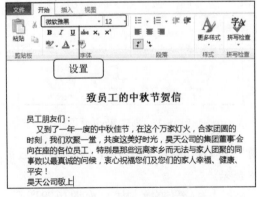

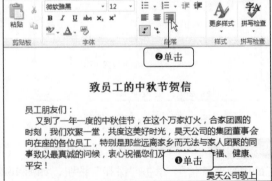

图 16-32　设置其他字符属性　　　　　　　图 16-33　设置最后一行文本

STEP 09 单击 SkyDrive 链接。编辑完毕后单击"保存"按钮，然后单击 SkyDrive 链接，如图 16-34 所示。

STEP 10 查看创建的 Word 文档。此时可在"所有文档"界面中看见创建的 Word 文档，如图 16-35 所示。

图 16-34 单击 SkyDrive 链接

图 16-35 查看创建的 Word 文档

02 使用网络版 Excel 处理数据

网络版 Excel 的功能同样要比单机版少很多，仅仅只有设置单元格字符、数字格式以及使用公式等功能。下面以创建周销售表为例介绍网络版 Excel 的使用方法。

STEP 01 新建 Excel 工作簿。在"所有文档"页面中单击"新建"下三角按钮，从展开的下拉列表中单击"Excel 工作簿"选项，如图 16-36 所示。

STEP 02 设置工作簿名称。进入新的页面，重新输入工作簿的名称，例如输入"天景体育用品周销售表"，单击"保存"按钮，如图 16-37 所示。

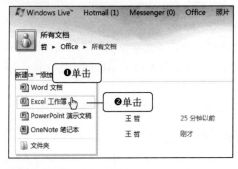

图 16-36 新建 Excel 工作簿

图 16-37 设置工作簿名称

STEP 03 设置第一行中的字符格式。进入网络版 Excel 工作簿主界面，在工作表中输入对应的数据，选择 A1:F1 单元格区域，单击"段落"组中的"居中"按钮，再单击"字体"组中的"加粗"按钮，如图 16-38 所示。

STEP 04 设置填充颜色。单击"填充颜色"右侧的下三角按钮，从展开的下拉列表中选择合适的颜色，例如选择"浅蓝色"，选中后可在编辑区中预览填充浅蓝色后的显示效果，如图 16-39 所示。

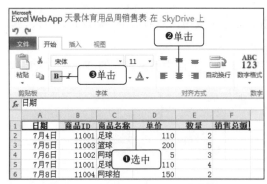

图 16-38   设置第一行中的字符格式

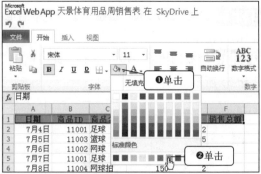

图 16-39   设置填充颜色

STEP 05 设置字体颜色。单击"字体"组中"字体颜色"右侧的下三角按钮，从展开的颜色面板中选择合适的颜色，例如选择"白色"，如图 16-40 所示。

STEP 06 添加边框线。选中 A1:F8 单元格区域，单击"字体"组中"边框"右侧的下三角按钮，从展开的下拉列表中单击"所有边框"选项，如图 16-41 所示。

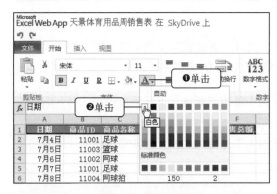

图 16-40   设置字体颜色

图 16-41   添加边框线

STEP 07 设置单元格的数字格式。选中 D2:D8 单元格区域，单击"数字格式"下三角按钮，从展开的下拉列表中单击"会计专用"选项，使用相同的方法将 F2:F8 单元格区域的数字格式设置成"会计专用"，如图 16-42 所示。

STEP 08 输入公式。选中 F2 单元格，在编辑栏中输入公式"=D2*E2"，如图 16-43 所示。

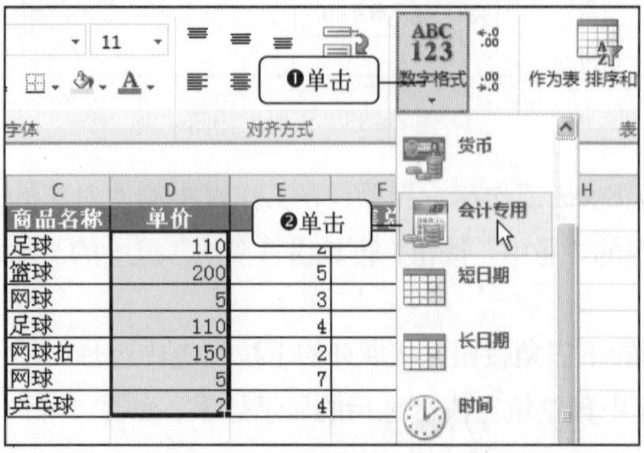

图 16-42   设置单元格的数字格式

图 16-43   输入公式

STEP 09 复制公式。按下【Enter】键后可看见公式的计算结果，将指针移至该单元格右下角，当指针呈十字状时拖动鼠标，拖动至 F8 单元格处释放鼠标左键，此时可看见复制公式后的计算结果，如图 16-44 所示。

STEP 10 单击 SkyDrive 链接。编辑完毕后单击 SkyDrive 链接，如图 16-45 所示。

图 16-44　复制公式　　　　　　　　　　　　　图 16-45　单击 SkyDrive 链接

STEP 11 查看创建的 Excel 工作簿。返回"所有文档"页面，此时可看见创建的"天景体育用品周销售表"工作簿，如图 16-46 所示。

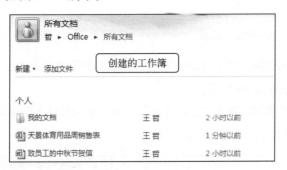

图 16-46　查看创建的 Excel 工作簿

协同办公的优势

　　协同办公具有节省运营成本、提高企业竞争力和凝聚力，以及规范管理、提高工作效率的优点。

　　节省运营成本：协同办公最主要的特点之一是实现无纸化办公，它节约了大量的纸张及表格印刷费用，工作审批流程的规范可为员工节省大量工作时间，完善的信息交流渠道甚至可以降低电话费及差旅费等日常开支。

　　提高企业竞争力和凝聚力：员工与上级沟通很方便，信息反馈畅通，极大地发挥员工的智慧和积极性，这使得企业的单位内部凝聚力大大增强。

　　规范管理、提高工作效率：协同办公使得员工不用拿着各种文件、申请表和单据在各部门之间跑来跑去，等候审批、签字、盖章等，这些工作都可在网络上进行。

办公指导

16.2.3 共享网络办公数据

利用网络版 Word 和网络版 Excel 创建出对应的工作簿或文档后，用户可设置其共享权限，以便让其他人与自己能够协同办公。

STEP 01 单击"编辑权限"选项。在"所有文档"页面中指向要共享的工作簿，单击右侧的"共享"下三角按钮，从展开的下拉列表中单击"编辑权限"选项，如图 16-47 所示。

STEP 02 设置权限。进入新的页面，拖动滑块来设置权限，例如拖动至"某些朋友"处，在右侧的下拉列表中单击"可以编辑"选项，接着在"输入名字或电子邮件地址"文本框中输入朋友的电子邮件地址，如图 16-48 所示。

图 16-47 单击"编辑权限"选项   图 16-48 设置权限

STEP 03 设置联系人的权限。按下【Enter】键后在右侧的下拉列表中单击"可以编辑"选项，单击"保存"按钮，如图 16-49 所示。

STEP 04 发送权限设置通知。进入"发送通知"页面，输入收件人的邮箱后，单击"发送"按钮，向好友发送权限设置通知，如图 16-50 所示。

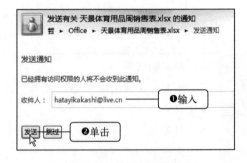

图 16-49 设置联系人的权限   图 16-50 发送权限设置通知

STEP 05 查看共享的工作簿。此时可在页面中看见共享的"天景体育用品周销售表"工作簿，如图 16-51 所示。

STEP 06 将文档设置为共享。使用相同的方法将"致员工的中秋节贺信"文档设置为共享，如图 16-52 所示。

图 16-51 查看共享的工作簿　　　　　　　　　图 16-52 将文档设置为共享

 # 16.3 办公数据的远程交流

随着网络技术的发展，用户可以使用不同的工具与远方的好友进行办公数据交流，可以是 Word/Excel 自带的"保存并发送"功能，也可以是闻名"互联网"的腾讯 QQ 和电子邮箱。

16.3.1 利用 Office 将办公文件 E-Mail 给好友

Word/Excel 2010 具有的"保存并发送"功能能够自动启动 Outlook 2010，并使用它将办公文件发送给好友，具体的操作步骤如下。

STEP 01 将办公文件作为附件发送。打开需要发送的办公文件，单击"文件"按钮，从弹出的菜单中单击"保存并发送"命令，接着在右侧依次单击"使用电子邮件发送>作为附件发送"选项，如图 16-53 所示。

图 16-53 将办公文件作为附件发送

STEP 02 输入收件人地址和邮件内容。打开 Microsoft Outlook 2010 的"写邮件"界面，输入收件人地址和邮件内容，单击"发送"按钮即可，如图 16-54 所示。

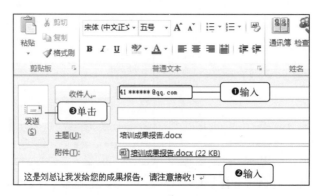

图 16-54　输入收件人地址和邮件内容

STEP 03 **启动 Microsoft Outlook 2010。** 单击 "开始" 按钮，从弹出的 "开始" 菜单中依次单击 "所有程序>Microsoft Office> Microsoft Outlook 2010" 命令，启动 Microsoft Outlook 2010，如图 16-55 所示。

STEP 04 **查看已发送的邮件。** 在 Outlook 2010 主界面左侧单击 "已发送" 选项，可在右侧看见今天发送的邮件，如图 16-56 所示。

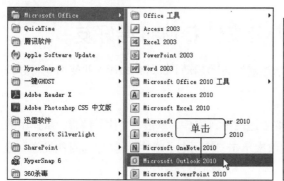

图 16-55　启动 Microsoft Outlook 2010

图 16-56　查看已发送的邮件

16.3.2　用 QQ 传送办公文件

腾讯 QQ 是国内互联网中使用范围最广的即时通讯软件，该软件具有文件传输的功能，用户不仅可以利用 QQ 来传送单个办公文件，而且还可以传送包含办公文件的文件夹。

 发送单个办公文件

利用 QQ 发送单个办公文件时，只需将要发送的办公文件拖动至好友的聊天窗口中，然后将其发送给对方，具体的操作步骤如下。

STEP 01 **双击好友头像。** 登录腾讯 QQ，在主界面中选择要发送办公文件的好友，双击对应的好友头像，如图 16-57 所示。

STEP 02 **拖动办公文件。** 打开好友聊天窗口，打开办公文件所在的窗口，选中要发送的办公文件，按住鼠标左键不放并将其拖动至聊天窗口中，如图 16-58 所示。

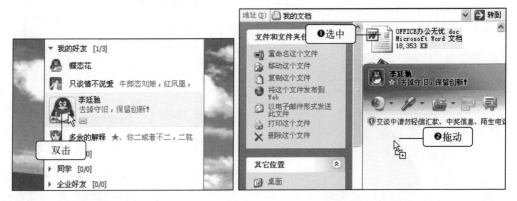

图 16-57　双击好友头像　　　　　　　　　　图 16-58　拖动办公文件

STEP 03 **查看发送的进度。**当对方接收发送的办公文件后，用户可在聊天窗口的右侧看见传送的进度，如图 16-59 所示。

STEP 04 **发送成功。**待到办公文件发送完毕后便可在左侧看见"成功发送文件……"提示信息，即发送成功，如图 16-60 所示。

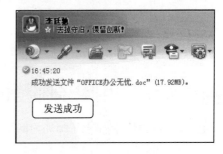

图 16-59　查看发送的进度　　　　　　　　　　图 16-60　发送成功

02 **发送包含办公文件的文件夹**

并非所有的 QQ 版本都可以发送文件夹，只有 2010 版本以上的腾讯 QQ 才可发送文件夹，这里以 2011 版本的腾讯 QQ 为例介绍发送文件夹的操作步骤。

STEP 01 **单击"发送文件夹"选项。**打开好友聊天窗口，单击"传送文件"图标右侧的下三角按钮，从展开的下拉列表中单击"发送文件夹"选项，如图 16-61 所示。

STEP 02 **选择文件夹。**弹出"浏览文件夹"对话框，在列表框选中要发送的文件夹，单击"确定"按钮，如图 16-62 所示。

STEP 03 **查看传送的进度。**待到对方接收文件夹后可在聊天窗口中看见传送的速度和进度等信息，如图 16-63 所示。

STEP 04 **发送成功。**传送完毕后可在窗口中看见"成功发送文件夹……"提示信息，即发送成功，如图 16-64 所示。

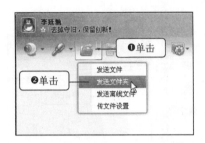

图 16-61　单击"发送文件夹"选项

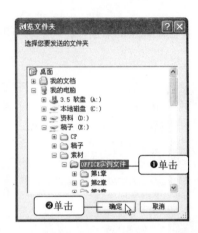

图 16-62　选择文件夹

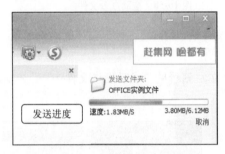

图 16-63　查看传送的进度

图 16-64　发送成功

16.3.3　用电子邮箱传递办公文件

电子邮箱是通过网络电子邮局为网络用户提供的网络信息交流的工具，用户可利用电子邮箱给好友发送邮件。如果需要发送办公文件，则可以将该文件以附件的形式与邮件捆绑到一起发送给对方，这里以网易邮箱为例介绍使用电子邮箱传送办公文件的具体操作步骤。

STEP 01 打开网易首页。在 IE 浏览器地址栏中输入 http://www.163.com/后按【Enter】键，打开网易首页，如图 16-65 所示。

STEP 02 选择免费邮箱。在页面左侧的"网易推荐"下方单击"免费邮箱"链接，如图 16-66 所示。

图 16-65　打开网易首页

图 16-66　选择免费邮箱

STEP 03 登录网易邮箱。进入免费邮箱登录页面，输入网易 163 邮箱的账户和密码，单击"登录"按钮，如图 16-67 所示。如果是 126 邮箱或其他网易邮箱账户，则需要单击登录框左侧的标签，切换至对应登录框，然后输入账户和密码。

STEP 04 单击"写信"按钮。登录成功后进入个人邮箱首页，单击左侧的"写信"按钮，如图 16-68 所示。

图 16-67　登录网易邮箱

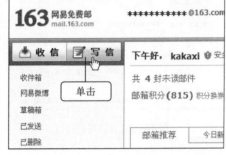

图 16-68　单击"写信"按钮

STEP 05 添加附件。进入"写信"页面，在"主题"文本框下方单击"添加附件"链接，如图 16-69 所示。

STEP 06 选择办公文件。弹出"选择要上载的文件"对话框，在"查找范围"下拉列表中选择办公文件所在的文件夹，双击列表框中的目标文件，如图 16-70 所示。

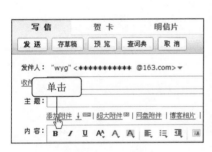

图 16-69　添加附件

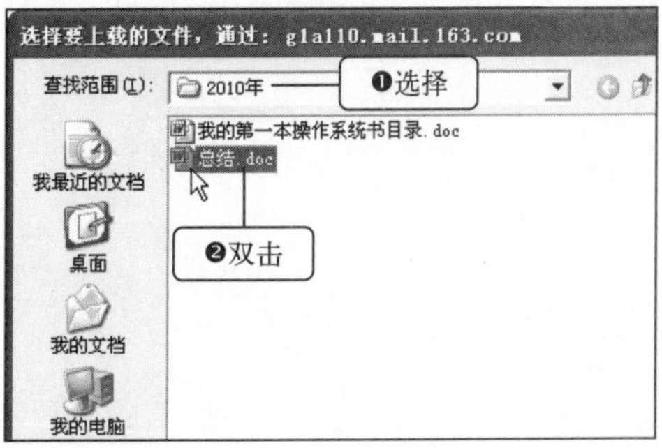

图 16-70　选择办公文件

STEP 07 选择收件人。返回页面中，待到文件上传完毕后输入主题内容，在"通讯录"中选择收件人，如图 16-71 所示。

图 16-71　选择收件人

STEP 08 **发送邮件**。添加收件人后单击其上方的"发送"按钮，向对方发送该邮件，如图 16-72 所示。

STEP 09 **发送成功**。若邮件发送成功则会在新的页面中看见"邮件发送成功"提示信息，如图 16-73 所示。

图 16-72　发送邮件

图 16-73　发送成功

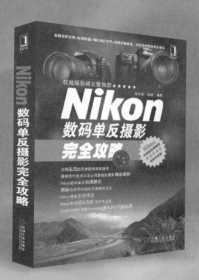

Nikon数码单反摄影完全攻略
作者：郑志强 张炜 编著
ISBN：978-7-111-34276-2
定价：69.80元

Canon数码单反摄影完全攻略
作者：丛霖 郑志强 编著
ISBN：978-7-111-34244-1
定价：69.80元

远方的风景——人文风景摄影手册
作者：冉玉杰
ISBN：978-7-111-33855-0
定价：69.80元

数码摄影构图·光影·色彩
作者：张炜 郑志强 骆军 编著
ISBN：978-7-111-32687-8
定价：99.00元

专题摄影——用图片叙事
作者：冉玉杰 冉晶
ISBN：978-7-111-32429-4
定价：49.80元

数码单反摄影构图从入门到精通
作者：华影在线 编著
ISBN：978-7-111-32657-1
定价：79.00元

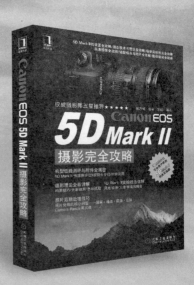

Canon EOS 5D Mark II 摄影完全攻略
作者：张炜 郑志强 骆军 编著
ISBN：978-7-111-33456-9
定价：69.00元

专业成就人生
立体服务大众

www.hzbook.com

填写读者调查表　加入华章书友会
获赠精彩技术书　参与活动和抽奖

尊敬的读者：

　　感谢您选择华章图书。为了聆听您的意见，以便我们能够为您提供更优秀的图书产品，敬请您抽出宝贵的时间填写本表，并按底部的地址邮寄给我们（您也可通过www.hzbook.com填写本表）。您将加入我们的"华章书友会"，及时获得新书资讯，免费参加书友会活动。我们将定期选出若干名热心读者，免费赠送我们出版的图书。请一定填写书名书号并留全您的联系信息，以便我们联络您，谢谢！

书名：　　　　　　　　　　　　　书号：7-111-(　　　　　　　　)

姓名：	性别：□ 男　　□ 女	年龄：	职业：
通信地址：		E-mail：	
电话：	手机：	邮编：	

1. 您是如何获知本书的：

□ 朋友推荐　　　□ 书店　　　□ 图书目录　　　□ 杂志、报纸、网络等　　　□ 其他

2. 您从哪里购买本书：

□ 新华书店　　　□ 计算机专业书店　　　　□ 网上书店　　　　□ 其他

3. 您对本书的评价是：

技术内容	□ 很好	□ 一般	□ 较差	□ 理由＿＿＿＿＿＿
文字质量	□ 很好	□ 一般	□ 较差	□ 理由＿＿＿＿＿＿
版式封面	□ 很好	□ 一般	□ 较差	□ 理由＿＿＿＿＿＿
印装质量	□ 很好	□ 一般	□ 较差	□ 理由＿＿＿＿＿＿
图书定价	□ 太高	□ 合适	□ 较低	□ 理由＿＿＿＿＿＿

4. 您希望我们的图书在哪些方面进行改进？

_____

_____

5. 您最希望我们出版哪方面的图书？如果有英文版请写出书名。

_____

_____

6. 您有没有写作或翻译技术图书的想法？

□ 是，我的计划是＿＿＿＿＿＿＿＿＿＿＿＿＿＿＿＿＿　　□ 否

7. 您希望获取图书信息的形式：

□ 邮件　　　　□ 信函　　　　□ 短信　　　　□ 其他＿＿＿＿＿

请寄：北京市西城区百万庄南街1号　机械工业出版社　华章公司　计算机图书策划部收
邮编：100037　电话：(010) 88379512　传真：(010) 68311602　E-mail: hzjsj@hzbook.com